U0295585

大飞机出版工程

民用飞机驾驶舱差错管理
适航验证概论

揭裕文 郑弋源 刘海燕 杨鹏宇 著

上海交通大学出版社
SHANGHAI JIAO TONG UNIVERSITY PRESS

内容提要

　　本书从航空安全与人为差错管理设计、与驾驶舱人为因素相关的适航要求、驾驶舱差错管理适航要求等维度出发,探讨民用飞机驾驶舱差错管理适航验证的思路与技术体系。本书以民用飞机驾驶舱对人为差错管理的要求为指引,系统地阐述民用飞机驾驶舱差错管理适航要求产生的背景、设计指导和要求的制定过程;结合民用飞机驾驶舱设计与审定过程,介绍相关的分析方法和符合性验证方法,为民用飞机驾驶舱差错管理设计与验证提出了指导。

　　本书在多轮研究、探讨、修正和完善后编撰完成,可以作为民用飞机驾驶舱设计与适航审定人员的参考资料,也可以供从事人为因素研究的科研人员、相关领域大学生和研究生以及对飞机和飞行感兴趣的广大读者参考使用。

图书在版编目(CIP)数据

　　民用飞机驾驶舱差错管理适航验证概论／揭裕文等著． -- 上海：上海交通大学出版社,2025.1 -- (大飞机出版工程). -- ISBN 978－7－313－31807－7

　　Ⅰ. V223

　　中国国家版本馆 CIP 数据核字第 2024ZK2249 号

民用飞机驾驶舱差错管理适航验证概论
MINYONG FEIJI JIASHICANG CHACUO GUANLI SHIHANG YANZHENG GAILUN

著　　者：揭裕文　郑弋源　刘海燕　杨鹏宇

出版发行：上海交通大学出版社　　　　　　　　地　　址：上海市番禺路 951 号
邮政编码：200030　　　　　　　　　　　　　　电　　话：021－64071208
印　　制：上海颛辉印刷厂有限公司　　　　　　经　　销：全国新华书店
开　　本：710 mm×1000 mm　1/16　　　　　　印　　张：19.5
字　　数：337 千字
版　　次：2025 年 1 月第 1 版　　　　　　　　印　　次：2025 年 1 月第 1 次印刷
书　　号：ISBN 978－7－313－31807－7
定　　价：158.00 元

作 者 简 介

揭裕文,南京航空航天大学博士生,民航上海适航审定中心副主任,研究员级高级工程师;曾获国务院政府特殊津贴,全国五一劳动奖章,中国"最美家庭",上海五一劳动奖章等荣誉;担任C919飞机型号合格审定审查组组长,长期从事与飞机总体设计、性能操稳、试飞及适航审定、人为因素相关的研究工作;主持多项工信部和民航局科研项目,多次获省部级科技成果奖,发表论文近10篇。

郑弋源,博士,民航上海适航审定中心高级工程师,上海交通大学专业学位博士行业导师。长期从事与人为因素、适航审定,以及总体设计相关的研究工作,负责C919型飞机、AG600型飞机等型号飞机的驾驶舱与人为因素专业的审查。参与民航适航规章的制定。参与多项国家自然基金、工信部民机科研课题和民航局科研项目。发表SCI、EI论文数十篇。

刘海燕,中国商飞上海飞机设计研究院驾驶舱集成部副部长,研究员。主要研究方向为驾驶舱界面设计和人为因素。曾参与过C909和C919飞机的驾驶舱设计、评估和适航验证工作。曾参与过民机驾驶舱人机工效综合仿真理论与方法研究和民机驾驶舱人机工效评估及操纵设计技术研究。多次获省部级科技成果奖,获航空重点型号研制个人二等功。

杨鹏宇,中国商飞上海飞机设计研究院驾驶舱集成部,工程师。主要研究方向为人为因素、人机交互、界面综合集成设计等。参与多项工信部民机科研课题研究项目。参与 C919 飞机驾驶舱人为因素适航验证工作、C919 飞机证后驾驶舱设计优化工作、C929 驾驶舱综合集成和设计验证工作。

前　　言

　　依据对航空事故调查报告的研究,大多数飞行事故与一系列机组人员的人为差错有关。这些差错有时会与系统故障结合,从而导致严重的后果。对影响因素的分析表明,在某些情况下,设备设计的缺陷可能无法使飞机以能够持续安全飞行的方式支持飞行机组完成绩效。设计缺陷可能导致机组人员产生差错、不能检测到差错或过晚从可能有严重安全后果的差错中恢复。在以前的飞机设计中,要求以特定方式处理特定驾驶舱设备的各种设计特征,以确保飞行机组能够安全地操作该特定设备;然而,没有将驾驶舱整体综合纳入考虑,以实现飞行机组差错的预防和管理。面对驾驶舱的新技术和新环境,需要采取更加主动的方法,因为监管方与行业都不能预测未来会出现的新问题。因此,欧洲和美国的适航管理机构相继发布新的适航规章,以应对驾驶舱人为差错管理的问题。目前,中国民用航空规章第25部《运输类飞机适航标准》(CCAR‐25‐R4)中,与驾驶舱人为因素相关的适航条款不管是单独还是综合在一起,都没有完全提出在所有预期运行条件下,与飞行机组交互的所有设备及系统有关的飞行机组能力和飞行机组差错的设计要求。国内在民用航空领域对驾驶舱人为差错的管理设计和适航验证实践经验比较欠缺,与欧美先进水平存在差距。在民用飞机驾驶舱人为差错管理的设计和适航符合性验证方面还需要进一步总结和提高。

　　本书的作者包括从事飞机适航审定工作数十年的局方专家、工业界专家,以及经验丰富的、从事民用飞机驾驶舱人为因素集成设计的工程师。本书从适航验证的角度出发,以民用飞机驾驶舱对人为差错管理的要求为引导,系统地阐述民用飞机驾驶舱差错管理适航要求产生的背景、设计指导和要求的制定过程,并结合工程经验,论述了民用飞机驾驶舱差错管理适航验证的思路与技术体系,希望能够为读者提供民用飞机驾驶舱差错管理设计与适航验证方面的帮助。

本书共 7 章内容。第 1 章是航空安全与民用飞机驾驶舱人机交互发展,第 2 章是人为因素与事故分析,第 3 章是航空人为差错,第 4 章是民用飞机驾驶舱人为因素适航条款要求,第 5 章是民用飞机驾驶舱差错管理适航要求,第 6 章是民用飞机驾驶舱差错管理适航符合性验证,第 7 章是人为差错分析方法。此外,本书还包含 3 个附录。

最后,感谢为本书顺利出版给予关心、帮助和支持的所有人。

由于作者学识水平有限,时间仓促,书中可能存在不足和差错之处,恳请各位读者批评指正。

作　者
2024 年 10 月于上海

目　　录

1　航空安全与民用飞机驾驶舱人机交互发展

航空安全与民用飞机驾驶舱人机交互的发展之间存在密切的关系。随着人机交互技术的进步,驾驶舱的设计越来越注重飞行员的体验和需求,使得飞行员能够更加直观、便捷地与飞机系统进行交互。例如,通过触摸屏、语音识别和增强现实技术,飞行员可以更快地获取关键信息,更有效地控制飞机,从而减少操作差错和提高反应速度。同时,驾驶舱内的人机交互系统能够根据飞行员的行为和偏好进行自适应调整,提供个性化的操作界面和辅助决策支持,既提升了飞行的效率,也增强了飞行的安全性。此外,随着人工智能和机器学习技术的融入,驾驶舱人机交互系统能够预测飞行员的需求,提供更加智能的辅助,进一步降低飞行风险,确保航空安全。本章分别对航空安全和民用飞机驾驶舱人机交互发展进行介绍。

1.1　航空安全

航空安全至关重要。在民用飞机的飞行过程中,保证乘客和机组人员的人身安全始终是首要任务。因此,每一次飞行均涉及生命安全。在航空运输的各个环节,航空公司的首要任务必须是确保飞行安全。如果航空安全管理不善,则其后果将极为严重,不仅可能导致财产损失,如飞机损毁,还可能引发不可挽回的悲剧,即无辜者丧生。因此,对航空安全管理的投入与优化,不仅关乎节约经济成本,而且关乎保障人类生命安全与社会福祉。

航空安全正在不断得到提升,这主要得益于制造商、运营商和监管机构之间知识的共享。通过共同参与飞机及其设备和系统的设计与生产、按监管要求的监督,以及在飞机运行和空中交通管制中与机场基础设施组织的协作,航空安全得到了有效的保障。这种协作方式比单独的监管行为更为有效,因为它能够持续提升全球航空运输系统各层面的安全性。识别安全风险并引入最佳实践是提高航空安全的一体化解决方案。

不能简单地认为"安全是偶然的"。事实上，航空事故或事件很少是突发的。在它们发生之前，往往会显示许多迹象，这些迹象可以通过观察和检查被轻易发现，从而及时采取干预和解决措施。同时，事故或事件很少是由单一故障直接引起的。通常，它们是多种因素逐步累积并在某一时刻汇集成一个爆发点的结果，当最后一个触发因素出现时，就导致保障安全的所有屏障同时崩溃。

本节从民用航空发展现状、航空安全与航空事故等方面对航空安全进行探讨。

在设计飞机时，安全是首要考虑因素。每个对飞行安全运行至关重要的飞机系统均需要有一个备份，在某些情况下甚至不止一个备份。例如，配备双发动机的飞机在设计时就会考虑发动机失效的问题，即使一台发动机发生故障，飞机也能安全起飞、飞行和降落。此外，在设计飞机时，对于系统的能力，还需要考虑保护余量，以允许飞行员在特殊紧急情况下安全地使飞机发挥超过限制的性能。飞机由制造商进行严格测试，以确保它们达到或超过设计标准和取证要求。除了飞机设备和技术外，制造商还研究人为因素，并将其应用于商用飞机的设计。

通过研究、开发和合作，飞机制造商或设备制造商开发了新的安全增强技术。这些发达的尖端技术有助于提高航空安全，并提供独特的安全优势。玻璃驾驶舱、电传操作系统、地形规避警告系统，如增强型近地警告系统（enhanced ground proximity warning system，EGPWS）和预测型风切变设备，均是技术使航空更安全的极好例子。玻璃驾驶舱技术为飞行员提供了更好的视觉意识；电传操作系统减少了机组人员在飞行过程中的操作负担；地形规避警告系统则确保了飞机在飞行计划以外的情况下过于接近地面时，飞行员不会对此一无所知。

安全性的提高也是风险管理的体现。风险管理是在问题成为重大问题之前识别问题。从飞机设计的角度，即在设计阶段识别出可能诱发航空安全问题的设计缺陷，并加以修正。

1.1.1　民用航空发展现状

1.1.1.1　行业发展

在过去的几十年里，中国民用航空运输业快速发展。一方面，其伴随着国家体制改革而不断发展创新；另一方面，其与国家宏观经济密不可分，国内经济稳定增长推动民航运输业的高速发展。根据交通运输部发布的民航行业发展统计公报,以 2021 年为例,中国民航运输业完成运输周转量 856.75 亿吨公里,较 2020 年增长 7.3%;其中,国内航线完成运输周转量 641.14 亿吨公里,国际航线完成运输周转量 215.61 亿吨公里。同时,全行业完成旅客周转量 6 529.68 亿人公里,较 2020 年增长 3.5%;其中,国内航线完成旅客周转量 6 439.12 亿人公里,占 98.61%,较 2020 年增长 9.7%。在机队规模方面,截至 2022 年底,我国民航运输业运输飞机期末在册架数为 4 165 架,较 2021 年底新增了 111 架,其中客运飞机 3 942 架,货运飞机 223 架。

全球民航产业在新冠疫情后也得到了持续、快速的恢复,特别是在亚太地区。例如,印度航空公司的国内客座率已经恢复到历史最高水平。根据国际航空运输协会(International Air Transport Association, IATA)的预计,2040 年前全球将新增乘机人次 39.4 亿人,其中亚太地区将产生 25.5 亿旅客增量。

环境可持续性在当今是关键议题之一,航空业的碳排放也引起了广泛关注。飞机制造商和航空公司致力于提升飞机的燃油效率。他们推出了新一代发动机,采用高效的设计和材料,降低燃油消耗,减少碳排放,减少噪声,增加可靠性,延长使用寿命。新一代飞机在设计过程中采用新技术降低飞行过程中在飞机外部产生的噪声,改善机场周边居民的生活品质。同时,部分航空公司开始引入环保型飞机和生物燃料,以期进一步减小对环境的影响。

1.1.1.2　技术发展

在技术创新方面,3D 打印技术广泛应用于民航飞机的零部件生产制造。波音公司利用 3D 打印技术制造了 300 多种不同的飞机零部件,包括形状复杂的冷气流道。截至 2017 年,波音公司已有超过 50 000 件 3D 打印的多种飞机零件,通过直接能量沉积技术 3D 打印的钛合金结构件已获得美国联邦航空管理局(Federal Aviation Administration, FAA)的认证;空客公司通过联合 3D 打印巨头 Stratasys 公司,采用熔融沉积成型(fused deposition modeling, FDM)打印技术和聚醚酰亚胺(ULTEM)材料成功制造了 1 000 多个零件,并且将客舱行李架应用于 A380 等客机上,这款材料及 3D 打印飞机通风道的工艺在 2015 年通过了 FAA 认证。自动化技术也有了进一步飞跃,自动导航、飞行控制系统的改进提升了安全性和飞行效率。此外,电动和混合动力飞机概念的出现,为未来的环保飞行奠定了基础。

在数字化转型方面,电子化服务的普及提升了机组人员与乘客的体验。以触屏技术、平视显示为代表的新技术减轻了飞行过程中的机组人员工作负荷;机上互联网等先进的客舱娱乐服务持续优化了乘客的出行体验;面向运营方的大数据服务可以协助提供更高效的飞行安排,优化运营效率。无人系统的应用也开始逐步拓展,无人机用于货运和监测任务,展示了数字化时代的潜力。

展望未来,航空业正焕发着勃勃生机。使用电力作为驱动能源的电动飞机有望商业化,包括美国国家航空航天局(National Aeronautics and Space Administration, NASA)、空客公司、波音公司、中航工业集团在内的多家研究所及企业对电动飞机在城市空运、轻型运动、通勤运输、干/支线运输等领域的可行性展开了论证,已有不少原型机进入测试阶段。超声速客机可能迎来第二春,美国 Boom Supersonic 公司、英国维珍银河公司已相继宣布其超声速民航客机的研发计划,意指重塑国际旅行。无人系统的应用将继续扩展,民用无人机市场持续发展,在农业植保、电力巡检、测绘测量、灾害救援等多个领域均有应用,为各领域带来更多机会。NASA、空客公司与波音公司等飞机制造商也在研究民航运输中无人客货机的可行性。综合来看,近十年来民用航空在技术、市场、环境和数字化方面取得了长足进步,为更加美好的未来奠定了基础。

1.1.2　航空安全与航空事故

航空安全即保证不发生与航空器运行有关的人员伤亡和航空器损坏等事故,主要包括飞行安全、航空地面安全和空防安全。航空安全与航空事故之间存在着紧密的联系且相互影响,两者共同构成了民用航空领域的安全体系。首先,航空安全是预防航空事故的核心。航空安全涵盖广泛的领域,包括飞机设计制造、维修保养、飞行操作、空中交通管理等方面。航空公司和飞机制造商通过引入先进的技术、设备和流程,提供持续的培训和教育,确保飞行员和机组人员具备应对各种情况的能力。此外,机场设施的安全和维护也是航空安全的重要组成部分,以确保飞机在起降过程中不受干扰。

然而,航空事故的发生也在一定程度上推动了航空安全的持续改进。每一起航空事故均会被彻底调查,以找出事故原因和责任。调查结果不仅对受害者家属和相关当事人很重要,而且为整个航空业提供了宝贵的教训和经验。通过分析事故原因,可以发现潜在的风险和问题,进而制定和更新相应的安全标准和流程,防止类似事故再次发生。因此,事故调查在航空安全中具有至关重要的作用。根据某知名数据库的数据,在 1950 年 1 月 1 日至 2019 年 6 月 30 日期间,除军用飞机、直升机和私人飞机外,能够搭载至少 19 名乘客的飞机,且至少造成 2 人死亡的事故为 1 085 起。这些事故的原因可大致分为五类:飞行员差错、机械、天气、破坏和其他,如表 1-1 所示。由于大多数航空事故是由多种原因引起的，因此这里只给出了主要原因或起始原因。

表 1-1　事故原因分类

分　类	原　因
飞行员差错	程序不当、将目视飞行规则(VFR)飞行到仪表飞行规则(IFR)条件下、受控飞行进入地形、下降到最小值以下、空间定向障碍、过早下降、着陆速度过快、错过跑道、燃料匮乏、导航错误、跑道起飞/降落错误、主驾驶员造成的空中碰撞
机械	发动机故障、设备故障、结构失效、设计缺陷
天气	严重湍流、风切变、山脉波、能见度差、大雨、强风、结冰、雷暴、雷击
破坏	劫机、被击落、机上的爆炸装置、飞行员自杀
其他	空管差错、地勤人员差错、重载、货物装载不当、鸟击、燃料污染、飞行员失能、跑道阻塞、其他飞机造成的空中碰撞、飞行中的火灾/烟雾(机舱、驾驶舱、货舱)、维护差错

表 1-2 以 10 年为单位对 1950—2019 年发生的致命事故原因分类的占比和数量进行了描述。

表 1-2　按 10 年分类的致命事故原因分类的占比和数量

时　段	1950年代	1960年代	1970年代	1980年代	1990年代	2000年代	2010年代	平均
飞行员差错/%	50	53	49	42	49	50	57	50
机械/%	26	27	19	22	22	23	21	23
天气/%	15	7	10	14	7	8	10	10
破坏/%	4	4	9	12	8	9	8	8
其他/%	5	9	13	10	14	10	4	9
合计/起	165	226	230	161	157	97	49	155

通常，事故的发生就像一个连锁反应，一个单一的错误或疏忽能够穿过一系列缺失、无效或失败的屏障找到通向灾难的路径。从这个概念出发，预防事故的核心是打破导致不良和不安全结果连锁反应的中间环节。

此外，航空安全和航空事故之间的关系还体现在航空法规和国际标准的制定方面。航空事故的发生通常会引发政府和国际航空组织的关注，促使其制定更为严格的法规和标准，以提高航空运输的整体安全水平。这些法规和标准的制定有助于规范航空业的运营,减少事故风险。

总的来说,航空安全和航空事故是一个相互促进、不断完善的循环过程。航空安全的不断提升有助于预防航空事故的发生,而航空事故的调查和分析则为航空安全的改进提供了有力的依据。这种关系使得民用航空能够不断地从事故中吸取经验教训,朝着更高水平的安全运营发展。

1.2　民用飞机驾驶舱人机交互发展

航空安全和民用飞机驾驶舱人机交互的发展之间存在着紧密而不可分割的关系。随着航空技术的不断进步和飞行任务的日益复杂,民用飞机驾驶舱的人机交互系统也在持续优化,从而确保飞行安全。通过改进驾驶舱的布局、仪表显示、控制装置等降低飞行员的操作难度和疲劳程度,提高操作的准确性和效率。同时,引入先进的交互技术和智能化系统,如语音控制、手势识别等,可以进一步减轻飞行员的负担,提高飞行的安全性和舒适性。民用飞机驾驶舱人机交互的设计和优化对于提高航空安全具有重要意义。

1.2.1　民用飞机驾驶舱发展历程

从 20 世纪初期至今,人类工业文明经历了机械化/电气化、电子化/信息化、互联化/智能化的发展历程,伴随其发展的民用飞机驾驶舱在信息感知、协同决策、执行处理三方面,也经历了显而易见的升级换代。

信息感知主要指对飞机系统状态(包括正常与非正常状态)的感知和对外界环境信息的获取,如地形、气象、空管、航路、终端和其他飞机等。协同决策主要包括人或飞机系统对信息的加工、处理,以及此过程需要借助的相关工具。执行处理则是人与机器的交互方式、对决策指令的执行主体和方法。回顾航空的百年发展史,在民用运输类飞机领域,驾驶舱大致经历了电气化(第一阶段)、信息化(第二阶段)两个阶段,目前正处于向智能化(第三阶段)演化的初期。

1.2.1.1　第一阶段:电气化驾驶舱

虽然在最早的原型飞机摸索过程中,纯机械设计的仪器(如风速仪、风向标和气压计)也能够满足低速低空飞行的需要,但在第一次世界大战结束后飞机正式进入民用领域时,对非目视飞行能力的需求使得由电力驱动的导航仪器很快成了飞机的标准配置。

20 世纪的中后叶是电气化驾驶舱的快速发展期。在该阶段,民用飞机驾驶舱在信息感知、协同决策、执行处理三方面的主要特征如下。

1) 信息感知

（1）系统状态感知：飞行机组通过驾驶舱内安装的形形色色的仪表面板、复杂多样的机械式表盘来获取飞机系统的状态信息。这一阶段驾驶舱仪表的代表为飞行"六件套"：高度表、空速表、垂直速率表、姿态仪、航向指示表、转弯侧滑仪。飞行机组需要高度集中精神，以应对复杂繁多的信息；当系统出现故障时，主要依靠人对飞机本体的响应和独立分布式的单系统告警（告警灯和告警声）感知飞机状态。

（2）外界环境感知：以目视地标领航、精密进近航道指示器（precision approach path indicator，PAPI）、无方向性信标（non-directional beacon，NDB）、甚高频全向信标（very high frequency omnidirectional radio range，VOR）、测距仪（distance measuring equipment，DME）、仪表着陆系统（instrument landing system，ILS）为代表的地基无线电领航，是该阶段飞行机组的主要领航手段。飞行机组通过纸质的航图、机场天气报告（terminal aerodrome forecast，TAF）等获取终端和航路信息；无线电语音式通信是驾驶舱与外界交流的主要方式；飞机间的冲突主要依赖机组目视和地面雷达引导。

2) 协同决策

（1）由于此阶段的驾驶舱感知的信息复杂多样，不够直观，因此相关的决策基本全部依赖飞行机组本身。

（2）由于飞机系统难以提供有效的决策辅助，因此驾驶、导航、通信和系统管理的机组工作负荷高。驾驶舱内是由机长/副驾驶、机械师、通信员和领航员组成的五人制、三人机组，机组间密切配合，完成相关协同决策。

3) 执行处理

（1）此阶段的驾驶舱自动化程度较低，飞行员需要通过长时间操作两杆一舵（油门杆、驾驶杆和方向舵）进行人工驾驶；机械控制手柄、开关、旋钮是主要的人机交互方式，飞行品质和安全高度依赖飞行员的驾驶技能水平和机械师的排故水平。

（2）在任务的执行过程中，飞行机组主要依赖飞行机组手册和快速检查单等纸质材料，执行相应的操作程序。为避免人为差错，纸质检查单逐步引入驾驶舱，并成为保障飞行安全的重要手段。

整体来讲，第一阶段的电气化驾驶舱的机组工作负荷高，飞机的起降安全、航路规划受外界环境影响极大，极大限制了民航运行的安全性、高效性和经济性。第一阶段驾驶舱的典型代表如图 1-1 所示。

(a) 机械化：早期驾驶舱　　　　　　(b) 电气化：DC-7驾驶舱
(1900—1940年，两杆一舵)　　　　(1940—1980年，电气机械仪表)

图 1-1　第一阶段驾驶舱的典型代表

1.2.1.2　第二阶段：信息化驾驶舱

近年来，随着电子信息技术，特别是计算机技术的蓬勃发展，驾驶舱迎来了一次大的历史革命。

1) 信息感知

(1) 系统状态感知：此阶段的驾驶舱使用阴极射线管(cathode ray tube，CRT)、发光二极管(light emitting diode，LED)平板液晶显示技术的显示面板替代了机械式仪表，进入"玻璃驾驶舱"时代，飞行机组可通过集成式显示器来获取数字化、图形化的飞机状态信息；另外，引入了"静暗驾驶舱"理念，采用"不指示则不操作"的理念进行系统设计，即各系统在没有异常的情况下不主动向飞行员提供信息。在正常工作状态下，驾驶舱内不会有任何指示告警灯亮起，也不会有任何声音告警，以减少飞行员的注意力分散，机组工作负荷得到极大解放，特别是针对系统故障下的非正常状态，中央电子集成式的机组告警系统(crew alerting system，CAS)，通过 CAS 消息、告警灯、告警音、带灯按压开关(push-button annunciator，PBA)、电子检查单等关联元素，帮助机组快速实现故障定位，极大提升了机组的情景意识。

(2) 外界环境感知：由于电子计算机、高精度惯导、全球导航卫星系统(global navigation satellite system，GNSS)的普及，甚高频全向信标台(VOR)、测距仪(DME)、仪表着陆系统(ILS)、卫星着陆系统(GBAS landing system，GLS)、飞行管理着陆系统(FMS landing system，FLS)综合化领航成为主流；基于飞机通信寻址与报告系统(aircraft communications addressing and reporting system，ACARS)、宽带卫星通信的数据链通信技术得到大规模推广；飞行员也可以通过电子飞行包(electronic flight bag，EFB)、管制员和驾驶员数据链通信

(controller pilot data link communications，CPDLC)及时获取电子化的航图、气象报告等终端和航路信息。另外，随着机载设备的不断更新换代，多普勒彩色气象雷达、增强型近地警告系统(EGPWS)、空中交通告警与防撞系统(traffic collision avoidance system，TCAS)、广播式自动相关监视(automatic dependent surveillance-broadcast，ADS-B)等技术极大增强了机组应对气象、地形和其他飞机的综合监视能力。

2) 协同决策

(1) 此阶段的驾驶舱内，大屏幕显示器替代了传统机械式仪表，驾驶舱信息简洁、直观，飞行机组可以较为轻松地做出相关决策。

(2) 与此同时，随着以飞控计算机和飞管计算机为代表的关键系统的自动化程度的提升，部分功能(如飞行指引仪、电子检查单、飞行计划、性能计算)成为飞行员决策的有效工具，这大大降低了飞行机组的工作负荷。飞行指引仪整合了第一阶段的"六件套"，在使飞行信息更加直观的同时，释放了操控面板的空间；同时，使用发动机显示和机组告警系统与飞控计算机、飞管计算机协作，以往需要单独一位机械师关注的设备面板的信息也可以通过一个简单的液晶显示屏进行表达，取消了对机械师的需求；通过引入卫星通信、4G等技术搭建的空-地通信链、逐渐规范化和标准化的通信喊话方式，简化了飞行过程中通信任务的复杂度，使其不再需要单独一位通信员进行处理；最后，以GPS为代表的定位系统的更新，配合导航显示器的显示，使得飞机的定位工作无须依靠导航员手动计算。以上的种种技术进步，让机长与副驾驶有足够的能力解决飞机飞行过程中可能遇到的问题，促使"机械师、通信员、领航员"成为历史，两人制机组成为标配。虽然这对飞行员的驾驶操作需求日趋降低，但是对飞行员的情景意识以及对非预期状况的快速处置能力要求大幅提升。因此，目前的民机驾驶舱仍然需要标准的两人制驾驶，依赖把杆飞行员(pilot-flying，PF)、不把杆飞行员/监视飞行员(pilot-not-flying/pilot-monitoring，PNF/PM)良好的机组资源管理水平。与此对应的是，除了常规的机型知识培训与技能训练之外，为满足各种航行新技术的程序规则，航空公司需要花费大量的成本维持机组的各项资质。

3) 执行处理

(1) 此阶段的驾驶舱才开始有真正意义上的"人-机功能分配"。由于自动化水平的提升，电传操作、全权限数字发动机控制器(full authority digital engine control，FADEC)、自动驾驶、自动推力管理等技术跨越式地被引入驾驶舱，飞行机组的角色从对飞机的"控制者"逐步转变为"监控者"。除了飞机起降等关键阶段或部分非正常情况之外,机组的大部分精力得到释放。当然,目前的自动化仍然属于常规的需要机组主导的自动化应用。在此阶段,带灯按压开关(PBA)、光标控制装置(cursor control device,CCD)、多功能键盘(multi-function keyboard,MKB)、触摸屏、平视显示器(head-up display,HUD)等新的人机交互手段得到推广,"静暗驾驶舱"下的飞行安全从依赖飞行员的"驾驶技能水平"演变为"情景意识水平"。

(2)在任务的执行过程中,电子化的检查单与飞行手册逐步被引入驾驶舱,提高了机组执行任务的效率,并成为保障飞行安全的重要手段,航空公司逐步接受并推广"无纸化"驾驶舱。同时,随着集成模块化航电系统(integrated modular avionics,IMA)、核心计算资源(core computing resource,CCR)的引入,驾驶舱也逐步开始进行综合航空电子的模块化。

综上所述,得益于电子计算机技术的发展与应用,第二阶段的驾驶舱大大解放了飞行员的注意力,使民航运行的安全性得到极大保障,航班运行的效率也得到了大幅度提升。第二阶段驾驶舱的典型代表如图1-2所示。

(a) 电子化:A320驾驶舱(1980年至今)　　(b) 模块化:C919驾驶舱(2008年至今,IMA)

图 1-2　第二阶段驾驶舱的典型代表

1.2.1.3　第三阶段:智能化驾驶舱

2010年至今,随着人工智能、大数据、多通道交互、机器视觉/红外探测/机载图像识别技术、第五代移动通信技术(5G)、地空宽带通信(air to ground,ATG)、高速卫星通信、导航技术等前沿技术的蓬勃发展,以及各国民航当局、主要制造商的持续创新,民用飞机驾驶舱的新技术如雨后春笋般涌现。此外,部分军用技术也可能为民用飞机驾驶舱的发展方向和技术路线提供指引。以F-22、"阵风"领跑的三代半战机通过以头盔显示和大块平板显示为标志的第六代显示系统彰显了未来的发展趋势。目前,西方最新的顶级技术应用于

F-35的全景座舱控制与显示系统(panoramic cockpit control and display system，PCCADS)项目上，其两个主要思想如下：第一，用大面板显示器来表达超视距的、全局的态势感知信息；第二，用头盔显示器来表达视距内的、战术的态势感知信息。交互方式为新型握杆设计、触摸设计、头位跟踪等技术。由此，不难看出，民用飞机驾驶舱也正准备迎来一次新的、巨大的历史革命。

1) 信息感知

(1) 系统状态感知：当前阶段，"玻璃驾驶舱"将随着触摸屏技术的应用进一步发展，"显控一体化超大屏驾驶舱"(见图1-3)可能成为下一个趋势；同时，在"静暗驾驶舱"理念的基础上，通过更加智能化的算法规则，进一步减少不必要的信息，仅提供当前阶段所需要的关键信息，机组情景意识水平将得到进一步提升；在告警系统与电子检查单的基础上，飞机将结合实时的健康状态管理系统，监控甚至预测飞机的状态变化，并在系统故障时，实现自动隔离与处置。

图1-3　未来"显控一体化超大屏驾驶舱"概念图

(2) 外界环境感知：近10年来，随着红外探测技术、机载图像识别技术、全球导航卫星系统(GNSS)的成熟和机载导航数据库功能的愈发强大，平视显示器(HUD)、增强视景(enhanced vision system，EVS)、合成视景(synthetic vision system，SVS)、组合视景(combined vision system，CVS)、基于性能的导航(performance-based navigation，PBN)技术已开始得到部分推广，并将逐步成为未来智能驾驶舱的"标配"；同时，基于5G/ATG/高速卫星通信(高带宽、低延迟、高可用性和完整性)的数据链通信技术的进一步成熟，将支持实现飞机与飞机、飞机与地面之间的气象风险实时探测、共享与规避，实现飞机状态信息与空中交通管制(air traffic control，ATC)、机场运行控制中心(airport operation control center，AOCC)、其他飞机的信息实时互联(包括机载数据库的实时上下链);此外,随着机器视觉技术的成熟,基于机器视觉的识别系统可能进一步降低"人眼识别"的重要性。

2) 协同决策

对于此阶段的智能化驾驶舱,人与自动化系统之间将是相互补充/替代的角色。因此,基于人工智能、大数据、多通道交互、机器视觉、5G/ATG/高速卫星通信等技术下的基于4D航迹的智能飞行将成为智能化驾驶舱的标志,包括但不限于自动滑行、自动起飞、自动间隔管理、自动下降、自主航路规划、尾流预测与主动避让、自动着陆等。

其中,以声控、手势控制为代表的多通道交互技术也将进一步简化、提升机组与飞机交互的效率。尽管尚未在民用飞机上投入使用,但包括罗克韦尔·柯林斯公司在内的多家航空电子器件供应商已经在对民用飞机驾驶舱内的声控交互系统展开研究。同时,正常情况下的系统智能管理(如智能环境控制)和非正常情况下的基于知识的自主故障隔离与处置,也将极大降低机组的工作负荷,从而降低对飞行机组人员的资质和数量的要求。

3) 执行处理

目前,人工智能技术、大数据、多通道交互技术在飞速发展,结合高速卫星通信等新一代通信、导航技术和飞管计算机的发展,民用飞机驾驶舱的自动化水平有望实现向"智能AI"方向发展演化,在获取足够内、外部信息的基础上,自动化通过"智能化算法、驾驶人员行为模式自主学习"等方式,由"有效的辅助工具"升级为可替代飞行员大部分职责的"可靠助手",帮助飞行员在关键阶段自动执行任务。例如,自动飞行(auto pilot，AP)接通下的TCAS自动避让功能、飞行员失能下的自动应急下降功能等,均已在A350等机型上实现。另外,在通信技术足够成熟的情况下,地面实时远程控制也将成为可能。

1.2.1.4　主流飞机制造商驾驶舱发展趋势

21世纪,特别是2010年至今,以波音、空客、湾流、泰雷兹(Thales)、NASA等为代表的公司和机构,针对未来智能驾驶舱开展了多项研究,如Gulfstream 700驾驶舱和Thales提出的概念驾驶舱,相对于当前主流的第二阶段驾驶舱均进行了较为大胆的局部突破。

1) 湾流公司

Gulfstream 700(简称"G700")驾驶舱使用完全对称的布置设计,同时采用主动控制侧杆以提高安全性。此外,驾驶舱内采用了直观的触摸屏显示设备,有助于减少飞行员的工作量和飞机启动时间。G700 可以安装具有双平视显示器的增强型飞行视觉系统(enhanced flight vision system,EFVS)。这允许飞机以更安全的方式在恶劣的天气中降落,并允许飞机到达更多的机场,同时在未来还可以使用预测着陆性能系统,旨在帮助飞行员避免跑道超限。此外,在 G700 驾驶舱中安装了 ADS - B 系统,可为空中交通管制(ATC)提供飞机在飞行途中、航站、进场和地面各阶段更精确的三维位置,可以改善对超过 ATC 雷达半径的远程区域的监视性能,从而提高飞机间隔的精准度。

2) Thales 公司

Thales 公司提出的概念驾驶舱搭载了其最新的、面向未来的飞行管理系统——PureFlyt。系统的开发过程使用了人工智能与大模型技术,20 亿次基于大规模试验和人工智能技术的测试实例提供了相当于 1 亿小时的实际飞行数。

这套系统旨在对互联互通的航空生态系统和日益拥挤的空域中的飞机进行高效管理,提供更多的信息源,从而使机组人员做出更优的决策;提升飞机在复杂飞行阶段的表现和反应能力;实时计算备选飞行轨迹,从而提出或快速响应飞行变更计划。该系统能够在正确的时间为飞行员提供正确的信息,增强计算轨迹的可信任度,提高效率,并减少整个飞行阶段飞行员的工作量。PureFlyt 能够同时利用机载数据和开放数据,如天气信息,这一核心创新使得 PureFlyt 成为飞行管理系统行业的规则改变者。通过结合完整的飞行管理系统和灵活强大的电子飞行包的飞行功能,飞机轨迹可以得到持续的控制、调整和增强,从而优化飞行、降低油耗,并改善乘客的飞行体验。

下一代驾驶舱的初级代表和未来概念如图 1 - 4 所示。

(a) 简洁化:G700驾驶舱　　(b) 简洁化:Thales概念驾驶舱　　(c) 智能化:未来驾驶舱(未来)
　　(2010—2020年)　　　　　　(2010—2020年)

图 1 - 4　下一阶段驾驶舱的初级代表和未来概念

3) 波音公司

驾驶舱设计在降低民航客机研发和使用成本、改善飞行安全性、提高使用灵活性等方面均具有巨大潜力，因此历来为各国航空工业界、航空公司乃至普通民众所高度关注。作为当今世界民用飞机制造业两大巨头之一的波音公司，多年来在驾驶舱设计领域投入大量人力、物力和财力，对民航客机相关技术进行了长期的研究测试，取得了重大进展。

目前，波音公司的相关研究展示了一种单人驾驶模式，并拟在其最新一代波音797客机上应用，希望以此作为民航客机实现完全无人驾驶之前的衔接和过渡，同时也可以为航空公司带来经济效益。在此模式下，空中飞行的客机驾驶舱内将只有一名飞行员，他可以为机载无人驾驶系统提供备份和监控，尤其是负责飞行途中各种意外情况的处理。与此同时，在地面上还将另设一名"飞行员"，他有点类似于目前无人机系统中的地面操作员，可以为机上的飞行员和无人驾驶系统分担部分工作，并且可以一人同时监控多架飞机。

另外，针对日趋成熟的触控技术，在最新的波音777X机型上已全面使用触摸屏技术，触摸屏技术处在从研究到应用转化的阶段。波音777X采用5台来自罗克韦尔·柯林斯公司的具备触摸屏功能的大幅面航空电子显示器，这在商用客机中尚属首次。触摸屏是罗克韦尔·柯林斯的ProLine Fusion套件的一部分，将降低飞行员在地面和飞行操作期间的工作量。

4) 空客公司

2014年起，在欧盟"洁净天空"计划下，空客公司开展了颠覆性驾驶舱技术"DISCO(disruptive cockpit)"的研究，旨在研究单一飞行员驾驶技术，包括通过SVS功能的头戴式显示器，提高单一飞行员的情景感知能力；基于激光雷达的传感器在传统空速管结冰环境中准确测量空速，感知云层、风切变与结冰环境等，为飞行员提供准确的飞行环境信息；通过人工智能语音识别技术将语音转换为文本，减少飞行员手动输入的工作量；提高与空管人员的通信效率。

2020年6月，空客公司在A350飞机上完成了自主滑行及起降(autonomous taxi, take-off and landing，ATTOL)项目的试飞工作，成功验证了基于机器视觉的全自动飞行，拓展了飞行自动化的研究方向。该技术源自空客A3创新中心的Wayfinder自主飞行控制系统。该团队开发了基于计算机视觉和机器学习的软件，通过使用传感器(包括摄像头、激光雷达)和功能更强的计算机，检查飞机周围的环境，并计算出最佳的导航方案。自主技术把飞行员从起降、巡航等常规任务中解放出来，使其可以将更多精力放在决策和任务管理上，有助于在紧急情况下做出最佳决策，从而提升飞行安全。同时，仅使用机载系统实现自主飞行，摆脱了对外部设备的依赖，因而可以降低机场的基础设施建设成本。

此外，空客公司在其 A350 机型上也采用了触摸屏技术。在 A350 飞机驾驶舱的 6 块大尺寸屏幕中，有 3 块可以选装由 Thales 提供的触摸屏。这项新技术在 A350 飞机上的应用获得了欧洲航空安全局（EASA）的认证，可以实现"缩放"和"平移"手势操作，为两名飞行员带来更大的灵活性和更好的互动性，特别是在以下情况下：起飞前（将数据输入飞行管理系统中计算起飞性能），飞行/巡航中（查看航图），进近准备阶段（将数据输入飞行管理系统中查询相关下降/进近信息）。此外，在飞行的高负荷阶段，触摸屏功能减少了飞行员进行多次光标输入的需求。同时，两名飞行员可以在下侧中央显示屏共同使用电子飞行包应用，避免了在不同屏幕间进行切换。

5）NASA

NASA 在 2012—2014 年通过驾驶舱显示研究实验室（flight deck display research laboratory，FDDRL），对单人制机组驾驶舱进行了专项研究，内容涉及操作程序机组合作、自动化使用、驾驶舱与 ATC 职责和分工等方面。NASA 于 2015 年，发布了相关报告，但该报告也仅给出了原理性试验结果。报告认为，为避免在单人制机组航班飞行进近过程中的人类操作员超负荷工作，需要更多地依靠自动化来执行最低限度的交叉检查和飞行设置的加载。分析结果表明，如果自动化技术进一步发展使得系统可以自动上传空中管制系统所涉及的基本信息，那么一个由机载飞行员、地面飞行员与自动化系统共同组成的操作组就可以承担飞机的运行控制功能。这一组合可以有效避免，尤其是在出现重大或突发事件时，单人制飞行机组可能出现的超负荷情况。

综合上述对驾驶舱三个发展阶段的研究，以及当下各制造商/机构对新技术的研究，发现第三阶段的智能化驾驶舱将在信息感知、协同决策、执行处理方面，实现跨越式的发展，改变当前人-机协同工作模式，降低机组工作负荷、资质要求和数量，提升系统管理和故障处置的效率和可靠性，提升终端和航路适应的能力，实现民航客机由"低能见运行"发展为"全天候运行"。

1.2.2 民用飞机驾驶舱新技术发展

近年来，民用飞机驾驶舱的人机交互方式得到了显著的进步和创新，涵盖了新交互设计和新技术的广泛应用，旨在提升飞行员的操作效率、飞行安全和乘客体验。

1.2.2.1 触控技术

触控技术的广泛应用是最显著的趋势之一。传统的物理按钮和开关逐渐被大尺寸触摸屏所取代,使得飞行员能够通过直观的图形界面进行操作。然而,界面复杂性可能导致信息过载,需要权衡信息展示和界面简洁性,以降低驾驶员因误操作带来的风险。触控技术在日常应用中已经较为广泛,但是在航空领域的应用仍受到许多制约,如电磁兼容、可靠性等。因而,早期的驾驶舱内,一般偏保守地在 EFB 上使用触摸屏技术,如波音 787、C919 等机型。即使如此,调研发现,采用触控技术的波音 787 侧显,其交互效率仍然不高。然而,随着近几年硬件产品的逐渐成熟,各主制造商开始逐步将触摸屏应用在系统安全等级更高的驾驶舱设备上,并执行更加复杂的机组任务,如 A350 的多功能显示器(multi-functional display,MFD),以及波音 777X 的导航显示器(navigator display,ND)和系统状态显示器(system display,SD),均使用了触摸屏技术。湾流 G500 机型上触摸屏的使用则更加广泛,其使用触摸屏替代了顶部板区域的大部分系统界面,大大减少了传统 PBA 和按压开关的数量。可以预见,触控必将成为驾驶舱人机交互的主流,使人机界面更加简洁、直观、友好。

1.2.2.2 平视显示器

平视显示器(HUD)技术也在驾驶舱中得到应用。它将关键飞行数据和导航信息投影到飞行员的视线中,使他们能够保持视线朝前,同时获取必要的信息。平视显示器具有多种优点,包括改善进近时的航迹和下滑道保持、提高着陆精度、降低起飞和着陆所需的能见度、增强态势感知等。普遍认为,平视显示器对飞行管理有积极的促进作用;经验证明,平视显示器可提高对预期事件的探测能力和日常飞行控制能力,这使其明显优于低头显示器。然而,平视显示器系统的设计需要确保信息呈现的清晰度和可读性,避免干扰飞行员对外部环境的感知。目前,平视显示器在一部分较为先进的机型,如波音 787、A350 上已有应用。

1.2.2.3 虚拟现实和增强现实

虚拟现实(VR)和增强现实(AR)技术正逐步融入飞行员培训中。通过虚拟场景,飞行员可以模拟不同的飞行情境,以提高应对突发情况的能力;AR 技术在头盔上显示增强现实信息,如导航路径和飞行参数,有助于飞行员更好地理解操作和环境。驾驶舱的人机协同模式在将来可能发生颠覆性的变革,由主流的机长/副驾驶-自动化(飞机系统),演变为飞行员-自动化(AI)、飞行员-地面控制员、自动化(AI)-地面控制员之间的多模式驾驶方式。

1.2.2.4 语音识别和控制

航空公司开始采用语音识别技术,使飞行员可以通过语音与飞机系统交互。使用语音输入指令辅助操纵飞机可以在很大程度上减轻飞行员的工作强度,并在一定程度上减少操纵器件使用的复杂性。然而,语音识别的准确性和适应性需要持续改进,以防止误识别引发错误操作,尤其是考虑到不同类型民用飞机的操纵程序、不同飞行员的操纵习惯,以及不同驾驶舱内部环境噪声等条件存在的差异,均可能对语音识别系统产生影响。

1.2.2.5 自动化和人工智能

在部分飞行阶段,自动驾驶技术能够控制飞机,减轻飞行员的操作负担。然而,飞行员仍需要随时监控系统并做出必要的介入,以确保飞行安全。人工智能技术在分析飞行数据方面表现出色,可以提供维护建议和预测性维修,从而减少机械故障的风险。然而,需要确保人工智能系统的决策透明性,同时飞行员需要对人工智能的运作和决策有透彻的了解,以避免对系统过度依赖。

图 1-5 机场导航

1.2.2.6 机场导航功能

机场导航功能(见图 1-5)主要包括显示来自机场导航数据库中的任意机场移动地图,显示飞机在机场的相对位置,在机场移动地图上增加标记,为机组提供更好的机场情景意识。

1.2.2.7 垂直显示

垂直显示为机组提供飞机垂直位置的概览,其整合了与飞机的垂直控制和状态有关的信息,可以显示飞行航迹计划、飞行航迹角和潜在飞行航迹角,如图1-6所示。垂直飞行显示器可以利用飞行航迹角来帮助飞行员进行总能量管理,还可以显示状态数据和预测数据。其中,状态数据包括高度和垂直速度,预测数据包括当前控制动作的结果。通过惯性地加快控制变化的结果来计算预测数据。该垂直飞行显示器使飞行员能够快速地看到控制变化的结果,以便协调俯仰和动力。同时,配合其他系统,在垂直显示的界面上同样可以配合显示安全高度、天气和地形剖面信息,增强了飞行机组对飞机垂直位置的情景意识。

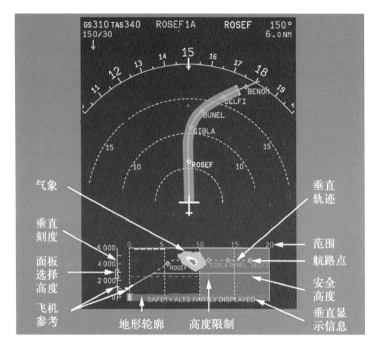

图 1-6　垂直显示

1.2.2.8　刹车脱离技术

飞机在进近和着陆时，常因恶劣的外部条件（如大雾、雨、雪等）而能见度较低、着陆跑道湿滑，从而导致飞行机组的工作负荷较大，情景意识降低。此类事故轻则导致飞机无法到达预定出口并及时脱离跑道；重则导致刹车效应不佳、着陆跑道过短叠加其他情况致使飞机偏离跑道，对机组人员和乘客产生伤害；同时，对于不断增长的航空运输业，也会导致交通繁忙的机场运力不足。对于上述问题，各大飞机制造厂商进行了针对性研究，提出了刹车脱离（brake to vacate，BTV）技术。一方面，通过减少飞机着陆后在跑道上花费的时间来增加运力；另一方面，该技术也可减少进近和着陆滑跑过程中因刹车减速导致的各类偏离跑道的事故或事故症候。BTV 功能是利用内置 GPS 和基于机载导航系统的机场数据库，结合自动飞行和自动刹车设施，为飞行员提供实时可视的实际刹车距离，控制飞机以规定的滑行速度到达飞行机组选定的出口，包括进近时的着陆距离评估功能。由优化自动刹车、冲出跑道告警（runway overrun warning，ROW）和冲出跑道保护（runway overrun protection，ROP）三部分功能组成，ROW 和 ROP 功能又称为防冲出跑道功能。其中，ROW 是接地前空中进近阶段的告警功能：如果着陆跑道太短，则出现语音和视觉告警提示飞行机组。ROP 是接地后地面滑出阶段的保护功能：如果剩余着陆跑道太短，则自动激活提供最大刹车能力，并指令飞行机组采取适当措施将飞机停住，同时出现语音和视觉告警提示飞行机组。目前，市场主流宽体机型 A350、未投入市场的波音 777X，以及部分 A380 和 A320 皆配备了刹车脱离功能。

1.2.2.9 防擦机尾技术

防擦机尾功能属于飞行包线保护功能的一部分，该功能主要在飞机探测到擦机尾情况时为机组提供擦机尾的指示与告警，以及在发生擦机尾前提供保护机制，提高飞行员起飞与着陆时的情景意识，并在一定程度上减轻飞行员工作负荷，该功能主要在飞机起飞和着陆飞行阶段应用。目前，市场上运营的主流客机中存在大量基础设计相近，但机身长度不同的系列化产品家族，导致擦机尾事故发生的概率有所增加。对于这一情况，各大飞机制造厂商均对飞机防擦机尾功能进行了针对性研究，并设计探测保护系统。主流机型已有的防擦机尾设计有 A350 的擦机尾俯仰限制指示、波音 787 的擦机尾探测系统、波音 777 和波音 737 的尾撬保护组件，波音 777 采用的半摇臂起落架在增强起飞性能的同时也增加了机尾间隙，一定程度上减小了擦机尾概率。

1.2.2.10 侧滑角限制技术

飞机控制律设计的目标是实现三轴控制增稳功能和多重飞行包线保护功能，保证飞机具有满意的飞行品质和抗大气扰动能力。在包线保护方面，目前的主流飞机基本均提供了高迎角保护、高速保护、俯仰角保护、失速保护、滚转角保护、法向过载保护、低能量保护等较为成熟的保护功能。部分先进机型（如 A380、A350 和波音 787），还额外提供了侧滑角限制功能。该功能根据校正空速确定脚蹬指令的最大侧滑角，主要考虑飞机的偏航机动能力、单发配平能力、侧风着陆能力，以及飞机垂尾载荷的需求。A380、A350 飞机的横航向 P‑beta 控制律通过 3 路侧滑角传感器测量得到的侧滑角数据；波音 787 的侧滑角数据基于惯性数据与气动数据，依赖波音公司自身丰富的数据积累和算法，通过估算方式得到。

然而，这些新交互设计和新技术的应用也带来了一些挑战。飞行员需要适应新的操作方式并接受相关培训。新技术的可靠性、安全性，以及飞行员在应对异常情况时的反应能力均需要仔细考虑。

民用飞机驾驶舱人机交互现状正朝着更加智能化和直观化的方向发展。总的来说，人机交互改进在提高操作效率和飞行安全方面具有潜力。然而，为了充分发挥新技术的优势，需要克服飞行员因界面新颖性、复杂性、集成性等方面可能产生的人为差错。未来的发展需要在技术创新和飞行安全之间找到平衡，确保人机交互的变革能够为飞行员提供更安全、更高效的驾驶体验，而飞机驾驶舱也将进一步融合虚拟现实、人工智能和自动化技术，为飞行员提供更加高效、安全和愉悦的飞行体验。

2 人为因素与事故分析

在民用航空领域,驾驶舱内的人为因素是航空事故分析中不可或缺的一部分。飞行员的判断、技能、工作负荷、疲劳程度、团队协作,以及对紧急情况的响应,均可能对飞行结果产生重大影响。事故分析专家会仔细审视事故发生前的驾驶舱操作环境、飞行员的行为模式、通信记录以及决策过程,以确定是否存在人为失误或疏忽。这包括对机组资源管理(crew resource management,CRM)、标准操作程序(standard operating procedure,SOP)的遵循情况、飞行员的训练和资质,以及驾驶舱设计和自动化系统对飞行员行为的影响进行深入分析。通过这种人为因素的分析,可以识别导致事故的非技术性原因,如组织管理缺陷、培训不足、文化和沟通障碍等。这些分析结果对于制订针对性的安全改进措施至关重要,它们有助于改进飞行训练程序、增强机组协作、优化驾驶舱布局和操作界面,以及提高飞行员对复杂情境的适应能力。本章对人为因素的概念、民用飞机驾驶舱人为因素以及典型的事故分析模型进行介绍。

2.1 人为因素

2.1.1 人为因素的基本概念

工程师在设计机器时,需要对机器的可靠性、易操作程度或可用性,以及容错特性等方面进行评估。因为人-机系统的有效性既依赖于操作人员的行为,也依赖于机器的性能,所以操作人员和机器必须被考虑成一个集成的人-机系统。只有在这种考虑下,系统中操作人员的部分行为能力才能够与系统中的无生命部分进行统一分析。例如,操作人员的可靠性(成功执行任务的比率)可以与机器的可靠性以相同的方法进行评价。

在系统中影响操作人员效力的变量都是人为因素需要考虑的范围。人为因素是那些重点影响操作人员与系统中无生命部分进行交互,实现系统目标效力的变量。有时也被称为人机工效、人机工程、工程心理学等。

本书对人为因素的定义遵循 2000 年 8 月国际人机工效学协会、人为因素和人类工效学会所采纳的定义：人机工效/人为因素是研究系统中人与其他部分交互行为的科学学科。其具体内容包括应用理论、规则、数据和其他设计方法，使人的绩效水平和整个系统的性能最优。

人为因素涉及的领域取决于相关支持科学的基础研究，针对该领域的应用性研究、数据分析以及特定设计问题的规则等方面。因此，人为因素专家应该参与到系统研发和评价的各个阶段中。

人为因素的定义强调了人类基础能力的重要性，如感知能力、注意力范围、记忆跨度以及身体的限制等。人为因素专家应当知晓这些能力并能够将其应用到系统的设计中。例如，将台灯的开关设计在一个最优的高度需要具备目标人群的人体测量限制（身体特征）的知识。类似地，在汽车、计算机软件包、微波炉等项目中设计对应的信息显示和控制器件时，人为因素专家需要充分考虑人的感知、认知和移动能力。只有设计能够适应并使得系统用户能力最优时，系统的性能才能最大化。

人为因素有着相当广泛的应用。事实上，只要人类与技术有交互，就是人为因素关注的范围。人为因素专家主要关注人与机器的交互行为，目标是让两者之间的信息交互尽可能顺畅和有效。在台灯系统的例子中，交互界面存在于台灯的开关中，人为因素应该重点关注如何使设计和安放的开关最适合使用。人为因素专家关注的是如何设计最优的人机交互界面，以实现系统的目标。

通常，在设计一个系统时，对机器的运行特征设计的自由度要大于对操作人员特征设计的自由度。也就是说，可以对机器部分进行重新设计或改善，而不能期望对操作人员进行重新设计或改善。虽然可以对操作人员进行监视和充分的训练，但是人的绩效水平特征的很多局限是无法打破的。

由于在设计时对操作人员自由度的限制，因此需要知晓人的局限性对机器设计的影响。人为因素专家必须考虑人的基本绩效水平能力，以便在系统中进行机器部分设计时能够充分使用人的能力。

2.1.2　人为因素涉及的学科

将人为因素从一项技术发展成一门科学的主要动力来自第二次世界大战。随着武器和交通运输系统的不断复杂化，先进的技术也逐步应用到工厂自动化设备和日常所使用的设备中。复杂设备所引起的操作困难将人为因素的需求推向了新的高度。人为因素的研究需要基于人的心理行为表现、工业工程,以及人体生理学的研究。

对人的行为的研究强调人的基本能力,主要是指对信息的感知和响应,可以追溯到 19 世纪中叶,主要工作是感知心理物理学和不同脑力活动的时间测量。很多早期先驱者建立的理论和方法现如今仍然应用于关于人的行为的人为因素研究中。

1) 人体测量学

人体测量学指对人的身体维度的测量。当测量一个具体的身体维度(如可达距离)时,会选择尽可能多的人进行测试。很重要的一点是,样本应当从目标人群中进行随机选择,因为目标是得到所关注的准确测量值的分布。能够进行的所有测量(高度、质量、可达距离、腿部长度等)一起构成了对人群的人体测量学描述。几乎在所有的情况下,测量值均遵循正态分布。因此,人体测量学数据包含对集中趋势(均值)和变异性(标准差)的测量;此外,有时包含以表格形式发布的分位数,供设计工程师使用。

最常用的人体测量学数据是第 5 百分位、第 50 百分位和第 95 百分位,分别对应人群比例剩余 5%、50% 和 95% 的情况。这个分布的目标是提供最小、平均和最大的测量值。这些数据可以用作构建设备的设计标准,并提供对现有设备的评价标准;还可以用于选拔适合工作空间尺寸的操作人员。例如,"阿波罗"指令舱(Apollo command module),于 1968—1972 年用于载人登月任务,其设计采用了第 90 百分位的站立高度,所有参与"阿波罗"计划的宇航员的身高被限制在 1.83 m(约 6 ft①)以下。

人体测量学数据的分位数被设计工程师用作保证设备能够被几乎所有用户人群成员使用。例如,"净空"问题,包括头室、膝室、肘室,以及通道和设备的出入,要求工程师的设计能够满足人群中最大或最高的个体。第 95 百分位的高度或宽度测量值常被采用以保证充分的净空度。对于可达性的问题,关注点包括控制器件的位置等,设计人员应当考虑用户人群中最小的个体情况,或者第 5 百分位的人体测量数据。如果一个物体在设计的可达性范围之外,且不期望被无意激活,那么参考标准应当反过来考虑。

其他设计问题关注平均人群情况(第 50 百分位)。例如,工作平面的理想高度不应当考虑人群中较高的个体,也不应当考虑较矮的个体,而应当考虑中间高

---

①　1 ft≈0.304 8 m。

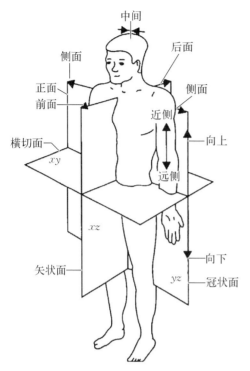

图 2-1 人体测量中使用的描述性
术语和测量平面

度的个体。但是,这意味着,对于一半的人群,工作平面较高,而对于另一半人群,工作平面较低。这个问题可以通过加入可调整的座椅和工作平面解决,使得每个人都可以将工作平面调整到适应自身的最佳状态。

人体测量中的描述术语包括身体的位置、被测量的身体部位,以及被测量的方向。加入了这些术语的人体图如图 2-1 所示,而图 2-2 给出了进行人体测量时的人体姿势。

在进行人体测量时,考虑 3 个测量平面——穿过身体的横切面、矢状面和冠状面。横切面横向切割身体的上半部分和下半部分;矢状面纵向切割身体的左半部分和右半部分;冠状面也是纵向切割,区分身体的前半部分和后半部分。方向术语以对立配对的方式使用,且特用于测量平面。横切面以上的身体部分是上半身,以下的身体部分是下半身;矢状面左侧或右侧的身体部位被认为是外侧,而靠近被测量身体

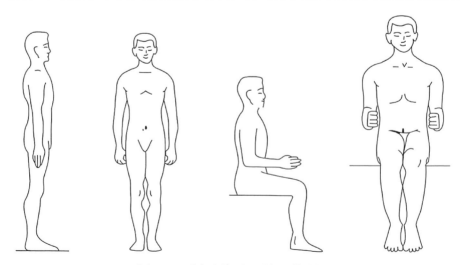

图 2-2 进行人体测量时的人体姿势

中心的部位被认为是内侧;冠状面前面的身体部分是前半面,后面的部分是后半面。最后,身体远离躯干的部分是远端,而靠近躯干的部分是近端。

现代的人体测量不再完全依赖于卡尺和卷尺。三维人体扫描技术能够提供非常准确的人体表面测量。扫描器通常使用光学技术。被测人员在扫描器中保持一个特定的姿态,通常只穿合身的短裤和(女性的)吊带衫。扫描器扫描整个身体的轮廓,相对于传统的技术提供更加完整、准确和可重复的测量补充。但是,由于扫描器获取形状并不是直接测量,产生了大量难以总结的数据,因此可以在身体标志性的位置做标记,使得软件能够对特定的测量尺寸进行计算。

2)认知科学

认知科学是一门研究信息如何在大脑中形成并转录的跨领域学科。认知科学研究何谓认知、认知有何用途,以及如何工作;研究信息如何表现为感觉、语言、注意、推理和情感;研究领域包括心理学、哲学、人工智能、神经科学、学习、语言学、人类学、社会学和教育学;跨越相当多层次的分析,从低层次的学习和决策机制到高层次的逻辑和策划能力,以及脑部神经电路。

认知科学是一个非常广阔的领域,包含与认知相关的许多不同方向的课题。然而,并非所有的与心智或智力运作相关的课题均属于认知科学。社会与文化因素、情感、意识、动物认知、比较心理学和进化心理学常常因其关键的哲学争议被排除在外或者不被重视。另一个认知科学试图回避的与心智相关的课题是感质(哲学和认知科学中探讨的一个概念,指个体体验的主观性质,如感受、情感、知觉等),有关它的讨论有时会将其限定于哲学上的概念;也有一些认知科学的团体认为感质的研究很重要,是必不可少的课题。

认知科学研究通常使用多种不同的方法。因为认知科学是高度跨领域的,所以其研究会跨越多个学科范围,如采用心理学、神经科学、计算机科学和系统论的研究方法。常见的研究方法包括行为试验、脑成像、计算机模型、神经生物方法等。

认知科学产生了人类认知偏误与风险预测的许多模型,影响了行为经济学的发展;也产生了很多数学哲学和人工智能、说服、约制等领域的新理论,在语言哲学和知识论(理性主义的现代版本)中占有一席之地,成为语言学的一个重要分支。认知科学领域的研究会影响对人脑特定功能系统(如功能缺损)的理解,包括语言生成到听觉过程和视觉过程等。认知科学的进展帮助人类理解脑部特定区域的损毁会对认知造成何种影响,以及一些失衡症的原因,如失读症、视力缺失和半侧空间忽略。

3）神经工程学

神经工程学涉及计算神经科学、实验神经科学、神经学、电子工程和活体神经组织信号处理等领域，包含机器人学、控制论、计算机工程、神经组织工程、材料科学和纳米技术等要素。

该领域的主要目标包括通过神经系统与人工设备之间的直接互动来恢复和增强人体功能。神经工程背后的基本原理涉及神经元、神经网络和神经系统功能与可量化模型之间的关系，可以帮助开发用于理解、修复、增强或模拟神经系统功能的技术和设备。现有的以神经工程学为重点的研究成果主要包括神经成像、神经网络、脑机接口、微电极阵列、神经假体等。

4）实验心理学

实验心理学是心理学的一个核心分支，专注于使用试验方法来研究心理过程和行为。实验心理学家利用人类参与者和动物作为研究对象，研究包括（除其他外）感觉、知觉、记忆、认知、学习、动机、情感、发展过程、社会心理学，以及所有这些课题的神经基础。

在 19 世纪，Wundt 将数学和试验方法引入心理学领域，实验心理学由此成为一门现代学科。其他实验心理学家，包括 Ebbinghaus 和 Titchener，也将数学和试验方法纳入了他们的实验方法。

20 世纪后半叶，实验心理学家使用一系列方法，并不局限于严格的试验方法，因为科学哲学的发展影响了试验的专有声望。相反，试验方法现在被广泛应用于发展心理学和社会心理学等领域，而这些领域以前并不属于实验心理学的范畴。一些历史悠久、声誉卓著的学术团体和科学杂志，以及一些大学心理学课程的名称仍在继续使用这一短语。

在与实验心理学相关的试验中，人类参与者通常会按照试验者的指示，对视觉、听觉或其他刺激做出反应；动物也可能会通过获得奖励得到类似的"指示"。自 20 世纪 90 年代以来，计算机已普遍用于实验室中的刺激呈现和行为测量自动化。以人类和动物为对象的行为试验通常测量反应时间、在两个或多个备选方案中的选择和/或反应速率或强度；试验还可能记录动作、面部表情或其他行为。人作为被试参与的试验还可能在试验过程之前、期间和之后获得书面反应。此外，心理生理学试验使用诸如磁共振功能成像（functional magnetic resonance imaging，fMRI）、脑电图（electroencephalogram，EEG）、正电子发射断层扫描（positron emission tomography，PET）或类似方法，测量大脑或（主要是动物）单细胞在刺激出现时的激活情况。

尽管实验心理学已经融入当今的大多数心理学研究中,试验作为一种重要的研究方法被广泛强调,对于这一学科方法学界仍存在批判的声音。反对实验心理学的一个流派与法兰克福学派有关,反对者们声称,实验心理学将人类视为独立于其所处的文化、经济和历史背景的实体。批判理论家如 Adorno 和 Habermas 认为,实验心理学家在这样做的同时,描绘了一幅不准确的人性画卷,同时也默许了现行的社会秩序。

5) 组织行为学

组织行为学是对管理过程中人的因素的研究,主要包括个体行为、群体行为和组织行为 3 个领域。在个体行为领域,组织行为学主要研究个体的知觉、学习、激励、人格、员工选聘、绩效与态度测量、工作压力、个体决策、工作满意度等方面内容,其中核心领域是对激励问题的研究。在群体行为领域,组织行为学主要关注正式群体和非正式群体、群体的组织功能、群体动力学、沟通与交流、群体决策过程等方面的内容。在组织行为领域,组织行为学主要研究组织文化与环境、组织领导、冲突、组织行为的有效性、授权、组织结构设计、工作团队设计、组织变革与发展动力和组织文化建设等方面的内容。

6) 感知心理物理学

感知心理物理学是描述基础的感知敏感性的科学。Weber 和 Fechner 建立了心理物理学,同时也是现代实验心理学的奠基人。Weber 和 Fechner 研究了在感官和感知方面人的能力。Weber 通过对质量差别感知的研究发现了一条定律,即感知的差别阈限随原刺激量的变化而变化,且表现为一定的规律性,刺激的增量和原刺激值的比是一个常数,该定义被称为 Weber 定律,可以表示为

$$\frac{\Delta I}{I} = K \qquad (2-1)$$

式中: I 为原刺激的强度(如左手上的质量); ΔI 为原刺激与另外一个刺激(如右手上的质量)的差异程度(质量差值); K 为常数。

Weber 定律指出,随着强度的增加,需要感知一个强度变化的绝对值是不同的,但是相对比率却是一个常数。例如,如果一个物体质量很大,那么必须要更大的绝对质量的增加才能够感知到另一个更大的质量。Weber 定律适用于中等强度的刺激,对于过高或过低的刺激不适用。

Fechner 基于 Weber 的研究,建立了第一个心理量(如响度)与物理量(如幅度)之间数量关系的定律。Fechner 定律如下:

$$S = K \log(I) \tag{2-2}$$

式中：S 为感知强度；I 为物理刺激强度；K 为常量；$\log$ 为任意底数。

Fechner 定律即使在今天仍旧驱动着感知和物理世界相关性理论研究的发展。与此同时，其他科学家在感知生理学方面也取得了重大突破。其中，最出名的是 Ebbinghans 和 Helmboltz，其很多研究结论仍然是现代科学的理论基础。Helmholtz 最重要的贡献之一是建立了测量神经脉冲传输时间的方法，其对青蛙的神经施加一个电刺激，并测量由该刺激而产生肌肉收缩的时间差值；测量结果表明，传输速度约为 27 m/s。这一发现的重要性在于揭示了神经传输并不是瞬时的，而是需要经过一个可测量的时间。

Helmholtz 的发现是 Donders 早期研究的基础。Donders 是眼科学的奠基人，发明了被称为精密计时的方法。他认为，当执行一个快速反应任务时，执行者必须进行一系列的判断：先检测到一个刺激，并识别这个刺激；然后，需要与其他的刺激相区分；进行这些判断之后，执行者再针对刺激选择合适的反应。

Donders 设计了一些简单的任务，这些任务包含不同的判断组合。随后，用需要多一个判断的任务执行时间减去不需要该判断的任务执行时间。通过这样的方法，Donders 估算出了不同判断的执行时间。

Donders 的方法现在被称为减法逻辑。减法逻辑的意义在于为分离心理过程提供了基础。这一概念是人类信息处理的核心原则。人类信息处理在如今人的行为研究中被广泛应用，它认为认知是通过一系列建立在感知中的信息处理活动实现的。把人作为一个信息处理系统对人为因素的问题进行研究是无价的，因为这样就能够基于相同的基础功能对人和机器进行分析。人和机器均基于来自环境的输入执行一系列操作，并产生新的信息输出，如图 2-3 所示。通过这样的方式看待人和机器，就可以依据基础的信息处理功能方式研究人-机系统。

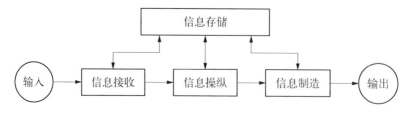

图 2-3　人与机器中的信息处理

对于当代人的行为心理学，Wundt 最大的贡献是他的科学论断。他提出了一种确定的方式并对心理生活进行研究。Wundt 认为，心理活动在人的行为中存在因果关系。人的心理反应和行为表现是由他们过去的经验，以及大脑如何整合这些经验所决定的。他还强调，这种心理表现具有创造性，不仅仅是不同心理元素的简单组合。Wundt 将其方法称为唯意志论（voluntarism），强调行为具体自发性的特征。他和他的学生使用了大量的心理物理学和精密计时的方法对注意力的构建和选择性注意力过程进行了详细的研究。

注意力是人为因素重点关注的问题。在 20 世纪后期和 21 世纪初期，对注意力的研究吸引了大量的科研人员。其中，最具影响力的应该是 James，在其 1890 年发表的专著《心理学原理》中，James 用一个完整的章节介绍了注意力。他提道："每个人都知道什么是注意力。它由大脑所控制，从几个同时存在的物体或者想法中选取一个比较明确、生动的。集中关注、聚精会神和意识都是注意力的本质。它意味着从一些事情中退出，转而去处理其他的事件。"

以上关于注意力特征的很多描述在当代研究中仍然适用，如不同的注意力类型、处理能力的限制，以及意识的作用。

同样，当 Wundt 和其他科研人员在潜心研究如何解决分类心理事件的试验性问题时，Ebbinghaus 第一次用严谨的试验方法研究了学习和记忆。Ebbinghaus 的贡献是巨大的，因为在此之前，对于较高等级的心理过程的定量化研究被认为是不可能的。在其对自身长期的试验过程中，Ebbinghaus 研究了他自己学习和记忆一系列无意义的音节的能力。Ebbinghaus 所使用的程序、定量化的分析方法，以及理论问题都为研究较高等级的心理功能提供了基础。

Bryan 和 Harter 将对学习和记忆的研究扩展到对技能获取的研究中，这在人的行为研究的历史中留下了浓墨重彩的一笔。在他们对电报学中关于学习摩斯码的研究中，Bryan 和 Harter 确定了技能学习中的很多因素，后来被称为知觉运动技能。

2.1.3 民用飞机驾驶舱人为因素

在民用航空领域，驾驶舱的人为因素是确保飞行安全和效率的关键。它涉及对飞行员行为、认知负荷、情境感知，以及与飞行任务相关的决策过程的深入理解。驾驶舱人机界面设计则是将这些理解转化为实际的驾驶舱元素，包括直观的控制布局、清晰的信息显示和有效的反馈机制等。设计良好的驾驶舱人机界面对飞行员操作有着显著的影响,可以提高操作效率、减少误操作风险,提供更好的信息呈现和人机交互体验。因此,在民用飞机驾驶舱人机界面设计过程中,要做好充分的设计考虑,尤其是在引入了新技术后,机组与飞机的交互界面变成了新颖、复杂且集成的界面。在驾驶舱人机界面设计过程中,可从控制器件、信息呈现、告警、系统自动化、差错管理等方面进行考虑。

2.1.3.1　控制器件

控制器件是与系统交互的主要方式。民用飞机驾驶舱中的控制器件可能包括如下设备:按钮、开关、键盘、小键盘、触摸屏、光标控制装置、图形用户接口(如提供控制功能的弹出窗口和下拉菜单)、语音激活控制系统。

每个控制器件都有各自的特征,这可能影响被控制的功能的设计。必须针对具体的应用和/或系统,以及它们的用处给予合适的控制。

以往的经验和预期可能会影响控制器件的可用性。因此,在系统和驾驶舱中控制设计的一致性可以减少混淆的可能性。控制器件的可用性还会受到其物理特性的影响,如尺寸、形状和操作。设计优良的控制器件操作容易,能够让飞行机组以合适的方式完成动作,并且提供动作后果的反馈。

在驾驶舱中,多功能控制器件,也就是单一的设备提供多种不同的功能,经常用来减少独立控制器件的数量,这对于减少控制器件所占据的驾驶舱空间有好处,并且有利于控制器件的可达性。如果该多功能控制器件的标签没有意义,或者其缺少相应的标签,那么该控制器件控制何种系统或何种功能是不明确的,这会增加飞行员无意地向错误系统提供输入或驱动错误功能的风险。可以对控制设备进行编码,以提升它们的识别程度,从而保证正确的操作。通常编码的方式包括尺寸、形状和颜色。形状和颜色编码的设计有助于通过视觉和触觉进行区分,尤其适用于低可视度环境或在需要不依赖视觉参考来识别输入设备的情况下。对控制器件不推荐使用颜色进行区分,因为其有效性极大地取决于可视条件。选择和使用具体的编码技术可以通过任务和控制器件所实现的功能进行确定。如果飞行员需要记住编码的属性及对应的具体功能,那么应该避免没有区分度的编码技术,因为任何编码都需要对飞行员进行训练,并且会为他们增加记忆负担。

精心设计和合理布置控制器件对于安全运行很重要。但是,由于驾驶舱中空间有限,在安排控制器件时需要进行适当的妥协,因此不是所有的控制器件均能够放在最合理的位置。在传统的驾驶舱中,给定显示系统的控制器件通常集成在一个控制面板或者顶板的某一块区域中。随着一些控制器件从专用的控制面板中移除,以及指针控制设备和软控制器件的使用,显示系统的一部分控制器件仍然保留在顶板中,而其他部分则移动到显示中。这种系统控制器件的散落或者不相关的控制器件的搭配可能会引起混淆(特别是在较高工作负荷条件下),增加发生差错的可能性,因此不仅需要飞行员高度集中注意力,还会造成飞行员疲劳。使用系统物理模型进行评价,可以帮助识别由控制器件布置所引起的差错,以及对系统运行和安全性可能的后果(如无意驱动)。布置控制器件时需要考虑完成的任务,以及完成这些任务所需要的动作顺序是否有益于飞行员执行任务,并且可以帮助预防和管理潜在的差错。专用显示设备的控制器件应尽可能靠近所控制的显示设备;较大控制器件和显示设备之间的间距可能影响可用性。大部分的控制器件都会在特定的情况下被无意操作,飞行员可能偶然撞击一个控制器件,或者在驱动其他控制器件时无意地驱动另外一个控制器件。防止无意操作的要求需要与控制操作的简易性进行平衡,因为防止无意操作的方式也会使得控制器件难以获得或难以操作。防止无意操作的方式包括物理障碍,如覆盖和包围;多种移动顺序要求,如在调整旋钮之前先转动旋钮;增加力度以驱动控制;要求按压按钮或触摸屏一定的时间。在显示信息的下方中部布置控制器件(如多种任务使用的"回车"键或数字键盘)是指示这些控制器件为通用控制器件的一种方式。推荐将控制器件布置在显示信息的下方,因为如果控制器件位于显示信息的上方,那么飞行员在操作控制器件时,手会遮挡显示。

控制器件位于合适的高度能够使得操作不舒适性最小。支撑,如肘关节,可以用来稳定手,从而使得数据的输入更加可靠,特别是在湍流条件下。

对于不同的控制类型,最小的间隔(边缘到边缘)要求如表2-1所示。这些空间适用于单一的手指操作。如果不能满足空间要求,那么推荐使用互锁机制或限制。

表 2-1　不同控制类型的最小间隔(边缘到边缘)要求

控制类型	拨动开关/mm	按钮/mm	旋钮/mm	旋转选择器/mm	离散拇指旋轮/mm
拨动开关	参考"注①"	13	19	19	13
按钮	13	13	13	13	13
旋钮	19	13	25	25	19

（续表）

控制类型	拨动开关 /mm	按钮 /mm	旋钮 /mm	旋转选择器 /mm	离散拇指 旋轮/mm
旋转选择器	19	13	25	25	19
离散拇指旋轮	13	13	19	19	10

注：① 拨动开关与拨动开关之间的最小间隔使用 19 mm,拨动开关与控制杆锁拨动开关之间的最小间隔使用 25 mm。

反馈是十分重要的,因为反馈能够让飞行员确定控制器件是否被激活,并且让飞行员确认输入是否被接受或者被拒绝。反馈的类型、持续的时间以及适当性取决于所需要的信息及当前的任务。在反馈的可接受性中,控制系统的响应时间具有重要作用。对于简单的任务,期望系统的响应时间比那些复杂的或者时间紧迫性高的任务更快。输入和系统响应之间较长的或者变化的响应时间对系统的使用性有负面影响,较长的响应时间需要飞行员记忆更多的信息,会增加工作负荷,且影响整体绩效水平,增加潜在差错发生的可能性。控制器件操作的一个关键设计特征是响应增益(或者敏感度)。控制器件的增益反映了控制器件的移动或者施加在控制器件上的力如何转化为显示输出。具有大增益的控制器件是高度敏感的,因此一个控制器件的微小移动会使显示元素产生大的变化。当需要大范围的纠正时,这种类型的响应是有用的,但是可能会导致过度纠正、无意驱动等差错。在需要精细调节输入的情况下,低增益控制元件能够发挥其效用,尽管这可能会耗费较多的时间。控制器件可以设计成具有多种增益,以支持粗略的移动和需要准确度的定位任务。例如,当控制器件快速移动时具有大增益,而当控制器件慢速移动时具有小增益。

输入设备提供向现实系统输入信息的方式。传统的物理控制被集成到显示中,或者用虚拟按钮、开关和旋钮代替。输入设备的选择必须考虑其对驾驶舱环境以及具体应用的、独特需求的操作适应性。在选择合适的输入设备时,需要保证飞行员可以使用输入设备,输入设备能够支持任务也很重要。如果输入设备不适用于用户和任务,那么与控制器件的交互会产生额外的工作负荷,增加机组人员低头的时间,以及发生潜在差错的可能性。

本节根据物理因素属性,对输入设备的类型进行推荐,涉及旋钮控制、按钮、键盘、开关、光标控制装置(CCD)、触摸屏显示。当需要小的力度或者高的准确度以调整持续变量的数值时,推荐使用旋钮。但是,旋钮特别容易引起无意驱动,特别是当操作其他旋钮时,如果旋钮被无意转动,那么重新建立之前的设定很消耗时间。同轴旋钮通常设计成通过最接近面板表面的旋钮来改变指针位置、选择信息类型、操作/显示模式或者大的数值变化。其中,内部的/较小的旋钮用来选择信息的内容,外部的旋钮选择子类型、精确的数值变化。表 2 - 2 总结了旋钮的设计指南,使得使用性最大化,且避免了无意驱动。

表 2 - 2 旋钮的设计指南

类　　别	旋　　钮	同轴内部旋钮	同轴外部旋钮
最小直径/mm	10	22	13
最小高度/mm	13	13	16
最小位移	N/A	N/A	N/A
最小中心到中心距离/mm	25;51(推荐)	25;51(推荐)	25;51(推荐)
设置间隔/(°)	15	15	15
最小阻力/N	1.1	1.1	1.1
最大阻力/N	3.3	1.7	1.7
移动	顺时针增加	顺时针增加	顺时针增加
其他期望特征	提供反馈;锯齿形或凸边边缘	对于左边最大或向上最大显示;锯齿形边缘	锯齿形边缘

通常,进行离散的启动或通过有限数量的循环进行离散选择时推荐使用按钮。按钮需要最小的空间和最小的时间进行操作,但是由于按钮的设置(选择或没有选择)很难只通过按钮位置进行确定,因此当功能状态只通过位置进行确定时,按钮不适合离散的控制。表 2 - 3 总结了按钮的设计指南,使得使用性最大化。

表 2 - 3 按钮的设计指南

类　　别	按 压 按 钮	推-拉按钮
最小直径/mm	9.5	6
最小高度/mm	6.4	19
最小位移/mm	2	13
中心到中心最小距离/mm	19(水平);16(垂直)	25

（续表）

类　别	按压按钮	推-拉按钮
最小阻力/N	2.8	2.8
最大阻力/N	11	11
其他期望特征	提供反馈；凹面或粗糙的表面	推以激活；如果双用途则增加长度（如控制可以旋转）

　　键盘的设计对于准确和有效地输入数据非常重要。键盘设计包含按键的大小、按键的形状、按键间的空间、按键所需要的力以及所提供的反馈。设计不合理的键盘会导致使用过程中胳膊及手腕部肌肉疲劳。键盘上按键有逻辑的排列和布局能够使得潜在的差错最小化。键盘可以以"QWERTY"的格式进行排列，这 6 个按键位于最顶部的字母行。在驾驶舱中，飞行员也可以使用按字母顺序排列的键盘。在驾驶舱中使用一致的键盘布局有利于信息输入。使键盘的可用性最大化的设计指南如表 2-4 所示。表 2-5 提供了推荐的键盘按压阻力。

表 2-4　键盘的设计指南

类　别	键　盘
最小直径/mm	10
最小高度/mm	N/A
最小位移/mm	1.3
中心到中心最小间距/mm	19
设置间隔	N/A
最小阻力/N	0.25；0.5（推荐）
最大阻力/N	1.5；0.6（推荐）
移动	N/A
其他期望特征	提供听觉或触觉反馈；数字使用电话布局

表 2-5　推荐的键盘按压阻力

方　式	单个手指	多个手指	拇指或手掌
最小阻力/N	2.8	1.4	2.8
最大阻力/N	11	5.6	23

当控制器件有离散的状态时(如开/关),适合使用开关。拨动开关和船型开关提供了按压的选择,并且可提供显著的视觉指示。拨动开关可以在 2 个或者 3 个离散的位置中进行选择,通常拨动开关的设置是明显的。当有 2 个离散位置,或没有足够的空间标注开关的位置时,船型开关可以代替拨动开关,因为船型开关的标注可以位于开关的表面。但是,拨动开关和船型开关均容易发生无意的错误激活。不同的开关实例如图 2-4 所示。使开关可用性最大化的设计指南如表 2-6 所示。

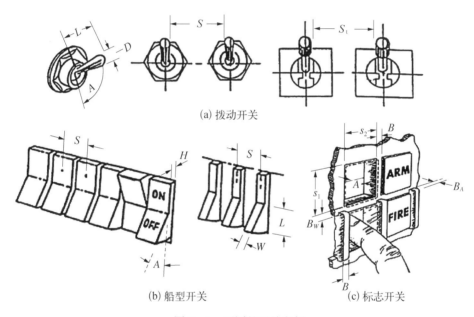

(a) 拨动开关

(b) 船型开关

(c) 标志开关

图 2-4 不同的开关实例

表 2-6 开关的设计指南

类 别	拨动开关	船型开关	标志开关
最小直径/mm	3～25	6	19;15;当面板下开关没有被抑制
最小长度/mm	13～25	13	N/A
最小位移	30°(2 个位置开关);17°(3 个位置开关)	3 mm(高度);30°(角度)	3 mm(标准);7 mm(圆顶型隔膜/触觉标志);5 mm(传导隔膜)
中心到中心最小间距/mm	13(顺序操作);19(随机操作)	19	N/A

（续表）

类　别	拨动开关	船型开关	标志开关
最小阻力/N	11	2.8	16.7（标准）；2.5（圆顶型隔膜/触觉标志）；3.0（传导隔膜）
其他期望特征	垂直方向，"ON"在上方，"OFF"在下方；保护装备防止无意激活	垂直方向，"ON"在上方，较大的阻力，且保护装备防止无意激活	N/A

　　需要具体考虑CCD(如鼠标、轨迹球、摇杆、触摸板、触笔)的可用性。首先，CCD是多目的控制，即一个设备能够控制多种功能。因此，使用离散控制(如转动单独的旋钮)能够立即获得的功能可以代替飞行机组通过一系列菜单选择步骤进行操作。这一系列的步骤可能比执行单独的动作需要更长的时间，从而增加了完成任务的时间。其次，在所有的运行条件下，可能很难使用CCD进行高精度的操作。例如，在湍流条件或在有较大时间压力的条件下使用一系列菜单进行导航。通过CCD进行功能定位并获取所需要的注意力，相较于使用单独的专用控制，可能会增加工作负荷和低头时间。如果CCD控制的标记只呈现在显示屏上，那么被激活或者可用的控制功能可能不明显。飞行员基于指针的位置快速识别激活功能的能力很重要。在使用CCD之前，应与传统的控制进行比较，以考察对任务完成时间和工作负荷潜在的影响(参考 AC 20 - 145)。

　　触摸屏显示的操作通常是通过响应手指在设备上触摸或移动的位置信息实现的。触摸显示的优点是输入动作和响应输出直接相关，且所有的输入均呈现在显示器上。触摸屏通常使用于有限空间中，并不适用于所有的任务或运行环境，需要考虑触摸屏技术、任务需求、显示大小、触摸区域大小，以及所需的触摸准确度。触摸屏感知和响应技术如表2-7所示。

表 2-7　触摸屏感知和响应技术

类　别	定　义
电阻屏	电阻屏是最常用的触摸屏技术，包含几个电子传导材料层；当有足够的压力时，层与层之间发生接触，构成一个回路，从而输入被接收；触发响应所需的压力在不同的电阻屏中均不同

类　别	定　义
电容屏	电容屏包裹了薄的、透明的传导材料；当电容发生可测量的变化时，可激活一个"触摸"（如皮肤接触）
红外线	使用红外光束照射显示的有效区域进行输入检测；当一个输入设备，如手指，截断红外射线时，"触摸"被激活；输入设备不需要真实接触到屏幕，即可引起响应；但是，输入可能被极端的光线条件干扰，因为显示的激活必须来自红外灯光束的变化

　　触摸屏输入信息通常有 3 种策略。落于（land-on）策略只针对选择初始的触摸。用户可以直接通过屏幕上的触摸选项进行选择，直到手指抬起，其他所有的接触均不会被执行。因为系统立即将触摸接收为一个输入，用户没有机会对输入进行验证；此外，将手指从一个选项移动至另一个选项没有作用。第一次触及（first-contact）策略类似于落于策略。当用户触摸一个可选择的选项时，系统识别一个输入；但是，"第一次触及"允许用户通过将手指从一个选项移动至另一个选项进行信息选择，即输入并不仅限于初始的触摸。在最后触及（last touch）或者举起（lift-off）策略中，当手指从触摸屏上离开时，系统处理最后一个可选择的选项，用户之前触及的内容不会被处理，即用户可以在激活选项之前对输入的正确性进行验证。关于输入策略的研究发现，需要权衡速度和准确性，若第一次触及策略输入信息的速度快于最后触及策略，则更容易出现差错。事实上，使用最后触及策略比其他两种策略更不容易出现差错。驾驶舱环境中如何选择合适的策略取决于执行的任务和运行条件。

　　通过触摸屏键盘进行文本输入比使用标准键盘慢，但是输入速度可以通过经验或者响应技术进行改善。输入速度慢的一个原因是触摸屏不能同时处理多个输入。触摸屏上的键盘布局对文本输入是有益的。特别是当使用单指或触笔进行输入时，触摸屏上常见的接近于方形的（5×5）字母键盘布局，通常比传统的"QWERTY"键盘布局更适用于文本输入，因为按键之间的平均间距较小。

　　在确定是否使用触摸屏技术时，考虑的因素包括所需响应速度、输入所需的力度、提供反馈的类型，以及无意驱动的风险。也就是说，飞行员能够使用触摸屏有效地进行信息输入，但是如果数据输入任务需要一个高等级的精确度，那么低头时间可能会明显增加。

对于设计和使用虚拟的"软式"控制设备,有一些问题是特有的。不同于硬控制,软控制通常不提供触觉和/或听觉反馈,而这些反馈可以作为指示功能被激活的线索。此外,显示系统的硬控制在布局上通常很靠近(如在专用的控制面板上),而软控制的位置则比较分散,且控制器件的大小受到显示区域的限制。软控制的可达性也可能受到显示视差的影响,如可能很难确定"有效"区域。视差是用户感知的触摸位置和真实需要触摸的位置的差异。视差在 x 轴和 y 轴上均存在,且视差的大小是显示角度的函数,垂直于飞行员视线安装显示能够将触摸差异最小化。

一些研究关注触摸屏的按键大小。通常,研究对象是被试触摸显示器上的一些目标(如方形按钮),研究内容是通过第一次触摸与目标位置的差异来计算,并确定获取触摸所需的按键大小。结果表明,在不进行触摸差异校正的情况下,达到 99% 的触摸精度时,最小的按键宽度约为 26 mm;在经过触摸差异校正的情况下,达到 99% 的触摸精度时,最小的按键宽度约为 22 mm;如果输入时佩戴手套,那么触摸屏按键的大小和按键之间的空间需要增加。

2.1.3.2 信息呈现

早期的显示信息受技术的限制。在光亮的条件下,显示信息有时难以被看见或难以支持阅读。现在的显示技术已经发展到几乎在所有光线条件下均能提供清楚的图像。驾驶舱中显示的质量和位置对信息的可读性有显著影响。

显示质量包括尺寸、分辨率、对比度、显示亮度范围、闪烁以及抖动等,这些特征会影响操作者的表现。

显示尺寸必须足够大,使得在所有可预见的条件下向飞行机组呈现的信息可用(可读或可辨识)。可预见的条件包括操作环境和灯光环境,信息应与预期的功能相一致。显示尺寸是显示信息的物理尺寸(如字符大小)与其到显示器的视觉距离的函数,通常用视觉角(VisualAngle)表示:

$$最小视觉角 = \frac{57.3 \times 60 \times L}{D} \qquad (2-3)$$

式中:L 为目标尺寸;D 为眼到目标的距离。

显示对比度可能会随光线而发生变化,通常可以清晰显示的颜色可能会变模糊。分辨率和最小线宽应足够支持所有的信息图像。在所有可预见的条件下,显示信息应对位于飞行机组位置的飞行员来说均是可见的,且是可理解的。

显示屏亮度是由其固有亮度和外部光线照射到显示屏上的部分共同决定

的。显示屏本身的亮度反映了显示屏发射或反射的光,与显示亮度是不同的概念。因此,显示亮度可能比显示屏本身的亮度更高或更低,这取决于驾驶舱内的环境光量。在亮的光线下,显示屏或其他亮的信号容易被检测,而在正常的光线条件下则困难一些,这是驾驶舱中额外增加的光线造成的。在夜晚或者暗的环境中,必须考虑维持飞行员的暗适应性,使他们的眼睛能够习惯黑暗的条件。一些系统提供白天/夜间模式,从而允许飞行员根据光线条件使用不同的颜色对显示的亮度等级进行调整。航空地图使用"白天"模式时,所显示的信息应是黑色和亮背景的,从而在明亮光线下的显示能够很亮且可读;"夜间"模式则应使用亮色和暗背景,这样显示就不会太亮,能够保持飞行员的暗适应性。

显示闪烁是一个符号或一组符号的亮度快速且短暂的变化。事实上,显示是一直在闪烁的,但是只有在观察者的视觉阈值大于显示的刷新率时,才会发现闪烁。例如,当刷新率过低时,随着亮度等级的提升,可能更容易发现显示闪烁。

显示抖动是显示上元素的几何不稳定性。抖动的大小可根据1 s内元素(像素)在水平和垂直方向的最大位移确定。抖动由幅度(如显示元素的移动距离)和频度(如显示元素的移动速度)组合而成。闪烁和抖动均会导致轻微的眼疲劳。

显示设备有时会安装在飞行员正常视觉区域以外的地方。同时,驾驶舱内的交叉检查很重要,因为一些显示系统不能在驾驶舱中进行复制。在一些情况下,在飞行员正常的扫描过程中,显示可能不可达;当从偏角观察时,信息可能不可读,或者颜色显示有差异。例如,如果显示设备的玻璃安装在遮光板内,那么当从偏角观察显示时,遮光板可能会遮掩图像区域的边缘。当从偏角观察显示时,一些线条和细节的内容可能会消失。例如,航线交通管制中心(air route traffic control center,ARTCC)边界由比邻的垂直和水平线条组成,当从偏角观察显示时,垂直的线条可能会消失,只剩下一些水平的线条。可以通过评价来确定显示的可达性和可读性是否受到位置的影响。对于特定的显示系统需要考虑安装的限制。一般在安装显示设备时,安装的离轴角度不能超过正常显示的50°。在中央面板或中央基座上安装的显示设备应对两名飞行员均可见;如果可行,则显示表面应垂直于飞行员正常的视线。显示表面的入射角应该与相应的飞行员视线成45°~90°夹角;对于不太重要的显示,推荐的水平角度为35°,最大为60°。推荐的垂直角度相较于飞行员视线为小于20°或大于40°,最大为小于36°或大于66°;对于未完成给两名飞行员复制的显示,应从任何一个位置均可以进行观察,而不需要大幅度地调整身体位置;所有支持用户活动或活动序列所必需的显示应组合在一起。

除了驾驶舱中显示的质量和位置会对信息的可读性有显著影响外,呈现信息的方式也会直接影响飞行机组对信息的感知和理解程度。信息呈现的方式包括标记、符号、刻度、图形描述和图片、颜色,在设计过程中均应予以考虑。越复杂的呈现方式需要越多的时间读取和理解,也越容易造成误解和差错。新的显示格式尝试在传统的设计上进行提高,但是一些改进可能违背飞行员的预期。总的来说,信息以飞行员熟悉的格式呈现,或者与飞行员预期和组织信息的方式保持一致,可以减少误解和差错发生的可能性。此外,系统间的兼容性设计可以更好地利用飞行员现有的知识,减少训练时间。包含不易组织信息的显示或缺乏必要信息的显示则会消耗飞行员更多的精力和增加工作负荷。

如果显示上出现过多的信息,那么很容易出现视觉杂乱现象。对杂乱的客观测量是显示密度,描述为使用的显示空间与总的可用的显示区域的关系,即总显示呈现的特征数量与最大可呈现特征数量的比值。因此,呈现多余的或不重要的信息可能会造成飞行员分神,且会妨碍有效搜索以及接收必要的信息。

在单一应用内的信息呈现,以及驾驶舱的多种显示均要求具有一致性。如果数据来源不同,那么复制到多个驾驶舱显示上时,相同的信息可能会有不同的数据分辨率和准确度。这种不一致性会引起飞行员注意力的分散,因为这会强迫飞行机组关注信息呈现方式而不是信息本身。显示格式、术语和符号的一致性能够产生可预期性,具有更快的识别和解释时间,可减少所需的训练和出现差错的可能性。与文化传统保持一致也很重要,在驾驶舱显示上使用的图标和标签需要让拥有不同文化背景的飞行员均能够理解。对于不同文化用词的选择,应考虑避免误解的词语。

1) 标记

标记用作所提供的功能和信息的记忆线索。标记识别控制、符号和数据段,并指示它们的功能或动作的结果。谨慎使用标记词语能够帮助用户快速地接收信息。此外,显示系统和媒介(如电子显示和纸质图)中标记术语的一致性能够减少搜寻指定功能所需要的时间。如果标记的设计不合理,那么飞行员有可能不能确定被控制的器件,不知道显示元素的目的是什么,或什么数据需要输入。

图标通常用来代替文本以识别控制或目标。图标应由熟悉的图形组成,这些图形应能够区分且容易理解。但是,在一些情况下,被控制的功能可能过于抽象且难以用图形描述。如果图标的含义不明确,那么飞行员可能记不住图标的意义,需要进行人工解释。需要对图标进行仔细的评价,从而使建立的图标容易认识和识别,且需要确保帮助飞行员理解图标所需的时间和理解的准确度与使用文本标记相符。

相较于使用缩写和术语,更推荐完整地呈现词语。但是,当空间有限时,也需要使用缩写和术语,因为它们更短、更容易显示。在驾驶舱中使用通用标准的缩写和术语更容易理解,同时能够增加一致性。使用非通用的缩写或术语需要飞行员记住特定的含义和功能,这样容易产生误解和差错。国际民航组织(ICAO)的文件 8400/5 提供了国际上通用的标准缩写和机场标识代码。

地图显示容易变得过度拥挤。对于标记,也并不总是能够保持在一致的位置。如果在任意情况下均将标记安置在其合适的位置,那么对标记的定位和读取可能变得缓慢且造成混淆;如果标记太靠近地图特征,则标记所反映的特征就不清晰。在这些情况下,可能需要将标记固定。例如,当飞行员选择一个点后,临时显示一个标记。

文本必须易读和可读。易读是指单独的字体可以从上下文中快速识别;可读是指词语或词组可以在上下文中被认识。有些字符容易产生混淆是因为它们在形式上很相似。容易引起混淆的字符包括 I(字母)/1(数字)、P/R、B/D/E、G/O/C、O(字母)/0(数字)、Z/2 等。不容易理解的文本可能会引起分神,并增加视觉疲劳和工作负荷。飞行员可能误读信息或根本不能读取信息。

易读性和可读性受很多因素影响,如字符大小、字符类型、字体类型、字符间隔、文本间距,以及字符与背景之间的对比度。简洁的文本比形式化文本更容易阅读,也更不容易产生误读。此外,在像素分辨率低的显示上,衬线字体可能会被扭曲。保守地使用大写,可以有效地表明词语有特殊意义。对于连续文本,虽然大小写混合比全部大写更容易阅读,但是单独的词语可能全部使用大写更容易识别。

最小的字符通常基于单色显示。字符大小通过笔画宽度、字符宽度和字符高度进行测量。笔画宽度是构成字符笔画的两个边缘之间的距离;字符宽度是从字符一侧到另一侧的水平距离;字符高度是顶部到底部的垂直距离。对向的字符视角值通过计算字符大小和可视距离的比值获得。有颜色文本的最小尺寸主要基于所使用的颜色、背景颜色以及显示中的其他颜色。如果文本过小,则飞行员可能需要调整显示使得文本易读,如放大文本,这会增加额外的工作负荷。因此,优化字体的可读性应基于显示的质量(如大小和分辨率)。较大的字体可能需要较低亮度以增加可读性。

2）符号

符号的外形是多样的,依赖于显示的物理特征。显示的分辨率、对比度、亮度、颜色和表现技术,如反锯齿(平滑技术以削减锯齿状边缘),均会影响信息的易读性和细节描述的等级。一些符号可能含有精密的细节,在较差的显示条件下或斜向观察时难以发现。特别是一些纸制图上的符号有高等级的细节,如果这些细节过小,那么可能不能转化到电子显示上。为了保证在电子显示上保留符号的关键特征,制造商可能需要规定最小的符号尺寸。

符号的设计和选择应考虑符号使用的方式。系统设计的不一致性会增加发生混淆和误解的潜在可能。如果符号能够与其他的符号相区分,那么它是有区分度的。有时,制造商可能选择增强符号的设计,通过改进细节以构造符号特有的外形和感受;在这些情况下,保证这些改进不会影响符号的认知性是很重要的。沃尔普(Volpe)中心的技术报告表示,导航信息电子显示符号的设计和评价包括符号的固定模式和符号特征规则,应提供对新符号认知度的测试。

图 2-5 所示为使用相同的符号表示不同的含义。

(a) 美式定点飞向航路点　　　(b) ICAO飞越航路点(旧)　　　(c) ICAO飞越航路点(新)

图 2-5　飞越航路点符号

美式的定点飞向航路点的符号与国际民航组织(ICAO)推荐的飞越航路点的符号相同,但是这两个符号的含义却有着明显差异。如果这些符号被错误理解,则导致的飞行轨迹偏差可能会影响安全性。在 2000 年,当 ICAO 在其所推荐的飞越航路点的符号外增加一个圆环后,这一矛盾和潜在的安全性风险被解除。

图 2-6 所示为关键的特征或细节不一致时,符号可能被错误理解。

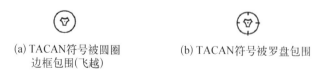

(a) TACAN符号被圆圈　　　　　(b) TACAN符号被罗盘包围
　　边框包围(飞越)

图 2-6　TACAN 符号

由图 2-6 可知,左侧有圆形边框的 TACAN 符号是一个飞越报告点;右侧的 TACAN 符号也有圆形边框,但是该圆形边框表示方位圈。由于圆形边框太过于引人注意,飞行员可能会错误地将带有方位圈的符号理解为飞越报告点的符号。这是相同的关键特征具有两种不同含义的例子。

　　符号的填充通常用来区分导航帮助是强制的(填充)还是请求的(不填充)。图 2-7 表明符号的填充必须使用明确的方式,以防止错误理解。

(a) 美式定点飞向航路点　　　　　　　(b) 原型符号

图 2-7　导航符号

　　由图 2-7 可知,当呈现这些符号时,飞行员不能一眼就确定美式的定点飞向航路点的符号是否有填充,特别是相较于那些完全填充的符号。因此,飞行员不能准确地识别左侧的符号是强制的还是请求的。

　　为了避免以上这些由创建新符号而引起的问题,推荐制造商首先考虑使用现有的符号集或至少考虑现有的、当前已经批准的符号集。航空电子系统、导航帮助以及机场使用的当前符号已经被编辑在 Volpe 中心的"航图和电子显示符号调研"报告中。此外,国际自动机工程师学会(SAE)国际文件中包含的推荐符号如下:

　　(1) SAE ARP4102/7:电子显示,附录 A~C(主飞行、导航和动力显示)。

　　(2) SAE ARP5289A:电子航空符号。

　　(3) SAE ARP5288:运输类飞机平视显示(HUD)系统,HUD 符号。

　　3) 刻度

　　显示格式会影响信息的显著性和使用。刻度、刻度盘和磁带是模拟的显示格式,用来显示动态的符号化信息,而数字读出器是一个数字格式。信息呈现的精确性应满足飞行员飞行管理的要求,而不是由软件的能力所确定。当需要精确数值时,数字读出器提供比模拟显示更加高的准确度。但是,模拟显示比数字读出器更容易理解,更适合呈现定性化的信息,如数值的变化、速率的趋势和变化的模式。刻度指示器对表现趋势或方位移动信息特别有帮助。如果使用的显示格式不适用于所进行的任务,则完成任务所需要的时间和出现差错的可能性会增加。此外,不熟悉的,或者方位、范围、刻度标注不合适的显示格式可能没有单独的文本有效。另一个非预期的结果是增加飞行员低头的时间,飞行员需要花费更多的时间观察显示器才能够获得必要的信息。

　　在设计模拟显示时,指针和刻度的特征可能不同。指针可以在位置、大小、形状和颜色上有所不同,而刻度和标志可以在方位、位置、空间和间隔上有所差异。这些属性的选取影响模拟显示的可用性。例如,一些指针可能被设计指向它们所代表的目标,但是过度细节化的指针可能产生错误或引起误解的线索,可能对哪一端是指向端定义不够明确。

刻度可以设计成指针固定、刻度移动,或者是刻度固定、指针移动。推荐使用刻度固定、指针移动,而不是指针固定、刻度移动,因为移动的指针能够从本质上提供当前值是否高于或低于系统限值的线索。但是,当必须呈现大的操作范围时,可能需要移动的刻度,还需要提供快速意识的线索。

刻度、刻度盘、磁带和数字读出器可以同时使用,并提供互补。在移动指针旁提供数字读出器的垂直带高度指示器支持快速的高度预计(移动指针的位置)和准确度(数字读出器)。在描述航向信息时使用罗盘,罗盘的旋转提供了航向变化的全局线索,而数字读出器则指示精确的航向。可以安装模拟刻度盘,在正常、稳定的运行环境中,所有的指针均指向同一个方向。由此产生了一种新型的特征,总特征是由一组刻度盘形成的,提供了一种捷径来确定每个刻度盘的值。这样的设计能够方便差错检测,因为任何差异均会打破原有的模式。

4) 图形描述和图片

通常,图形描述和图片包含移动地图显示、垂直状态显示、综合视景显示。飞行员可以在不同的驾驶舱显示中比较和集成信息,因此不同系统间尺寸、方向,其至数据集精确度的不一致均会造成信息综合的困难,且会引发潜在的差错。不熟悉的图形描述或者没有标注方向、范围、尺寸的图片可能没有单独使用文本有效。

图片可能根据存储在数据库中的信息或者从传感器信息中产生。图片所提供的信息质量依赖于描述环境的空间分辨率和信息的刷新率。如果图片的空间分辨率低,且低分辨率不能与飞行员看到的窗外场景对应,那么图片会引起混淆,使飞行员不能正确地评估运行环境。此外,用来产生图片的细节等级会影响图片渲染的速度。产生高细节图片信息元素需要更多的计算,在这种情况下,可能出现不连续的移动或者视觉变形。

一些地图显示系统提供自动缩放功能对显示自动进行重新配置,这会减轻工作负荷。但是,如果这种应用不能清楚地指明当前的地图范围,则会增加工作负荷,如飞行员没有注意到显示的变化。当平移时,显示的角上应出现一个矩形表示整个显示,而在这个矩形内部还有一个较小的矩形表明当前的位置和可视的信息比率。如果没有这个指示,则飞行员会不清楚显示了什么,以及如何移动到另外的感兴趣的区域。因此,当平移时,提供当前位置的指示可以帮助飞行员保持对显示信息总的方向感。

系统的延迟由多种因素引起,如传感器的延迟、系统处理速度,以及显示刷新率。不管是哪种因素,总的系统延迟会导致信息的呈现与飞机当前的状态不一致,从而导致判断错误,使得飞行机组绩效变差。合适的显示刷新率依赖于显示元素变化的速率;快速变化的显示元素或参数相较于变化较慢的显示元素或参数需要更快的刷新率。重新绘制信息的延迟有时会造成符号从显示的一个位置"跳跃"到另一个位置。对于显示移动信息的视觉显示,如果刷新率不充分,且视觉信息与前庭信号不相符,那么飞行员可能会遇到晕动病。

在一维上,一个飞行计划显示或者剖面图可以使确定目标之间的距离更加容易;在三维上,如果信息集成到多个维度中,则更加有效。但是,三维显示在视线上存在固有的歧义,如线条和角度表现得更加平行和小于真实值。

5)颜色

颜色可以增加对信息,特别是复杂显示信息的理解,也可以用来帮助视觉搜索或将空间分开的显示元素结合在一起进行感知。例如,在密度高的显示上,使用颜色进行信息编码相较于使用尺寸、形状、亮度编码进行搜索的时间更少。如果预期的编码含义是明确的,且是需要立即理解的,那么颜色编码最有效。但是,颜色存在较高的使飞行员分神的潜在可能,其过度使用会增加视觉杂乱,降低显示的易读性,这会导致较长的视觉搜索时间和发生误解的危险。如果需要飞行员学习和记忆的颜色编码过多,那么会增加训练时间,并给记忆增加负担。因此,在这样的情况下,可以使用的颜色编码数量小于能够检测和识别的颜色数量;过度地使用颜色会减少安全性;合适的颜色数量应取决于实现的可能性。

当使用颜色编码信息时,对颜色的冗余使用很重要,即有其他的指示呈现颜色传递的信息。色盲患者占总人口数约 8.5%(男性为 8%,女性为 0.5%)。据航空医学审定统计手册,在 1998 年 12 月 31 日,16 493 名男性飞行员和 47 名女性飞行员患色盲。此外,个体的颜色感知也存在差异。眼部的正常衰老会削弱区分颜色的能力,因为眼部的颜色感知细胞会变得不敏感,晶状体会变黄,从而使眼部丧失了关注红色目标的能力,且不能区分绿色和蓝色,而淡蓝色会变得更淡。尤其对于大于 50 岁的人群,他们很难观察到纯蓝色。因此,需要谨慎地选择颜色,以保证它们有足够的区分度且容易辨识,从而减少误解的可能性。颜色的区分取决于多种因素,如驾驶舱灯光条件、显示位置、显示质量以及视角。使用的颜色越多,每个颜色的色度就越接近,各种颜色也越难区分。

AC 25‑11A 中的色度定义如下:"符号或图片的颜色特性通过符号或图片的 (u', v') 坐标定义。"这两个坐标可以用来建立所有颜色的图形呈现,如图 2‑8 所示。在色度图中,两种颜色的距离直接反映这两种颜色在感知上的差异。基础颜色的对比可以帮助区分显示元素在颜色表中选取的相近颜色。此外,显示上亮的和深的颜色可以吸引注意力,但是它们会造成眼部疲劳和/或余像,尤其是双眼竞争可能造成深红色的显示元素与深蓝色的相近。

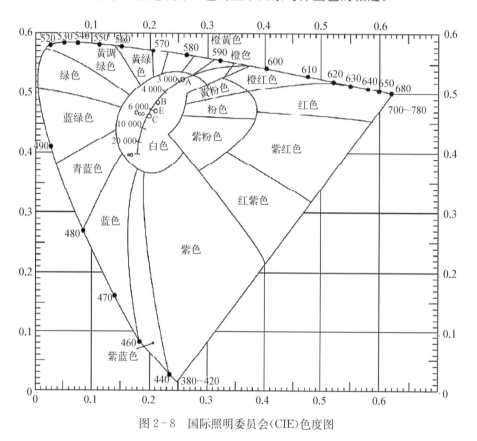

图 2‑8　国际照明委员会(CIE)色度图

期望在驾驶舱显示和实际应用中保持颜色使用的一致性。飞机显示使用大量的已经建立的颜色用法。FAR 23.1322、FAR 25.1322、FAR 27.1322、FAR 29.1322 建立了驾驶舱中红色和黄色/琥珀色的用法,其使用通常保留给告警功能(分别为警告和戒备)。如果红色和黄色/琥珀色使用得太广泛,那么飞行员对它们的含义会变得不敏感,当时间紧迫时,飞行员不能快速进入认知状态。此外,红色和琥珀色/黄色使用不一致会导致颜色含义难以理解,从而使得飞行员响应变慢,且会增加发生差错的可能性。保证颜色与其他线索冗余使用的一种方式是先对单色显示进行系统设计,再增加颜色(CAP 708)。洋红色和红色、洋红色和紫色、黄色和琥珀色、蓝绿色和绿色很容易产生混淆。表 2-8 提供了颜色使用的实例,以及颜色编码及其相关功能性含义。

表 2-8　推荐的功能及对应的颜色

功　　能	颜　　色
警告	红色
飞行包线和系统限制	红色或黄色/琥珀色
戒备,非正常来源	琥珀色/黄色
刻度与相应的图片	白色
接通模式/正常状态	绿色①
地球	褐色/棕色
天空	蓝绿色/蓝色
ILS 偏离指针	洋红色
飞行指引仪	洋红色/绿色
飞行员可选择参考	洋红色
除数线,单位和未激活的软按钮的标注	亮灰色

注:① 对带状元素(如空速和高度)使用绿色是可接受的,只要绿色不会对飞行机组的告警造成不利影响。

美国联邦航空管理局(FAA)电子显示的咨询通告(AC 25-11A)提供了特定显示元素应使用的颜色集合,如表 2-9 所示。

表 2-9　特定显示元素应使用的颜色

显　示　特　征	颜色集合 1	颜色集合 2
固定的参考符号,校准线	白色	黄色①
当前数据,数值	白色	绿色
使用的模式	白色	褐色
选择的数据,数值	绿色	褐色
选择的航向	洋红色②	褐色
激活的路径/飞行计划	洋红色	白色

注:① 不推荐对除戒备/不正常的信息之外的信息使用黄色。
　　② 洋红色对应构成"飞向"或"保持中央"一类信息的模拟参数。

2.1.3.3　告警

在局方管理条例告警和指导性文件中有多种不同"告警"的使用方式。在一些情况下,"告警"表示广泛的"正常的"飞行员指示。例如,通告开关指示模式或运行状态,以及"不正常的"或者更加严重的指示(如警告、戒备和咨询)。在其他管理条例和指导性文件中,"告警"只用来表示更加严重的、不正常的指示,需要飞行员的及时动作或意识。本章中所用的"告警"具有广泛意义,涵盖了所有类型的告警,包括警告、戒备、咨询,以及信息和通告。所有这些形式均是为了引起飞行员的注意,可以采用不同的形式(如开关、灯光、标志、咨询、信息)来表示不同的重要性。警告、戒备和咨询在管理条例和指导性文件中的意义如下所示(FAR-25.1322)。

(1) 警告:需要飞行机组立即意识和立即响应的情况。

(2) 戒备:需要飞行机组立即意识和随后响应的情况。

(3) 咨询:需要飞行机组意识和可能需要随后响应的情况。

告警的目的是吸引飞行机组注意,以及需要飞行机组和/或飞行员意识的具体飞机运行条件和事件。随着驾驶舱中系统数量的不断增加,告警系统的数量持续增加,警告、戒备和咨询的数量也在增多,但缺乏集成性,因为这些告警系统可能是由不同的航空电子制造商开发的独立单元,每个单元可能使用不同的告警或显示理念向飞行机组提供信息。在驾驶舱和飞机编队中不对告警进行标准化可能导致混淆和认知差错。不同的告警特征会阻止飞行机组快速反应告警状态,因为机组可能对告警指示的内容和所需要的动作没有信心。此外,如果告警信息不容易被理解,那么就难以确定产生告警的系统。系统间集成所使用的总的驾驶舱设计理念可以减少向飞行员提供的告警、通告和指示的数量,同时可以保证飞行员不会接收相互冲突的信息。

驾驶舱中有限的空间可能导致告警、通告和指示设备被安置在不被期望的位置,从而使它们不容易被飞行员发现。这就可能需要对设备的位置进行评估,以保证其能够及时地提供信息,并被飞行机组监视到。

一些视觉编码方式可以将飞行员的注意力吸引到具体的显示信息上,包括闪光或闪烁、反向广播、大小编码、颜色和位置。在非正常或严重的情况下,这些编码方式可以帮助飞行机组将重要的信息与其他信息区分开,但是过度使用一种编码方式或组成多种方式会导致需要过度感知的设计,并对机组的工作负荷产生不利的影响。

"闪光(blinking)"和"闪烁(flashing)"这两个词可以互换使用。闪烁的光线比稳定的光线更容易被检测到。当飞行员注视其他地方时,在他们的外周视界中的闪烁更容易被注意到。但是,闪烁信息比稳定的信号更容易引起分神。此外,如果过度使用,则闪烁的效力会变低。如果背景中存在多个闪烁信息,那么闪烁信号的检测时间会增加;而如果背景中有超过一半的信号是闪烁的,闪烁信息的检测时间则会大于稳定信号的检测时间。不可区分的闪烁也可能会减少信号的可理解性和可读性,并会导致分神和视觉疲劳。使用闪烁时,需要考虑信息的目的、闪烁速率(1 s 内的闪烁数量)、闪烁开-关时间、闪烁等级的数量。如果闪烁速率过高,则闪烁可能不会被发现。如果有过多的闪烁等级,那么不同的等级之间可能不容易进行区分。

视觉告警的显著性被多种因素所影响,包括告警在飞行员视觉内的位置,相较于驾驶舱中其他的光线和声音告警的可视性或可听度,以及工作负荷。大多数局方管理条例和指导性材料要求,需要飞行员立即意识的系统警告和戒备以及其他指示应位于飞行员的主视界内。研究表明,如果视觉信号在该区域内,那么信号被检测的可能性会增加。但是,如果一些通告有相应的独特听觉声音,那么咨询通告 AC 23. 1311 - 1C 也允许其在 35°以内,或者主警告/戒备通告在 15°以内。尽管所有的努力都是为了使信号的可检测性最大化,视觉告警仍然可能被遗漏,如在较高的工作负荷条件下或者当飞行员观察窗外时。在视觉告警之间或是与视觉告警一起使用听觉告警,可以提高告警条件的可检测性,相较于单独使用视觉告警,视觉告警结合听觉告警可以减少响应时间。

不管飞行员头部的位置或者视线在何处,听觉显示均可以在需要飞行员立即响应的情况下获取他们的注意。驾驶舱中相似的听觉声音让飞行员难以确定哪个系统产生了告警,且会增加工作负荷。同时,使用多种不同的告警声音也是一件令人烦恼的事,可能会影响飞行员的主要工作。

任意听觉信号均可以通过频率(音高)、强度/幅度(响度)、时间位置(时长)和空间位置进行区分。为了让信号具有独特性,可以使用不同的强度、频率、节拍。听觉信号也可以通过信号的多重维度组合而成。使用少维度和每个维度中较多的等级,比使用多维度和少的等级更加有效。

如果听觉信号不能区分第一次出现的差错和连续的差错,那么该信号不能说明当前纠正差错的动作是否可接受。如果同时提供视觉信息,那么相同的听觉信息足够说明当前纠正差错的动作是否可接受。

听觉告警必须足够响,使得在所有驾驶舱条件下均可以被检测和理解,但是不能过响而造成飞行机组分神或不适。对航空安全报告系统(aviation safety reporting system，ASRS)中与告警相关的事故的研究表明,由听觉告警导致分神而引起事故最主要的原因就是告警声太响。听觉告警妨碍飞行机组完成当前任务,使其不能保持安全飞行。在一些报告中,听觉告警的出现使得飞行机组受到惊吓;在其他报告中,听觉告警阻碍了其他重要的听觉信息,特别是与空中交通控制的通信。但是,如果驾驶舱中听觉告警的强度不够,则信号可能会被遗漏或被其他声音所掩盖。在航空安全报告系统中由听觉告警导致分神而引起事故的次要原因就是告警遗漏。

定义和使用告警理念可以帮助实现和保持呈现警告、戒备和咨询方式的一致性。告警的优先权增加了告警呈现的一致性,并且帮助飞行机组理解不同告警的重要性和紧迫度。当对告警进行优先级区分时,应考虑所需响应的速度、响应的紧迫度、其他线索的数量,以及潜在的失效结果。虽然可能需要中断飞行员和飞行机组正在进行的任务以提供紧迫的信息,但是可以使飞行员发生分神的情况最小化。例如,常规信息可以先存储,并在合适的时间呈现,从而不会干扰飞行机组完成其他重要任务。对告警的优先级进行区分时,可以使用以下两种方式。一种方式是根据重要性对告警进行分类,如警告、戒备和咨询;另一种方式是根据重要性对告警进行排序,当多个告警同时出现时,紧迫度更高的告警优先出现,并抑制紧迫度较低的告警。飞行员响应告警信息的时间为8~11 s。其中,飞行员需要2~3 s处理视觉或听觉告警信息,5~6 s确定合适的响应,1~2 s执行响应。

在技术标准TSO-C151c中,地形意识和警告系统(terrain awareness and warning system，TAWS)对A类TAWS设备提供告警优先权方案,如表2-10所示。

表2-10　告警优先权方案

优先次序	描　　述	等　级	评　注
1	反应式风切变警告	W	—
2	下沉率拉升警告	W	持续
3	过度靠近拉升警告	W	持续
4	所需地形净空(RTC)地形警告	W	—
5	大声喊出 V_1	I	—
6	大声喊出"发动机失效"	W	—
7	前视地形避让(FLTA)拉升警告	W	持续

（续表）

优先次序	描　述	等　级	评　注
8	预测型风切变(PWS)警告	W	—
9	RTC 地形戒备	C	持续
10	最低限	I	—
11	FLTA 戒备	C	7 s
12	地形太低	C	—
13	过早下降告警(PDA)戒备	C	—
14	大声喊出高度	I	—
15	起落架太低	C	—
16	襟翼太低	C	—
17	下沉率	C	—
18	不下沉	C	—
19	"下滑道"	C	3 s
20	PWS 戒备	C	—
21	接近最低限	I	—
22	倾斜角	C	—
23	反应式风切变戒备	C	—
模式 6	空中交通告警与防撞系统决断咨询（TCAS RA）	W	持续
模式 6	空中交通告警与防撞系统交通咨询（TCAS TA）	C	持续

注：告警与 TAWS 语音告警同时出现；W 为"警告"，C 为"戒备"，I 为"非告警信息"。

　　容易解释和提供足够信息的消息能够帮助飞行员理解消息，并以合适的方式响应消息。如果消息不明确，那么飞行员需要参考飞行手册确定消息的含义。在一些情况下，飞行员需要记住消息的含义。

　　提供存储消息的视觉指示，以及恢复消息的能力可以减少飞行员和飞行机组的记忆负荷，因为飞行员和飞行机组并不能正确地记住每一条消息。显示的可用区域和其他重要信息所需的空间限制了消息的数量和每条消息显示框的大小。因此，在消息序列中或者在相同的时间内，在给定的显示页面上观察所有的消息并不可行，特别是在告警消息不能显示或者飞行员不能恢复视觉外消息的情况下。

　　语音消息可以使用计算机合成,听起来与人声相仿。这对区分语音消息和其他驾驶舱语音通信有帮助,但是听且理解合成语音消息可能有所困难。因此,与自然生成的语音消息对比,理解合成语音消息需要更多的努力和工作负荷。

　　语音消息可以直接传递信息,而不需要飞行员理解听觉声音以确定信号的来源或者观察视觉显示,提供的语音消息应包含合适的信息。当需要以快速的方式传递复杂的信息,信息可以通过简洁的消息进行传递,信号的含义是固有的,以及如果随后并不需要该条消息时,语音消息显示是有帮助的。但是,语音消息具有与听觉信号显示相同的缺点。例如,很多不同的声音和/或语音令人讨厌,可能会引起注意力分散,并且增加工作负荷。此外,理解语音消息比直接从视觉显示上阅读消息花费的时间更多,消息不容易恢复,且飞行员只能记住有限的语音消息。

　　为了让语音消息具有区分度,设计人员需要考虑每条消息、不同信息分类的语音、不同语速的语音,或者对消息使用独特的听觉信号。但是,必须意识到人处理可以区分的信号的数量是有限的。

　　中国民用航空规章 CCAR - 25.1329 和相关的咨询通告出自一系列的系统报告,特别是自动驾驶仪系统,但是其变化模式并不足以指示飞行机组。虽然在很多情况下,通告器的指示灯可用来表明当前的模式,但是指示并不能一直明确地给出其他正在进行的任务和活动。由于模式变化可能导致飞行机组预期的飞机行为与飞机真实的状态之间存在差异,因此如果不能向飞行机组示明这些变化,则会产生安全性危害,因为飞行机组仍然按照未发生变化的模式进行操作。自动的模式变化(可能不是由于飞行机组的动作,而是由于预先制订的指示或超过重要的飞行参数)特别容易被忽视。全球定位系统(global positioning system,GPS)导航/通信中一个通常的模式意识问题是区分驱动主航向偏差指示器(course deviation indicator,CDI)的模式。在一种模式中(显示"GPS"模式),CDI 从区域导航(RNAV)/GPS 卫星导航数据中确定位置信息,通过显示"GPS"进行指示。在另一种模式中(显示"VOR"或者 VOR LOC 的简称"VLOC"),CDI 从其高频全向信标(VOR)、信标或下滑道中确定位置信息。这种模式的变化是细微的,飞行员可能不会发现。因此,保证模式被适时通告和容易理解很重要。

　　在民用飞机驾驶舱中,主飞行显示(primary flight display,PFD)的飞行模式通告器位于飞行员的主视界内。模式通告器分解到不同的列或部分中;波音公司的飞机通常显示 3 列,空客公司的飞机显示 5 列。显示的信息包括自动推力/自动油门模式、横向模式和垂直模式。在飞行模式通告器下方或者在额外的一列中显示额外的自动驾驶仪状态信息。顶部的一行指示当前使用模式。当模式接通时，在模式状态的周围出现一个框形，该框形持续 10 s。在当前模式指示的下方，有一个装备的模式或者根据飞行计划将要自动转换的模式的指示。一些航空公司采用提升监视能力的程序，特别是对自动驾驶仪系统。一个程序通过缩写"CAMI"进行描述：

（1）确认（confirm）其他飞行员在空中（或者在地面上）对飞行管理系统（flight manage system，FMS）的输入。

（2）激活（active）输入。

（3）监视（monitor）模式通告以保证自动驾驶仪系统正常运行。

（4）必要时进行干预（intervene）。

告警会引起注意力分散。相同的引起注意力分散的显示特征也会将注意力从正在进行的任务中吸引过来。特别是听觉告警，可能会干扰驾驶舱的通信，并妨碍飞行员处理其他的任务或者其他视觉、听觉信号。错误的和令人讨厌的告警特别容易引起注意力分散。大量的误警（当不需要时出现告警）或者告警提供不正确的指示会导致飞行员不相信系统，从而导致飞行员对高紧迫性的告警响应较慢。在极端情况下，飞行员可能在确定是否存在危险之前就抑制了告警。有多种方法帮助飞行员评估告警的可靠性。第一种方法是明确指示系统设置，使得飞行员能够保证系统按预期运行。第二种方法是呈现原始数据，使得飞行员可以理解告警条件出现的原因。在这种情况下，指示丢失的数据或不确定的数据也很重要，因为这样可以让飞行员理解什么信息是不可靠的。第三种方法是指示告警条件存在的可能性，如 TCAS 中分等级的告警。

2.1.3.4　自动化

"自动化"用来描述各种自动化系统，包括控制自动化、信息自动化和管理自动化。自动化改变了飞行机组的角色和操作方式，影响其工作负荷、变现和创造力。自动化的使用能够减少工作负荷，但在有些情况下，自动化对工作负荷的影响很小或者可能会增加工作负荷，这是由于可能引起与控制相关的额外任务或者监视自动化功能。与"沉默的"自动化系统相比，可预计的和对操作者透明的自动化系统更容易让飞行机组获得信息和诊断状态。

在设计自动化时需要考虑的一个重要问题是如何保持飞行机组"在环内"。高度自动化的系统只需要飞行机组作为监视者，可能会削弱他们对系统状态的意识，从而导致紧急情况下其更长的响应时间和知识或技能的缺失。此外，人通常不是好的监视者,随着纯粹的监视模式时间变长,人保持注意力的能力和绩效水平会显著变差。任务分配可以使飞行机组保持活动度和参与度(DOT-VNTSC-FAA-95-3、DOT/FAA/CT-03/05、HF-STD-001)。

在很多情况下,当飞行员管理系统运行时,自动化的引入将操作者变成一个监管的角色,即使飞行机组并不只是监视系统。飞行机组是否了解自动化就变得特别重要。由于自动化系统越来越复杂,其内部处理可能并不完全透明,因此飞行机组可能认为自动化更加可靠,从而过度信任自动化;也有可能认为系统不可靠,不信任自动化。

过度信任自动化会导致飞行员不能够有效地融入任务中,从而缺乏对自动化行为的意识。过度依赖自动化是过度信任的一种表现形式。很多报告揭示了飞行员或飞行机组过度依赖自动化,在没有对期望的飞机状态进行确认的情况下,相信自动化系统提供的信息并接受其建议。Wiener 以 DC-9 飞行机组为例,在起飞过程中,飞行机组相信即将失速的触觉和听觉告警,并放弃了起飞,尽管空速和俯仰角的指示均正常,这个决定导致了乘客受伤和飞机损坏。Mosier及同事在研究中报告了相似的行为:当飞行员借助自动化系统来诊断一个潜在的发动机失效问题而不是使用纸质的检查单时,他们更容易关闭该发动机。也就是说,当提供自动化功能时,飞行员更可能依据自动化而不是依据系统本身呈现的状态信息进行诊断。另外一个过度依赖自动化的例子是 Mosier 等发现在进行模拟飞行时,如果使用自动化系统检测系统状态时发出错误的发动机着火告警,则飞行员更可能关闭发动机;所有飞行员均可以检测告警,但是很多飞行员在没有对状态进行诊断或者考虑其他线索指示发动机正常的情况下就关闭了指示的发动机。在一些情况下,飞行机组过度依赖自动化的表现是非常明显的,飞行员报告察觉到实际没有真实发生的线索。

此外,不信任自动化可能导致飞行机组禁用或忽视系统。例如:Parasuraman 和 Riley 报告称,飞机告警系统经常因其误警的比率高而被禁用,尤其是空中交通告警与防撞系统(TCAS)和近地告警系统(ground proximity warning system,GPWS)。在很多情况下,可能需要系统保守地对其限制来避免潜在的灾难性后果。

自动化系统的行为及其原因以及限制信息可以帮助飞行员理解自动化是如何工作的,从而帮助飞行员形成一个适当的信任等级,并保持在任务过程中使用自动化和飞行员介入的平衡(DOT-VNTSC-FAA-95-3)。

飞行机组对安全飞行负有最终责任,但是实际上究竟是自动化还是飞行员拥有最终的权限,系统的实现是不同的。为了提高绩效水平,自动化可能被设计以防止飞行机组执行超出飞机操作限制或对飞机或组件造成物理伤害的动作。但是,在一些情况下,这些动作可能对于安全性是合适的和必需的。如果系统的逻辑和行为不适合当前的情况,飞行机组不能对行为进行控制,那么自动化就会产生问题。

2.1.3.5 差错管理

上述界面的设计涉及人机工效学、机组工作负荷、工程心理学等方面的研究。缺乏充分的人为因素相关设计考虑的人机界面势必会增加交互过程中人为差错的发生,在航空领域,轻则增加机组工作负荷,降低机组操作绩效,重则影响飞行安全。

需要注意的是,人为差错是难以预计的,且不可能完全预防,有经验的、训练有素的飞行员使用精心设计的系统都有可能发生差错。对飞行员人为差错原因的分析可以将发生差错的概率最小化,还可以构建更具抗差错能力和差错容忍能力的系统。抗差错系统使得产生差错更加困难。差错容忍系统提供减少差错的能力。例如,允许自动化系统监视飞行机组动作,或者通过使用电子检查单提示已经完成的任务。

有效的差错管理方法是必要的。系统设计这些方法有利于差错检测、恢复和/或保证差错对系统功能的影响。帮助飞行机组检测差错的信息由以下指示组成:正常运行时的指示(如模式通告、飞机状态信息),对具体差错或系统条件的告警指示,外部威胁或运行条件的指示。但是,信息显示可能并不总是能够确定动作是不是错误的,毕竟系统并不知道飞行员的意图。在这些情况下,差错检测依赖于飞行机组及其对由于动作所引起的预期变化的指示进行扫描和监视的能力。如果飞行机组可以及时地使用控制和指示还原不正确的动作使飞机或系统回到先前的状态,或者减少不正确动作的影响使系统回到一个安全的状态,那么差错是可恢复的。系统的设计和评价,不管是单独进行或是与其他系统一起进行,都可以用来保证飞行机组可以检测和恢复差错。

差错不可逆,以及差错对安全性有潜在的影响是不被允许的,如控制开关保护和互锁、要求多重确认动作。但是,如果飞行员的能力不足以纠正差错,那么对差错的过度防护可能会对安全性造成非预期的影响。此外,如果在日常运行中差错防护成为一种干扰,那么飞行机组可能会试图规避。同时,这些行为可能会产生系统设计人员非预期的影响。

2.2 事故分析模型

人为差错被很多因素影响，包括系统设计、训练、操作和飞行员的经验。对飞行员差错原因的分析可以使发生差错的可能性最小化。如 1.1.2 节所述，航空事故的发生也在一定程度上推动了航空安全的持续改进。通过分析事故原因，可以发现潜在的风险和问题，识别和理解事故发生的原因，特别是产生人为差错的原因，进而可以制定和更新相应的安全标准和流程，甚至做出相应的更改，以防止类似事故再次发生。

对于飞行过程中发生的不安全事件，通常可以使用事故模型进行分析，这类工程安全分析技术以事故因果关系模型作为基础，按照各参与因素对事故产生影响的逻辑过程，可将事故模型分为线性事故模型与非线性事故模型。线性事故模型可以用类似故障树的形式进行表示，常用模型包括 Heinrich 的"多米诺骨牌"模型和 Reason 的瑞士奶酪事故模型等。非线性事故模型，或可称为基于控制的事故模型，如 Scott 和 Douglas 的人为因素分析分类系统（human factors analysis and classification system，HFACS），Hollnagel 的功能共振事故模型（functional resonance analysis method，FRAM）和 Leveson 的系统理论事故模型和过程（system theoretic accident model and process，STAMP）和 Edwards 的 SHEL 概念模型，与复杂系统的安全相关性更强。线性事故模型的基本思想为事故的发生是一系列事件构成的因果链造成的后果。如果事故因果链中的任意一个事件在发生前被阻止，那么事故就不会发生。因此，基于线性事故模型的危险分析以寻找可能导致事故的因果链为目标。然而，在复杂的事故中，继续分析并发现潜在失效产生的原因和方式可能是启发性的。换言之，分析不应该从一个因果链开始，应重点关注系统中每个相关行为者无法有效履行任务的情况，以及导致这种情况发生的系统性因素。

2.2.1 线性事故模型

2.2.1.1 "多米诺骨牌"模型

Heinrich 在 20 世纪 20 年代建立的第一个事故模型（见图 2-9）指出，事故是一连串事件的结果，每个事件都可以经由"多米诺骨牌"代表。如果第一张"多米诺骨牌"倒下，下一张就会跟着倒下，最终导致事故发生。因此，解决方案是移除因果链序列中的"多米诺骨牌"以防止事故发生。

第一张"多米诺骨牌"涵盖了社会环境与文化影响等使个人性格产生的缺

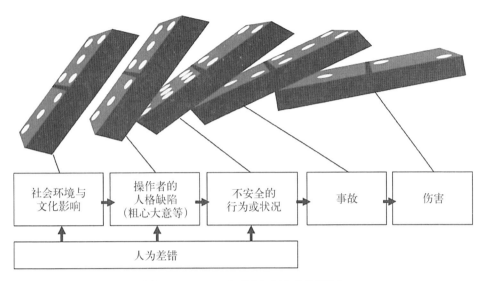

图 2 - 9　Heinrich 的"多米诺骨牌"模型

陷,如社会整体性的贪婪与鲁莽等;第二张"多米诺骨牌"涵盖了操作者家庭对其产生的不利影响,包括人格上的缺陷等;第三张"多米诺骨牌"是不安全的行为或不安全的状况,如在没有进行报告的情况下启动机器;第四张"多米诺骨牌"是发生的事故本身;第五张"多米诺骨牌"则是事故导致的伤害。

　　从现在的角度看,这个事故模型具有一些明显的不足。前两个"多米诺骨牌"通过给个人分配性格标签分配事故责任。该模型暗示,事故是由坏的或是有缺陷的人发起,并以线性方式发生的。即使是在基于事件的框架内,"多米诺骨牌"模型也只对事故因果链中每个环节的一个原因或事件进行研究,没有考察系统性或管理性的问题。

　　1976 年,Bird 和 Loftus 对"多米诺骨牌"模型加以修正,对管理问题和财产损失加以考虑。修正后的"多米诺骨牌"被标记为 5 个部分:管理——失去控制;起源——基本原因;症状——直接原因;联系——事件;损失——人员-财产。第一张"多米诺骨牌"是管理层在计划、组织、领导和控制方面的失败;第二张"多米诺骨牌"则继续包括个人缺陷,如态度欠佳,但也包括工作因素,如设备不足等;第三张"多米诺骨牌"代表了由前两张"多米诺骨牌"中的确定因素所引起的不安全状态;第四张"多米诺骨牌"代表造成损失的事件;第五张"多米诺骨牌"是损失,包括财产损失和人员伤害。

　　修正后的"多米诺骨牌"模型和原来的理论一样仍然存在缺陷。虽然稍微摆脱了将所有责任归咎于操作者的做法,但它仍具有责备管理人员的可能性,依然没有发现系统性的组织因素。

2.2.1.2 瑞士奶酪事故模型

目前,在工程应用中,最广泛使用的现代线性事故模型之一是 Reason 提出的瑞士奶酪事故模型。瑞士奶酪事故模型的理论基础是 Bird 的"多米诺骨牌"模型。Bird 认为事故过程就如 5 个顺序排列的"多米诺骨牌",一个骨牌倒塌就会影响下一个骨牌,最后骨牌全部倒塌,发生灾难。第一张骨牌代表安全或操作管理,如果该骨牌出现差错,可能会引起如人的过失或对作业不利的因素等基本事故原因——第二张骨牌,接着导致操作差错或使作业环境恶化——第三张骨牌,这直接导致事故——第四张骨牌,最后导致巨大的人员伤害或财产损失——第五张骨牌。

Reason 的瑞士奶酪事故模型认为,管理、组织和人的能力可以防止事故的发生。例如,进近着陆时严格地按照程序执行操作,可以防止意外发生。合理的预防措施能够阻止事故的发生,或者阻止其他预防措施失效而引发飞行事故。现在的驾驶舱系统具有多种防御措施,既有工程防御(如报警系统、自动关闭系统、物理屏蔽等),也有人工防御。然而,所有的预防措施都不是完美的,都存在某种缺陷,即每一个预防措施都有一个洞,其防御能力薄弱甚至完全没有防御能力,如图 2-10 所示。显性失效和隐性失效是产生防御漏洞的两个最主要的原因。显性失效是指人与系统交互时产生的不安全行为,如违反规程、疏忽、失误和处理差错。隐性失效是系统本身固有的缺陷,通常是由于系统设计决策不完

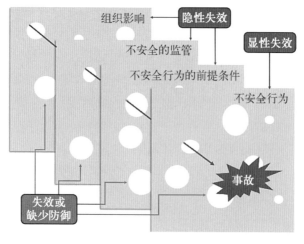

图 2-10 Reason 的瑞士奶酪事故模型

善、组织管理缺陷、培训失效等原因造成的。与显性失效不同，隐性失效一般不可预测，但可以修复。通常，单个层次上的缺陷并不一定会产生威胁或造成事故，只有当各个层次的缺陷依次被触发，且每一个层次的预防措施均失效时，才会引发事故或事故征候。

瑞士奶酪事故模型把事故的发生看作系统中每一层次失效"排队"后的结果。在 Reason 的模型中，这些层次包括不安全行为、不安全行为的前提条件、不安全的监管和组织影响。除不安全行为外，后三类被 Reason 认为是隐性的。

显性失效是在操作过程中发生的、与损失有因果关系的行为和事件。例如，飞行员在飞行过程中因为没有正确设置气压高度导致飞机飞行在错误的高度并发生事故。

不安全行为的前提条件是指在操作过程中存在并导致不安全行为的条件，如操作人员的疲劳或沟通不畅，包括设计错误。例如，在操作界面上将电源开关置于控制开关旁边，以及其他可能导致模式混淆的设计。

模型的下一个层次是不安全的监督。不安全的监督意味着有人需要承担责任，其没有按要求履行被分配的角色和责任。例如，Reason 认为，在双人制机组的飞行过程中，将两名没有经验的飞行员安排在驾驶舱内是一种不安全的监督行为。如果两名飞行员都没有经验，他们的沟通可能会很差（不安全行为的前提条件），这可能导致机长没有指挥副驾驶放下起落架（主动失误）。

最后，Reason 考虑了组织影响。组织因素会影响所有的决策。例如，管理层对生产效率的追求会导致操作人员的工作负荷变高，这反过来又会引起疲劳并导致现行失效。

Reason 的瑞士奶酪事故模型也存在缺陷。通过将 3 种事故引发因素归类为潜在的失效，瑞士奶酪事故模型被伪装成一个系统模型，而事实上，所有的事故因素均需要被置于直接的因果关系中，且可以准确地标记为一个因果链。隐性失效和显性失效之间的唯一区别似乎是隐性失效发生在事故发生之前。不安全行为和条件之间的区别是主观的，对于显性失效和隐性失效的分类，不同的安全专家之间可能会产生分歧。

例如，监管不力既可以被认为是一个隐性失效，也可以被认为是一种显性失效。以一起事故为例，可以通过以下方式从事故引发的事件中进行追溯：维修技术人员没有给螺丝涂上充分的油脂→维修技术人员进行维护时作业十分匆忙，且维修主管没有检查维护记录以确保所有关键步骤都被执行→飞机的维护周转时间被压缩→航空公司管理层面临财务压力。

维修主管没有检查日志是显性失效还是隐性失效？此外，存在财务压力的状态是一个事件还是一个条件？Reason 的模型将两者均称为失效。

2.2.2 非线性事故模型

2.2.2.1 人为因素分析分类系统(HFACS)

人为因素分析分类系统(HFACS)是一种差错分类方法，旨在为美国军方提供用于分析航空事故的工具。该方法将对事故报告的回顾与 Reason 瑞士奶酪事故模型的理论原则相结合。HFACS 模型利用了 Reason 模型中提出的 4 个系统层次，每个层次都有适当的分类法，具体分类如图 2 - 11 所示。在事故分析中，将这些分类法结合起来，可以对事故情景中涉及的"潜在故障"和"主动错误"进行分类。该方法是一种全面且应用广泛的差错分类法。

一般而言，使用 HFACS 模型对事故进行分析的程序包含以下 10 个步骤。

步骤 1：定义分析任务。在分析的初始阶段应明确定义分析任务。这是分析的重要阶段，可确保分析过程能够集中收集适当和相关的信息。

步骤 2：数据收集。分析的下一个阶段涉及全面的数据收集，以确保分析人员对事故场景有一个清晰的理解。分析人员应当查阅相关文件，如事故调查报告，并采访合适的相关人员。

步骤 3：识别不安全行为。在这个阶段，分析人员或分析团队开始根据第 2 步收集的数据对不安全行为进行识别。这个阶段侧重于识别和分类事故场景中直接参与者的差错。

步骤 4：识别造成不安全行为的前提条件的失效。一旦所有不安全行为被识别出来，分析人员应当对所有不安全行为的前提条件进行分类。不安全行为的前提条件应被分为个人因素、环境因素和操作条件 3 个方面。每个方面还可以进一步细分为更详细的类别。每个不安全行为的前提条件应与步骤 3 识别出的相应不安全行为进行映射。这种层次结构类别的映射应当在每个分析阶段的每个层次继续进行。

步骤 5：识别不安全的监督层次的失效。接下来，分析人员应当识别不安全的监督层次的所有错误行为，包括不足、不适当、违反和无效的监督。同样，对每个类别都进一步细分。

步骤 6：识别组织影响层次的失效。在分析监督的过程中，分析人员应当继续检查对事故情景产生影响的任意组织。HFACS 分类方法将组织影响分为 3 个核心类别：资源管理、组织氛围和组织流程。

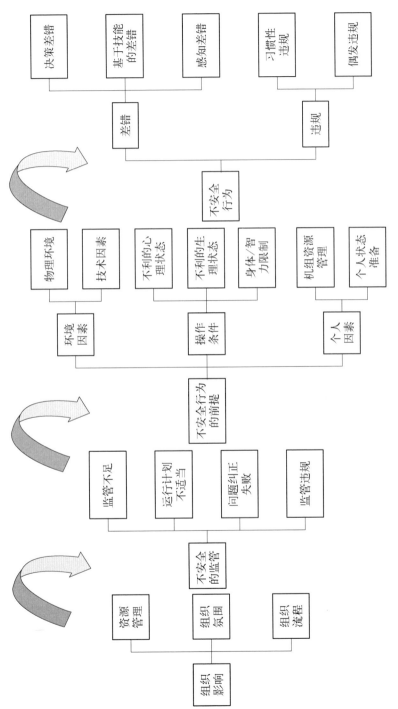

图 2 - 11　HFACS 模型层次分类

步骤 7：对每个差错进行描述。在所有差错被识别出来后，分析人员需要对每个差错进行简述，概述其具体的背景和特征。

步骤 8：审查和完善分析。与其他复杂的差错分析方法一样，HFACS 模型的分析结果通常需要多次迭代。完成初稿后，分析人员应尽可能与专家一起审查并修改分类。特别需要注意的是，在分析过程中应当确保所有的贡献因素均已被识别，且其分类是合适的。为达成以上目的，可以考虑在这一步骤中审查整个 HFACS 分类系统，将每个差错单独考虑。

步骤 9：数据分析。HFACS 模型的不同类别和不同层次使得分析人员可以通过不同的总结方法完成对数据的分析。

步骤 10：分析 HFACS 不同层次之间的故障关联。在对数据进行适当整理后，可以开展统计分析，以检查类别和层次之间的关系。一种用于检查不同层次失效之间关联的方法是对关联列表使用费舍尔精确检验（Fisher's exact test），通过计算优势比（odds ratio，OR）来评估关联的强度。优势比即较低级别因素存在与不存在的概率之比，可以在两种条件下计算其具体数值。一种是较高级别因素存在时，另一种是较高级别因素不存在时，通过将这两个概率相除来计算优势比。

HFACS 模型的优势在于其提供了一种使用简单且可应用于多个领域的分析方法，可以对事故发生过程中的每一级失效展开全面分析，充分考虑了分析对象的各个层次。

然而，该模型同样存在着部分缺点。与大多数事故分析方法一样，HFACS 模型也受到可用数据的限制。在多数情况下，事故报告中的细节不足以进行全面分析。此外，作为一种分类方法，HFACS 模型被一部分分析人员认为仅是重命名错误，而并没有对因果关系展开探索。在一些案例中，分类法引起了混淆，部分批评者认为需要对类别进行更严格的定义，以避免误读。同时，在部分场景下 HFACS 模型的一致性较差，对于同一事故，分析人员之间的一致性有时低至 40%。

2.2.2.2　功能共振事故模型（FRAM）

功能共振事故模型（FRAM）是一个系统性的事故模型，它所依据的概念是，事故的发生是系统与系统环境中的典型干扰之间的非预期性共振的结果。该模型的事故预防方法适用于设计对环境干扰具有鲁棒性的系统。

FRAM 包含若干个功能模块，这些功能模块组成了整个系统。每个模块又分别有 6 个节点，① I(inputs)：功能模块的输入节点；② P(preconditions)：功能模块运行所需要的条件；③ R(resources)：执行功能所需要的资源；④ T (time)：执行功能所需要的时间；⑤ C(control)：执行功能的约束条件；⑥ O (outputs)：功能模块的输出节点。

以一起航空运输过程中危险品泄漏的事故为例进行分析。事故涉及的 5 个过程可被认为包含 5 个正常功能模块：上报托运单(F1)、包装危险品(F2)、检查危险品(F3)、运输危险品(F4)和卸载危险品(F5)，如图 2 - 12 所示。

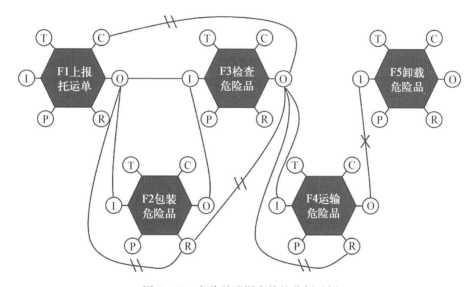

图 2 - 12　危险品泄漏事故的分析示例

以 F1 为例，分析其 6 个节点，分别为：托运单是否递交(I)；托运单的填写是否符合规范(P)；托运单消耗的人力和物力(R)；托运单是否符合法律和规范(C)；托运单是否符合要求(O)；托运单是否按时上报(T)。之后，识别各模块可能的功能异变，如表 2 - 11 所示。

表 2 - 11　FRAM 模块功能异变识别

功能模块	原功能特征	功能变异与变异来源
F1	C：运输管理规定普及良好；托运单与实际内容相符	C：客户托运禁止航空运输的危险品；托运单瞒报(内外耦合)
F2	R：专业包装工人；符合规定的包装	R：不具备资质的工人；使用铁质容器盛放腐蚀性材料(内部)

（续表）

功能模块	原 功 能 特 征	功能变异与变异来源
F3	O：托运单内容与实际相符；符合规定的包装；进入运输环节的危险品；专业的运输人员与载具	O：托运单内容与实际不符；货物包装违规；载具安排不适宜（内外耦合）
F4	O：危险品运抵目的地	O：泄漏 2 000 kg（内外耦合）

下一步，关注功能之间的联系和潜在可能性，分析如表 2‑12 所示。

表 2‑12　FRAM 模块功能联系

功能模块	功能共振内部因素	功能共振外部因素	失效功能链接
F2	—	F1(C)托运单与实际内容相符	F1(O)‑F2(R)
F3	F3(R)检查人员	F1(C)托运单与实际内容相符	F1(C)‑F3(O)
		F2(R)符合规定的包装	F2(R)‑F3(O)
F4	F4(R)合适的载具	F3(O)专业的运输人员与载具	F3(O)‑F4(R)

最后，管理和监测功能的变异性。功能变异原因如表 2‑13 所示。

表 2‑13　功能变异原因分析

功 能 模 块	变 异 原 因 分 析
F1	客户安全意识淡薄，托运危险品并匿报托运单；客户为节省成本使用不合规的包装
F2	检查人员未仔细检查货物
F3	机场安排货物运输时未再次确认危险品种类；未安排合适的运送方式

根据事故分析结果，提出以下措施和建议：建议加强货运客户安全意识的培养；加强机场检查工作力度，加强对检查人员的培训；调查运输过程对运输货物的影响，细化货物运输要求。

FRAM 摆脱了线性事件链，并认识到安全是一个新兴的系统属性。此外，它强调了干扰对系统运行的非预期影响这一非常现实的问题。然而，FRAM 并

没有为如何发现系统内的共振模式或解决系统向高风险运行迁移提供任何
指导。

2.2.2.3　系统理论事故模型和过程(STAMP)

系统理论事故模型和过程(STAMP)是一个事故因果关系模型,在这个模型
中,事故源于对系统的设计、开发和运行安全相关约束的控制不足或执行不力。
与其把事故看作导致损失的一系列事件中的起始事件的结果,不如把事故看作
由违反系统安全约束的部件之间的相互作用造成的结果。STAMP将安全视为
一个控制问题;当部件之间的相互作用和干扰没有得到控制时,当部件失效或反
馈丢失时,就会发生事故。如果一个系统得到了充分的控制,就不存在不安全的
状态,也不会违反安全约束。

图2-13显示了通用的分层控制结构。该结构中的每一级均对其下一级进
行控制,并获得反馈。图2-13显示了系统运行和系统开发,负责执行安全的系
统行为。图2-14显示了安全约束执行不力如何导致危险的系统状态。

层次结构中的所有控制器都必须包含被控制系统的模型。过程模型包含的
状态变量可以从数个(如恒温器)到数百个(如航天器)。为了进行适当的控制,
过程模型必须包含当前状态(系统变量的当前值)、过程改变状态的方式(系统动
力学),以及目标值和系统状态变量之间的关系(控制法则)。过程模型被控制器
(人或自动控制系统)用来控制行动,可通过来自过程的反馈进行更新。

当过程模型与被控过程不充分匹配,并因此提供了不安全的控制行为时,就
会产生事故。控制器的现实模型与现实本身之间的不匹配被称为心智模式缺
陷。正如Dekker所说,情境意识的丧失相当于"你在事件发生后知道的情况实
际上是什么样的"与"人们当时对它的理解是什么样的"之间的差异。在多数现
代的事故报告中,分析家将"失去情景意识"作为事故发生的原因之一。这种标
注并不具有参考价值;因为心智模式缺陷的发生(情景意识的丧失)确实是控制
不足的原因,但它并没有指出心智模式缺陷本身出现的原因。

STAMP和系统动力学之间存在一种联系。Dulac以正常的STAMP因果
关系模型创建控制结构,使每个控制器都成为可执行的系统动力学模型。由于
这两种方法都是基于系统理论和控制理论的,因此它们可以被整合并协同使用。

2.2.2.4　SHEL模型

人不是引发事故或造成失误的唯一原因,个人行为受到多个因素的影响。
SHEL模型是事故分析中最常见的研究方法。1972年,Edwards教授最早提出
了SHEL概念模型;1975年,Hawkins教授对模型进行了改进。SHEL模型由

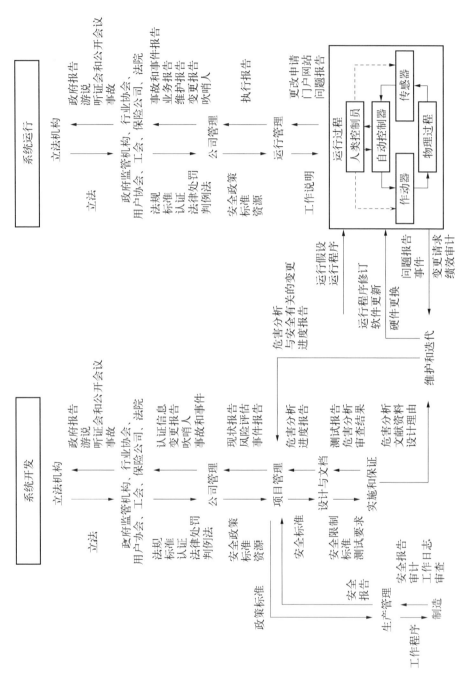

图 2 - 13　通用分层控制结构

4个部分组成：软件(software，S)、硬件(hardware，H)、环境(environment，E)和生命体——人(livewire，L)。SHEL模型如图2-15所示。

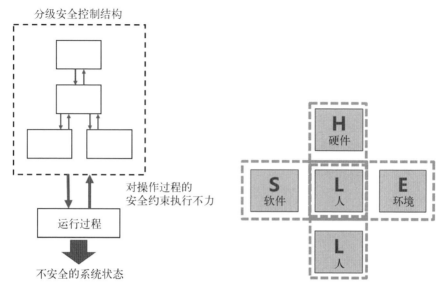

图2-14 STAMP因果关系模型 　　　图2-15 SHEL模型示意图

　　在SHEL模型中，软件包括程序、检查单、手册、符号、翻译软件等；硬件指物理系统和设备及其组件，即飞机、飞行管理系统(FMS)、显示控制单元(display control unit，DCU)、操作工具等；环境指人机工作的环境、硬件/软件的运行环境，包括天气条件、湿度、高度、组织架构等；人指操作设备参与任务的个人，如飞行员、机务人员、技术人员等。人是SHEL模型中最重要的也是最灵活的组成部分。

　　SHEL模型中有4个重要的界面：人与硬件的界面、人与软件的界面、人与环境的界面、人与任务中其他人员的界面。各个界面的凹凸不平表示各个界面间并不是完全匹配。界面间的不匹配可能导致人为差错，因此需要在设计或任务分配中寻求一种适当的匹配模式，减少人为差错。

　　(1) 人-硬件界面(L-H)。硬件的特性应匹配人的特性，这也是人-机系统中最常见的匹配模式。该匹配模式中存在的人为因素很多，如显示器控制器的布局缺陷、编码不足、飞行员误操作。因此，在驾驶舱设计中，显示器控制器的设计应符合飞行员的信息处理过程；信息的显示、编码、控制动作等应符合飞行员的要求和习惯；驾驶舱座椅的设计应符合飞行员的身体特性，包括身高、体重等。

（2）人-软件界面（L-S）。该界面是人与所有设备的非硬件部分的交互，包括程序、规章制度、工作手册和检查表布局、符号等。所有软件的组成均应符合人的能力和特性，不能与人的特性发生冲突。

（3）人-环境界面（L-E）。工作环境中的噪声、震动、大气压等环境条件应适宜，避免飞行员因环境产生疲劳等生理问题而出现差错。驾驶舱中的压力系统应能够调节驾驶舱的压力，保证充足的氧气；空调系统应能够保证驾驶舱的温度和湿度适合飞行员的生理要求；隔音系统应能够降低驾驶舱的噪声，保证正常的通信。另外，由于飞行员在飞行中可能暴露在强的紫外线和离子辐射环境中，因此需要对飞行员进行相关方面的安全培训。生物钟和作息规律对飞行员的工作效率也会产生很大的影响，相关机构对飞行员的工作时间进行了严格规定。例如，FAA 规定，飞行员每次任务的工作时间最多为 13 h，夜间最多为 9 h。

（4）人-人界面（L-L）。以前 L-L 界面主要研究个人与其他飞行机组成员间的交流特性，现在更注重团队合作的研究，包括机组成员间的沟通交流、协同工作、团队协作等。CRM 培训是提高团队合作能力的有效方法。

2.2.3　线性与非线性事故模型的比较

基于线性事故模型的事故分析往往忽略了系统因素，也忽略了复杂反馈的存在。如果不考虑系统的解决方案，工程师就只能为降低特定事件的可能性而设计，而不是为消除整个系统的危险状态而设计。基于线性事故模型的规范侧重于最终状态（事故）和防止导致事故的失效，而不是导致事故的危险或条件。此外，线性事故模型通常假定失效事件的独立性，无法解决将系统推入高风险状态的系统性因素，或产生依赖性的近因因素。

特别是，线性事故模型的使用会导致核工业中常见的"深度防御"工程策略。其基本原理是通过正确的障碍物设计，对单个失效产生的影响传播进行限制，从而避免事故发生。例如，为了限制事故发生的概率，工程师设计了耐高压的反应堆容器、爆炸安全壳建筑和空气过滤器，以防止有害物质释放到周围地区。问题是，虽然假定障碍物的失效是独立的，但系统性因素会影响多个障碍物的运行。此外，"深度防御"的特点是"（确保）最终的安全并不取决于事故发生时人员的正确行为"。或者说，人类应该被设计在安全防御之外。然而，"深度防御"的方法是有局限性的，因为屏障的目的是打破线性因果链的传输，并不能防止系统性因素。此外，人是优秀的问题解决者，在解决安全问题的过程中排除他们的作用是一种浪费。

与其通过事件过滤的视角来研究事故,不如用系统控制论的观点来研究事故。组织的行动、决定或目标可以在背景中进行分析:为什么这些行动、决定或目标状态对当时的决策者来说是有意义的?例如,如果一起航空事故原因涉及驾驶舱内安排的飞行员都是经验不足的,那么分析不应该仅仅停留在将事故原因分类为"监管不力"。为了从事故中了解更多信息,应该调查其他问题:在没有足够的资源为飞机配备有经验的飞行员的情况下,有哪些目标对组织来说是重要的?存在哪些心智模式的缺陷,以至于认为人员配备不足是安全的?必须从设计上对系统进行优化,使心理模型更准确地反映现实。

然而,在民航业经历了百年发展的今天,无论是采用线性事故模型抑或是非线性事故模型对发生的航空事故进行分析,都揭示出人为因素在所有事故诱因中的占比正在不断变大。机械故障、天气影响等因素随着技术的发展对飞行安全的影响迅速变小,而人为因素则成为航空安全中最重要的因素。

3　航空人为差错

　　如第 1 章所述,大多数航空事故都由人为差错导致——主要是飞行机组的差错。1992 年至 2001 年,世界范围内商用喷气式飞机的运营中,66％的坠机事故是由飞行机组成员导致。在通用航空方面,这个比例更高。例如,在 2006 年,美国 79％的致命事故是由飞行机组的差错导致。

　　本章将介绍各种形式的人为差错,并重点对各种不当行为所导致的人为差错进行阐述。

3.1　航空人为差错的不同表现

　　人为差错是引发航空事故的主要原因。除了安全方面的问题以外,人为差错给航空业也带来了巨大的损失,包括设备损毁、飞行延误、增加燃料成本等。通过其中一个方面可以大致了解这些成本的量级:撞击损毁,即飞机之间,以及飞机和地面车辆或建筑的撞击,滑行除外。在这些撞击中,92％由人为差错导致,每年在全世界范围内给航空业带来约 100 亿美元的损失。

　　人为差错不仅仅出现在航空领域,在其他几乎所有行业的事故和财产损失中都扮演着很重要的角色。但是,航空业在研究人为差错的特性和原因、寻找对策方面有很大的优势。航空事故的调查细致无比,获得了大量人为差错的实质信息,包括这些差错产生的背景,以及产生的后果。此外,相对于很多其他行业,航空业有严格标准化的操作程序,根据这些程序可以有效地判定飞行员的操作是否合适。因此,航空业对人为差错的处理方法和知识对于解决其他关键领域的人为差错有着很大的借鉴意义。

　　任何安全方面的研究项目都必须以进一步理解为基础,而且安全项目的任何操作都必须根据这一基础建立。鉴于人为差错在航空事故中扮演核心角色,理解这类差错的产生原因,以及造成事故的方式很重要。因此,需要对人为差错的特性和背景有深刻、真切的理解,从而找到对应的提高安全和效率、减少成本的方法。航空人为差错除了飞行机组差错以外,还包括设计人员、维修人员、空中交通管制员和地勤人员的差错。本节主要介绍除飞行机组以外的人为差错形式,飞行机组差错将在3.2节、3.3节详细介绍。

设计人员的差错往往是最隐蔽,也是最危险的差错。同时,由于设计人员影响的是设计这一飞机全生命周期中的最上游环节,如果在飞机已经投入运行后再对设计人员的差错进行修正,则需要付出巨大的代价。设计人员差错的表现形式包括不合理的操作流程设计、不合理的显控布局和方式设计等。通常,解决设计人员差错采用在设计的初始阶段就邀请人为因素专家、有经验的飞行员和设计人员一起参与设计,同时采用双V结构进行控制等行之有效的设计方法。

维修人员的差错也会严重影响飞行安全。当飞机落地后,维修人员需要及时、准确地了解飞机当前的情况,对日常使用过程中产生的损耗进行保养维护,检查潜在威胁,如疲劳损耗等。出于民用航空经济性的考虑,维修人员在进行飞机落地后检查与日常保养维护时有较大的工作压力,如需要在有限的时间内完成大量检查,或受制于航班飞行计划安排只能在夜间展开工作等。以上因素在一定程度上导致维修工作中容易出现疏漏和差错。通常,减少维修人员差错的方式是加强培训,要求操作人员按照标准操作程序逐项对飞机的状态进行检查;建立合理的对接制度,使维修管理过程中的信息流通顺畅等。

飞机处在飞行过程中时,位于各个机场的空中交通管制员也对飞行安全负有责任。管制员需要对自己负责空域内的飞机飞行路线进行规划安排,为机组提供机场周边信息,管理各飞机在机场的滑行以及起降流程,避免飞机之间在地面或是在空中发生碰撞,或是类似于飞机之间由于距离过近而被卷入尾流这样的不安全场景的发生。虽然在TCAS技术日趋成熟、ADS-B技术也即将逐步投入使用的现在,机组对周边环境进行了解有了更多的手段,但管制员的失误仍会导致飞行过程中的不安全场景发生。

除了直接参与飞机维护工作的维修人员之外,负责航班日常勤务工作的地勤人员在工作过程中的失误同样可能导致航空事故的发生。可能出现的事故类型包括地勤人员的不当指挥所造成的飞机与飞机之间、飞机与机场通勤车之间,以及飞机与机场廊桥之间的碰撞;由于计算失误导致飞机在加油时未能获得充足的燃油供应,或是在装载行李时未能按照标准程序操作导致飞机重心出现偏差等。

3.2　飞行机组人为差错的表现形式

在造成航空事故的所有人为差错中,飞行机组的差错占据了绝大部分。飞行机组的差错包括:飞行前的准备或计划不充分;无法获得或维持飞行速度;无法获得或维持方向控制;撞击物体(障碍物);燃油耗尽;距离或速度估计差错;飞行决策或计划差错;地形选择差错,以及飞行控制选择差错等。虽然现代化的驾驶舱人机交互界面设计使得许多飞行任务都已经能够通过自动化系统完成,大大减少了飞行机组发生差错的可能性,但是其他新类型的差错却又出现了。从对以往的飞行事故的总结分析中可以得出,飞行过程中的不安全行为除了飞行机组主动无视规章之外,还有飞行机组的非故意的不安全行为。飞行机组的非故意的不安全行为主要表现在以下几个方面。

(1) 操作或决断差错。事故分析表明,有50％的飞行事故是由操作不当或决断差错造成的。飞行机组的操作或决断差错是导致进近和着陆事故的一个主要因素。主要原因有三点:一是飞行机组缺乏“位置”意识;二是缺乏相对的地形高度意识;三是缺乏危险意识,即在当前状态已超出正常危险边界时仍然使飞机继续进近。此外,操作或决断差错还表现为用错机上设备、燃油耗尽、误入雷雨区等行为。

(2) 疏忽或判断差错。疏忽或判断差错,甚至完全丧失情景意识是危及飞行安全的一类常见问题。这类问题主要是由机组成员思想麻痹、作风松散、工作马虎,或机组配合不当、注意力分配不当等原因造成的。这种差错可能会使飞机丢失状态、迷航、碰撞障碍物、相撞等。

(3) 飞行技能不胜任。飞行技能不胜任可能是由飞行员技术不熟练、知识和经验不足,或飞行环境异常复杂造成的。解决这类问题需要对机组的技能进行严格要求,同时要加强对机组成员专业和知识的培训,加强机组成员间的经验交流。

(4) 紧急情况处置不当。飞行人员对紧急情况处置不当,一是因为反应迟钝或对异常情况发现得晚;二是处置不合理。发生这种差错时,其结果往往是加剧了事件的紧急程度。

(5) 违章违规。非故意的违规违章原因有很多,如飞行员可能不知道某些规章制度、对规章制度的理解有误、规章或检查单使用有误;另外,飞行员在限制条件下采取有准备的紧急避让行动,因飞机系统故障被迫采取措施也可能是非故意的违规违章。

(6) 机组失能。机组失能通常表现为三种情况：一是驾驶舱任意飞行人员失能，包括起飞前发现或考虑到在起飞后会发生失能状态；二是任意客舱机组人员失能而不能执行紧急状态通勤；三是产生错觉，飞行过程中飞行员的生理缺氧、丧失意识、心理异常、晕眩等都可能造成机组失能。

(7) 机组资源管理不当。机组资源管理不当通常表现为机组成员间的配合失效、培训中教与学的关系处置不当，或培训中教员放任不管，任由飞行员随意操作。飞行安全基金会报告指出，几乎近半数的致命进近和着陆事故，是由没有完善的机组资源管理造成的。

在 3.3 节中将针对上述的每种飞行机组人为差错进行相应的事故案例介绍。

3.3 飞行机组人为差错引发的航空事故

随着航空业的发展，飞机制造工艺取得了不断进步，民航客机的安全性越来越高，飞行过程中平均每飞行小时发生的机械故障也越来越少。与此同时，人为错误在飞行事故中占的比例却越来越高。根据国际民用航空组织（International Civil Aviation Organization, ICAO）的统计，在 2000—2009 年，人为因素导致的航空事故已经占据总体事故发生数量的 76% 左右。其中，由飞行机组造成的事故占比达到 60% 以上。以下以一些事故为例，对飞行机组人为差错可能引发的航空事故进行介绍。这些案例强调了人为差错在航空事故中的重要性。为了降低这些风险，航空业在飞行员培训、标准操作规程、安全文化和技术创新方面都采取了一系列措施，以确保飞行的安全性和可靠性。

3.3.1 操作或决断差错案例：2009 年法国航空 447 号班机坠毁事件

在飞行过程中，机组成员的操作失误或错误的飞行决策可能导致事故发生。在 2009 年法国航空 447 号班机坠毁事件中，飞行员对飞行仪表的不当反应导致飞机最终坠毁于大西洋。

1) 事故背景

法国航空 447 号班机所使用的飞机为 A330 - 203，发动机采用通用电气的 CF6 - 80E1，生产编号为 660，在法国飞机注册编号为 F - GZCP，于 2005 年 2 月 25 日首飞，失事前已飞行 18 870 h。该航班搭载 228 人，包括 3 名飞行员、9 名机组人员和 216 名乘客。

事发时，机上机组成员包括机长 Dubois，58 岁，1988 年加入法国航空，有

10 988 h 的飞行经验(驾驶 A330 的时间为 1 700 h);两名副驾驶为 Robert 与 Bonin,分别为 37 岁及 32 岁。Robert 于 1998 年 7 月加入法国航空,飞行时数达 6 547 h,其中 4 479 h 为 A330;Bonin 于 2003 年 10 月加入法国航空,飞行时数达 2 936 h,其中 807 h 为 A330。

2) 事发过程

2009 年 5 月 31 日,班机在里约热内卢当地时间 19 时 29 分起飞,原定于 6 月 1 日上午 10 时 03 分到达巴黎。世界标准时间(coordinated universal time, UTC)01 时 35 分,客机与航管最后一次通话,并在 UTC 01 时 49 分离开巴西雷达监管范围。当时机长 Dubois 及副驾驶 Bonin 在驾驶席上,而 Robert 在驾驶舱后方。

UTC 01 时 55 分,机长离开座位去休息并换上副驾驶 Robert。当时,Bonin 为控制飞行员,而 Robert 为监控飞行员。UTC 02 时 06 分,飞行员通知空乘飞机将进入乱流区域。之后,飞机的皮托管因结冰而失效,无法侦测飞机速度,在系统发现了不正常数值的情况下,飞行控制模式切换至备用法则(alternate law)。02 时 10 分 05 秒,飞机解除了自动驾驶模式,自动推力亦自动解除,这意味着飞行员开始手动飞行。飞机受到乱流的影响而向右倾侧,于是 Bonin 便把操纵杆左压进行修正,与此同时却抬高机头让飞机爬升,这一动作在当时并无必要。飞行记录仪的资料显示,当时飞机以 7 000 ft/min(2 130 m/min)的高速率爬升,空速由 274 kn(507 km/h)瞬间降至 52 kn(96 km/h)。

皮托管结冰只维持了一分多钟,之后便恢复正常。但是,飞机仍继续增加迎角,02 时 11 分 10 秒,飞机已爬升至 38 000 ft(11 580 m),迎角达 16°,推力全满;2 时 11 分 15 秒,飞机因为升力不足开始下降,迎角又增加至 30°。由于飞行控制律在备用法则,系统原定自动低头(将机首降低)的失速保护没有启动,飞机陷入失速却没有恢复动作,这在刻意操作下也几乎不可能出现在空客飞机上。

02 时 11 分 40 秒,机长返回驾驶舱。当时飞机迎角已达 40°,飞机已降至 35 000 ft(10 670 m),失速警告停止,这次是由于此时迎角过高,空速指示值被判定无效。22 s 后,Bonin 稍微降低机头,空速指示恢复,失速警告间歇性响起。飞机下降至 10 000 ft(3 050 m),此时机长发出重要信息,Bonin 应降低机头挽救失速。Robert 接管飞机操控权,飞机已下降至 4 000 ft(1 220 m)。2 000 ft(610 m),地面迫近警告系统响起。飞行记录仪于 02 时 14 分 28 秒停止,最后一句为机长的"仰角 10°(ten degrees pitch attitude)",撞击时地速为 107 kn(198 km/h),所有人员瞬间死亡。飞机由 38 000 ft(11 580 m)至撞毁历时

3.5 min,整个过程都处于失速状态,记录仪显示驾驶员直至坠机都不知道飞机已经失速。

　　3) 调查结果

　　根据法国航空 447 号班机最后的调查报告,班机失事前正飞越赤道热带辐合带。该区域的气象分析显示,当时飞行路径附近有一股中尺度对流系统,向上伸延高达 50 000 ft,班机失事前最后一小时有轻度乱流。机长离开驾驶席前往休息时,并没有把当时的天气状况告知接替的 Robert,亦没有给予任何指示。

　　皮托管因结冰而失效,无法侦测速度,依赖速度参数来控制的自动驾驶及自动节流阀亦因此解除。自动驾驶解除时有警告,因此飞行员很快就知道,但他们没有发现空速指示不一致,亦没有发现自动推力已解除,以及飞行控制模式由正常法则(normal law)切换至备用法则 2(alternate law 2),计算机不再进行自动修正。自动驾驶解除后 2 s,飞机因乱流倾斜 8.4°,而当时飞机仪表显示飞机正以 300~600 ft/min 的速度下降,于是 Bonin 便左转并抬高机头使飞机爬升以修正飞机。当时,飞机电子中央监控系统(electronic centralized aircraft monitor, ECAM)只显示最大速度,没有显示最低速度,之后飞行员才知道空速指示失效。在空速指示变得不可靠的情况下,加上飞行指引仪(flight director, FD)显示应抬高机头,令飞行员以为飞机超速,因此抬高机头以减速。之后,飞机失速警告响起,表示飞机接近失速,飞行员应降低机头以增加飞行速度防止失速,但他们没有对此做出反应。由于飞行员以为飞机超速,因此没有理会失速警告,而是减低飞机推力,并试图张开减速板。当机长重回驾驶舱时,两名副驾告诉他飞机已失控。整个失速过程飞行员都没有试图挽救失速,亦不知道飞机正在失速,反而抬高机头试图追踪飞行指引仪水平飞行,使情形恶化,酿成空难。

3.3.2　疏忽或判断差错案例:1977 年特内里费空难

　　机组成员在飞行过程中产生的疏忽可能导致其对外界环境的感知不准确,丧失情景意识,做出错误判断。这种差错可能会使飞机丢失状态、迷航、碰撞障碍物、与其他飞机相撞等。1977 年,2 架波音 747 客机在加那利群岛的洛斯罗德奥斯机场(现特内里费北部机场)跑道上相撞,造成 583 人死亡、61 人生还。本次空难亦是除"9·11"事件以外航空史上死亡人数最多的空难。空难主因是机组在急于起飞的情况下,由于大雾天气与通信不畅等,对起飞环境的判断失误。

1) 事故背景

虽然特内里费空难的发生地点位于群岛中的特内里费岛,但整件事的起因却是一宗发生在附近的大加那利岛上的炸弹恐怖袭击。当天,当地时间 13 时15 分,拉斯帕尔马斯国际机场(现大加那利机场)发生爆炸,迫使航管与当地警察将机场封闭疏散,并且进行全面搜查,航管单位只好将前往此处的国际班机全部转降到隔邻的特内里费岛北端的洛斯罗德奥斯机场。这个机场是一个地区性的小型机场,仅有一条跑道,停机坪容量亦十分有限。转降而来的班机大量涌入,顿时一片混乱,停机坪和滑行道上都挤满了等待主岛机场重新开放的飞机。

事故其中一方的荷兰皇家航空(航空代号为 KL/KLM,下简称荷航)4805号班机(下称 KL4805)是一架波音747-206B 型宽体客机,注册编号为 PH-BUF,使用普惠 JT9D-7W 发动机。KL4805 是一班荷航给荷兰国际旅行集团(Holland International)所开的包机航班,当天 09 时 31 分自荷兰阿姆斯特丹的史基普机场起飞,载着 235 名乘客飞抵加那利群岛。驾驶这架飞机的飞行机组成员由 Zanten 机长率领,他是荷航旗下一位非常有经验的飞行员,拥有超过12 000 h 的飞行经验,且长年担任新进飞行员的训练官。

荷航有一项规定,严格限制一次飞行任务中机组人员的执勤时间。如果超时,会遭受严厉处分,并需要更换一组机组人员执飞航班。因为这次转降,KL4805 上的机组人员十分接近时间上限,机长因此十分焦躁。为了节省时间,他决定在等待时将飞机加满油,以便在余下的航程中不再需要加油。这个决定导致了 4 个连锁事件,从而造成后续空难:第一,因为加油停靠位置,KL4805 挡住了 PA1736 的去路,使 PA1736 无法提早离开,只能跟在 KL4805后面离场;第二,因为加油,KL4805 错过了大雾消散的空档,导致只能在大雾视线不良的状况下起飞;第三,因为装满油料,增加了飞机重量,在碰撞即将发生时无法即时拉起机头起飞;第四,满载的油料在相撞后引起大火,增加了救援困难。

另外一方是隶属于美国泛美航空(Pan Am,航空代号为 PA/PAA)的 1736号班机(下称 PA1736),其在 13 时 45 分降落在洛斯罗德奥斯机场。这是一架注册编号为 N736PA 的波音747-121 型客机,使用普惠 JT9D-7A 发动机。PA1736 自洛杉矶国际机场(LAX/KLAX)起飞后,中途降落约翰·肯尼迪国际机场(JFK/KJFK)加油并更换组员,再飞抵加那利群岛。该班机离开洛杉矶时有 364 名乘客,在纽约时又有 14 人上机。泛美航空的机长是拥有 21 000 h 飞行时数的 Grubbs。

2）事发过程

16 时左右，洛斯罗德奥斯的控制塔收到拉斯帕尔马斯方面的信息，后者即将重新开放，因此各班机组员也开始准备再次起飞。但与此同时，大雾逐渐笼罩机场，能见度不断下降。由于泛美航空 PA1736 上的乘客原本就没有下机而是在原地等待，因此当目的地机场重开时，他们理应拥有先起飞离场的优先顺位。但是，就在飞机滑行到一半、想要进入通往 12 号跑道的滑行道时，飞行员发现体积巨大的荷航 KL4805 挡住了他们的去路。在剩余路宽不足的情况下，泛美航空 PA1736 被迫等待荷航 KL4805 本已下机等候的乘客重新办理登机手续、上机、准备妥当并离开等候区后，再尾随升空。

荷航 KL4805 在 16 时 56 分呼叫控制塔请求滑行许可，控制塔允许。除了 KL4805 外，控制塔亦准许泛美航空 PA1736 离开等候区，跟随前面的荷航 KL4805 在主跑道上滑行，并指示他们在主跑道左边第 3 个出口处转弯离开。此时，泛美航空 PA1736 已经滑行至 C1（一号出口）和 C2（二号出口）之间，机组人员通过查看机场地图得知 C3（三号出口）是一个向左的 135°弯位，而这对波音 747 大型客机来说，要在如此小型的机场转弯 135°是很困难的。通过事后对泛美航空 PA1736 黑匣子的录音分析得知，当时机组人员试图联系控制塔，确认是否确实是 C3 出口，而控制塔强调确实是"左边第三个出口"。机组人员困惑不已，但没有向控制塔详细报告 C3 出口的转弯困难。相关分析表明，机组人员在控制塔第一次发出转弯路径指示时，他们已过 C1 出口，因此控制塔所说的"左边第三个出口"应是再往前数 3 个的 C4（四号出口），加上 C4 出口与主跑道间的转向角只有 45°，这条路径显然比较合理。最终，机组人员没有向控制塔报告，自行决定继续前进至 C4 出口后再转弯离开跑道。

另外一方的荷航 KL4805 在快滑行到 30 号跑道起点附近的等待区过程中曾与控制塔联络，当时控制塔给予的指令是"好的，请在跑道末端进行 180°回转"，并且回报"准备已就绪，等待航空交通管制许可"（OK, at the end of the runway make one eighty and report ready for ATC clearance）。

荷航 KL4805 在抵达 30 号跑道的起跑点后不久，机长便松开刹车，推动油门杆准备起飞，但副驾驶立即以并未收到控制塔的起飞许可为由制止，然后向控制塔请求起飞。控制塔发出一个起飞后的航线航行许可（ATC clearance for certain route after take-off），但并没有发布起飞许可（ATC clearance for take-off）。荷航 KL4805 机长却误以为他们已获得授权起飞。当荷航 KL4805 开始起飞前加速时,副驾驶曾用无线电通知控制塔他们正在起飞,当时控制塔人员没听清楚副驾驶带有荷兰口音的英文到底是说"我们在起飞点"(We are at take off),还是"我们正在起飞"(We are taking off),因此回答"好的,待命起飞,我们会通知你!"(OK … Standby for take-off … We will call you!),却不料无线电的后半段正好被泛美航空 PA1736 机长回报"我们还在跑道上滑行!"(We are still taxiing down the runway!)的信号所干扰,结果荷航机 KL4805 的机组人员只听到控制塔说的"OK",却没听到后半段的对话。虽然荷航 KL4805 的飞航工程师曾质疑这是否表示控制塔已授权起飞,但机长知道如果再不起飞,必将超过执勤时限,且他早已因好几个小时的延误而非常焦躁,便武断做出肯定答复。当时机场雾非常大,能见度只有 300 m,机场控制塔、泛美航空 PA1736 与荷航 KL4805 的飞行员三方之间都无法通过肉眼看见对方的动态,再加上该机场的跑道中央灯故障,又缺乏地面雷达显示飞机位置,荷航 KL4805 机组人员并不知道泛美航空 PA1736 正迎面在跑道上滑行,因而强行加油起飞。

17 时 03 分,泛美航空 PA1736 机长最后一次与控制塔回报他们正在跑道上滑行后不久,在他们经过三号出口正打算进四号滑行道前往起飞等候区的瞬间,副驾驶突然注意到跑道远方有荷航 KL4805 的降落灯。起初他们以为那时的荷航 KL4805 正处于静止状态等候起飞,但仔细一看却发现降落灯正在晃动并离他们越来越近,而事实上此刻的荷航 KL4805 正处在奔驰状态。此时,距碰撞发生只有 9 s,泛美航空 PA1736 的副驾驶大声呼叫机长将飞机驶离主跑道,机长也立刻全速推进让飞机冲进跑道旁的草皮上,但为时已晚。同一时间,荷航 KL4805 的机组仍未发现泛美航空 PA1736,于是副驾驶呼叫机长做出起飞动作:"V1"。到了相撞前 4 s,荷航 KL4805 机组终于发现在跑道上拼命躲避的泛美客机。

荷航 KL4805 机长在见到前方的泛美客机后,尽力让飞机侧翻爬升,起飞迎角之大甚至让机尾在跑道地面上刮出了一条 20 m 长的深沟,但机身加满燃油十分沉重,难以提前拉起,无法挽救大局。荷航 KL4805 在距离泛美航空 PA1736 约 100 m 内离开地面,虽然前轮成功通过泛美航空 PA1736 上方,但发动机、机身下半部与主轮仍旧以约 140 kn(260 km/h)的速度与泛美航空 PA1736 右上部机身相撞,并撕裂泛美航空 PA1736 中段部分(从机翼上通过),荷航 KL4805 的右侧发动机则撞击了泛美航空 PA1736 驾驶舱后的上半部分机身。

荷航 KL4805 虽仍保持飞行状态,但左侧外发动机由于撞击被扯落,大量碎片吸入左侧内发动机中,破坏了机翼。荷航 KL4805 随即失速、激烈翻滚,于撞击位置约 150 m 处坠落地面,然后沿跑道滑行约 300 m 后停止。因为荷航 KL4805 的油箱是满的,故此飞机随即爆炸,变成一团火球,整架飞机断成好几块。尽管只有左翼与机尾在事件后保留大致的模样,但也因大火全部焚化。事故发生后,机场控制塔的空管人员一度只听见爆炸声却不知发生何事,以为机场遇到炸弹袭击。直到另一架在机场上方盘旋的班机通知控制塔,称他们隐约看到跑道上有火光和浓烟时,空管人员才得知事态严重。同样由于浓雾,消防人员在发现荷航 KL4805 时一度不知道几百米外就有另一架同样在燃烧的飞机,直到 20 min 后才过去抢救。由于当时整架荷航 KL4805 都困于火海中猛烈燃烧,消防队难以扑救,加上认为机上有生还者幸存的机会渺茫,因此立即将抢救工作集中在泛美航空 PA1736 身上。最后,这场因两架客机相撞而引发的大火直至第二天下午才被扑灭。

3)调查结果

来自西班牙、荷兰、美国的约 70 名事故调查员,以及事故双方航空公司的代表参加了整个调查过程。经调查,荷航 KL4805 机组"对通信内容的错误解读"和泛美航空 PA1736 机组"错误认定"控制塔要求他们进入的是 C4 出口是造成灾难的主要原因。事后对黑匣子的通话记录进行分析,事发时机场控制塔通知荷航 KL4805 在出发点等待,后者却将之误认成授权起飞。

尽管仍存在很多争议,但以下是得到普遍认同的导致此次事故的几个主要原因。

(1)荷航 KL4805 的机长在没有得到空中交通管制许可确认的情况下强行起飞。

(2)荷航 KL4805 的机长在听到泛美航空 PA1736 机组报告还在跑道上滑行时,没有及时中止起飞操作。

(3)当荷航 KL4805 的飞航工程师对泛美航空 PA1736 是否已经让出主跑道而向机长提出质疑时,荷航 KL4805 的机长贸然做出了肯定的判断。

(4)无线电通信问题(当一机组与另一机组以及控制塔同时通话时,发生通信中断现象)。

(5)荷航 KL4805 副驾驶在与控制塔的通话中使用了不标准的用词。

(6)天气问题,大雾影响视线,以致两架客机的飞行员反应时间受到影响。

虽然荷航 KL4805 一直竭力争辩,但普遍仍认为荷航 KL4805 的机长要为此次空难负相当的责任。

3.3.3 飞行技能不胜任案例：2001 年美国航空 587 号班机坠毁

飞行员训练不足或缺乏相关经验可能影响其应对紧急情况的能力。2001年，美国航空 587 号班机在起飞后进入一架波音 747 客机的尾流，由于副驾驶接受了不正确的训练，过度使用方向舵导致飞机尾翼脱落，飞机随即失去控制并坠毁。

1) 事故背景

美国航空公司 587 号班机是一班定期国际客运航班，从约翰·肯尼迪国际机场飞往多米尼加共和国首都圣多明各的拉斯维加斯国际机场。事故飞机注册号为 N14053，是一架 A300 B4 - 605R，于 1988 年 7 月交付给美国航空公司。该飞机于 1987 年 12 月首飞，是第一架"R"型号 A300 - 600，由两台通用电气的 CF6 - 80C2A5 发动机提供动力。机上有 9 名机组人员，其中包括 42 岁的机长 States，以及 34 岁的副驾驶 Molin。

2) 事发过程

2001 年 11 月 12 日，美国航空公司 587 号班机准备从约翰·肯尼迪国际机场飞往圣多明各。美国东部时间 09 时 13 分，飞机滑行至日本航空(JAL)波音 747 - 400(日航 47 号班机)后面的 31L 跑道，准备起飞。日航 47 号班机于 2 min 前获准起飞。塔台管制员警告 587 号班机，注意前一架波音 747 可能产生的尾流。

09 时 13 分 28 秒，587 号班机获得起飞许可，并于 09 时 14 分 29 秒离开跑道。飞机爬升至 500 ft(150 m)的高度，然后进入爬升左转。09 时 15 分，机长与出发管制员进行了初步联系，告知他飞机高度为 1 300 ft(400 m)，正在爬升至 5 000 ft(1 500 m)。管制员指示飞机爬升至 13 000 ft(4 000 m)并保持高度。飞行数据记录器(flight data recorder，FDR)显示，导致坠机的事件始于飞机在 9 时 15 分遭遇前方日航航班的尾流湍流。为了应对湍流，副驾驶开始快速、连续地从右向左移动方向舵，然后再次向右移动，导致飞机出现侧滑，直到侧向力导致连接垂直尾翼的复合吊耳失效，飞机垂直尾翼与飞机分离并落入牙买加湾，距主残骸地点以北约 1.6 km。

飞机在垂直尾翼丢失后向下倾斜。当飞行员努力控制飞机时，飞机进入了平旋状态。由此产生的空气动力载荷将飞机的两个发动机从飞机上撕扯下来，并落在主残骸地点以北和以东几个街区的地方。飞机主体部分在纽波特大道和海滩 131 街交汇处坠毁，机上 251 名乘客(包括 5 名不占座位的初生婴儿)、2 名飞行员和 7 名机组人员无一生还,同时坠机在地面造成了 5 人死亡。

3) 调查结果

通过分析 FDR 数据发现,在飞行过程中副驾驶多次将方向舵从最左移动到最右,导致侧滑角增加。由此产生的危险的侧滑角在垂直尾翼上产生了极高的空气动力载荷,导致其与飞机主体分离。如果副驾驶在垂直尾翼失效之前停止移动方向舵,则飞机会自行保持水平,事故就可以避免。飞机性能研究表明,当垂直尾翼最终脱离时,副驾驶的动作引起的空气动力载荷在方向舵上产生了203 000 lb①(900 kN)的力,超过设计范围定义的 100 000 lb(440 kN)力的 2 倍。垂直尾翼的结构性能经确定符合设计规范并超出认证要求。

在飞行过程中,副驾驶对进入尾流湍流出现了反应过度的倾向,美国航空公司错误地教导飞行员使用方向舵进行尾流湍流恢复,导致副驾驶可能误解飞机在高空速下对全方向舵的反应。

飞机垂直尾翼的设计目的是在低于机动速度时承受方向舵在一个方向上的完全偏转,但这并不能保证它们能够承受方向舵从一个方向到另一个方向的突然偏转,更不用说连续多次的突然偏转。调查人员表示,美国航空公司的先进飞机机动计划(AAMP)倾向于夸大尾流湍流对大型飞机的影响,在美国航空公司对飞行员进行培训的一个模拟场景中,进入湍流会导致飞机产生 90°滚转(而不是可能出现的 5°~10°滚转),以最大限度地提高训练难度。因此,飞行员无意中接受了做出比必要的反应更为激进的动作的训练。调查人员认为,了解 587 号班机坠机事件的关键在于"事故飞行员对飞机性能的预期是如何通过 AAMP 的'笨拙'飞行模拟器训练错误地建立起来的"。

同时,调查人员也认为,A300‐600 方向舵踏板系统的较小踏板力和较小的踏板位移增加了飞机误用方向舵的可能性。大多数飞机需要增加方向舵踏板的压力,才能以更高的速度实现相同程度的方向舵控制。美国联合飞行员协会在提交的意见书中指出,方向舵装置的异常敏感性相当于设计缺陷,空客公司应该向航空公司通报这一缺陷。他们的主要理由来自 1997 年的一份报告,其中提到了 10 起 A300 尾翼受到的压力超出其设计限制的事件。

3.3.4 紧急情况处置不当案例:2009 年科尔根航空 3407 号班机坠毁事故

对于飞行过程中可能出现的意外或紧急情况,如果飞行员未能及时正确地

---

① 1 lb=0.453 592 kg。

进行处置,则很有可能会加剧事件的紧急程度,导致事故发生。2009 年,科尔根航空 3407 号班机(与大陆航空实行代码共享,营销名称为大陆连线航空 3407 号班机)在进近过程中,机组人员由于疲劳未能正确处置结冰环境下的失速问题,导致飞机坠毁。

1) 事故背景

科尔根航空 3407 号航班(9L/CJC3407)由双发动机涡轮螺旋桨飞机庞巴迪 Q400 执飞,注册号为 N200WQ,于 2008 年 2 月完成制造,并于 2008 年 4 月 16 日交付给科尔根航空。该班机于美国东部时间 21 时 18 分(UTC 02 时 18 分)从纽瓦克自由国际机场飞往布法罗尼亚加拉国际机场,航班延误 2 h。航班机长 Renslow 47 岁,于 2005 年加入科尔根航空,飞行时长为 3 263 h,2007 年晋升为机长,其中只有 110 h 担任 Q400 机长。副驾驶 Shaw 24 岁,于 2008 年 1 月加入大陆航空快运-科尔根航空并飞行了 2 200 h,Q 系列飞行时长为 772 h。航班上另有一名休班机长。

2) 事发过程

事发时当地天气为雨夹雪、大雾、有雪,风速为 15 kn。飞机起飞后 11 min,机组启动了除冰系统。在获得最终进近许可后,飞机起落架放下、襟翼展开至 5°。飞行数据记录仪显示空速已减慢至 145 kn。当襟翼伸展至 10°时,空速进一步降低至 135 kn。6 s 后,飞机的振杆器启动,警告机组飞机接近失速,当时空速为 131 kn。可是机长没有完全按照摆脱失速程序(stall recovery)来执行,即把推力推到 100%并降低机头,反而只将推力推至 75%且抬高机头进行爬升。在失速临界点时,飞机自动降低机头以防止失速,但机长进行了相反的操作并继续向后拉控制杆。副驾驶在没有咨询机长的情况下收回了襟翼,使控制飞机变得更加困难。最后时刻,飞机发生偏航,迎角高达 31°并向左倾 46°,然后机头下降 45°并向右倾 105°,俯冲坠入长街 6038 号的一栋私人住宅,坠机点距离跑道末端约 8 km。

3) 调查结果

经过初步调查,发现飞机在坠毁前所有操作均正常,除冰系统启动。当放下起落架及襟翼后不久,飞机在失速警告启动后便开始翻滚,随后坠毁。在驾驶舱通话记录器中发现,当飞行高度低于 10 000 ft 时,机组人员仍在谈论与飞行无关的话题,这违反了飞行安全守则。由于两人一直闲谈而没有注意到慢慢下降的空速正接近失速速度,导致飞机失速。当飞机进入失速后,两名机组人员做出一系列不寻常动作,没有按照摆脱失速的步骤摆脱危险,机长反而抬高机头,这使得飞机速度更大幅下降,最后导致灾难的发生。失速时副驾驶亦把起落架和襟翼收回,收回襟翼使飞机升力减少,导致飞机完全失控。

在调查过程中,调查员发现机长的飞行生涯中有 3 次飞行检定不及格,由此推断他可能缺乏足够训练以应付紧急状况,从而导致空难。疲劳飞行亦可能是空难成因之一,当晚两名飞行员已执飞了数个航班。

2010 年 2 月 10 日,美国国家运输安全委员会(National Transportation Safety Board,NTSB)发表了最后的调查报告,指出空难成因是飞行员失误,这是 15 年以来首次以少于一年的时间完成调查。机长没有按照正确的摆脱失速程序进行操作,使飞机进入无法挽回的状态,导致空难,而两名飞行员亦没有得到有质量的休息。居住在西雅图的副驾驶乘坐联邦快递货机通勤到纽约,其间在机上睡觉休息,而非在床上。机长则于飞行前一晚在科尔根航空的机员休息室过夜,并在 03 时 10 分时登录了公司电脑系统。两名飞行员缺乏足够及有质量的睡眠引发疲劳飞行,导致在失速中做出一系列反常动作。

3.3.5 违章违规案例:1987 年美国大陆航空 1713 号班机坠毁事件

航空业界中存在的安全准则是伴随着航空技术发展与航空事故的发生而逐步成型的。如果机组未能正确理解并执行航空规章,则同样可能导致事故。例如,1987 年,在暴风雪天气下,美国大陆航空 1713 号班机在过长等待起飞时并没有按规定再进行除冰使得机翼受冰污染,导致飞机在丹佛斯特普尔顿机场起飞后不久失控,翻滚并坠毁。

1) 事故背景

涉事客机为一架拥有 21 年机龄的 DC-9-14,注册号为 N626TX,配备两台普惠 JT8D-7B 发动机。客机于 1966 年 5 月交付加拿大航空,并于 1968 年出售给得克萨斯国际航空公司,直至 1982 年出售给美国大陆航空。事故发生前,涉事客机已累计飞行超过 52 400 h。1713 号班机的机长为 43 岁的 Zvonek,于 1969 年加入美国大陆航空,坠毁前拥有 12 125 h 的飞行经验,但在 DC-9 上仅有 166 h,且出事前不到三周才被升级为机长。副驾驶则为 26 岁的 Bruecher,拥有 3 186 h 的飞行经验,但当中仅有 36 h 是执飞 DC-9,这是他仅有的涡轮喷气客机飞行经验,且他在过去的 24 天里没有执行过飞行任务。

2) 事发过程

美国大陆航空 1713 号班机原定于 12 时 25 分从丹佛起飞,但当天许多从丹佛起飞的航班因恶劣天气而延误。13 时 03 分,1713 号班机从登机口滑行至除冰台；但空中交通管制员并不知道 1713 号班机已经离开登机口，因为机组人员在没有事先请求滑行许可的情况下就自行离开了。13 时 46 分，1713 号班机完成除冰。

13 时 51 分，1713 号班机联系放行许可交接管制员，请求"从除冰台滑行离开"，但放行管制员认为 1713 号班机仍在登机口并要求继续除冰，便指示该航班联系地面控制中心，地面控制中心随后放行 1713 号班机滑行至除冰台。此时，由于 1713 号班机的除冰工作已经完成，机组人员似乎将这一新的许可解释为他们现在可以从停机坪滑行前往跑道。

14 时 05 分，1713 号班机在 35L 跑道北端一号位置列队，机组人员做好起飞准备。由于没有被告知 1713 号班机的正确位置，空中交通管制员多次尝试让不同的飞机起飞，导致 1713 号班机在雪中停留了几分钟，并使客机机翼面临积冰的风险。1713 号班机随后通知空中交通管制员，他们正在跑道起点等待起飞指令，之后于 14 时 14 分获准起飞。班机起飞时，飞行员过度转向，令 DC－9 不升反降，亦令左翼擦撞地面，导致机翼分离。不久，左翼油箱燃料被点燃，导致机舱内起火，驾驶舱和机身的左侧接着撞击地面，令 DC－9 机身反转并机腹朝天。此次事故共造成 25 名乘客和 3 名机组人员死亡。其中，2 名死者于住院期间死亡；机长、副驾驶、1 名乘务员和 11 名乘客死于钝器伤；此外，5 名乘客因钝器导致头部受伤，9 名乘客死于窒息；其余 52 名乘客和 2 名乘务员幸存。在幸存的乘客中，25 人受轻伤，27 人受重伤。

3）调查结果

调查结果表明，1713 号班机坠毁的直接原因可能是机翼积冰。调查人员确定，从除冰结束到 1713 号班机尝试起飞之间间隔了 27 min，比起飞前允许的最大间隔时间长了 7 min。根据幸存乘客的报告，1713 号班机机翼上的积冰在起飞前污染了两个机翼表面。在除冰完成后，1713 号班机上降落的湿雪足够融化并稀释除冰液，在机翼上形成了积冰，改变了飞机的气动性能。

同时，调查人员还认为，副驾驶 Bruecher 在起飞过程中的糟糕表现也是事故发生的原因之一。1713 号班机是 Bruecher 在请假 24 天后的第一次飞行任务，美国国家运输安全委员会（NTSB）得出的结论是，这种长期请假破坏了他在改变驾驶机型后的训练，导致其在起飞过程中未能做出正确的飞行动作，他以超过 6(°)/s 的速率进行爬升，超过了建议速度的两倍，再加上冰对机翼的影响，过高的爬升率导致飞机左翼失速，飞机开始翻滚，最终失去控制。

最终，调查人员将这起事故的发生归咎于机组在恶劣天气起飞时未能按照正确的规章流程进行除冰工作,起飞延误后未能对飞机进行第二次除冰,导致上翼表面被污染;同时,副驾驶在起飞爬升期间对飞机操作错误。造成事故的根本原因是缺乏对新合格机组人员操作的监管或管理控制,以及机组人员与空中交通管制员之间存在的信息交互混乱,导致起飞延误。

3.3.6　机组失能案例:2005 年太阳神航空 522 号班机坠毁事件

机组失能是指飞行员因为自身问题(主要是疾病或心理原因),不能继续执行飞行任务。例如,在 2005 年 8 月 14 日,太阳神航空公司 522 号班机不正确的机舱加压模式令机组人员和所有乘客缺氧,导致飞机在希腊上空因燃油耗尽而坠毁,机上 121 人全部罹难。

1) 事故背景

发生此次事故的飞机最初注册为 D‑ADBQ,是一架波音 737‑300 飞机,其于 1997 年 12 月 29 日首飞,1998—2004 年由德国三角洲航空公司运营。除了这架坠毁的飞机之外,太阳神航空公司机队还包括两架租赁的波音 737‑800 和一架 A319‑100,这两架飞机于 2005 年 5 月 14 日交付。

这架飞机于事故当天当地时间 01 时 25 分从伦敦希思罗机场飞抵拉纳卡国际机场,计划于 09 时整离开拉纳卡,飞往布拉格鲁兹涅国际机场,中途预计于 10 时 45 分到达并停靠雅典国际机场。

该航班的机长是 Merten,他是一名 58 岁的合同飞行员,受雇于太阳神航空公司,从事假日航班飞行 35 年,累计飞行 16 900 h(其中波音 737 飞行时长为 5 500 h)。副驾驶是 51 岁的塞浦路斯飞行员 Charalambous,他在过去 5 年中一直专门为太阳神航空公司飞行,整个职业生涯累计飞行 7 549 h(其中波音 737 的飞行时长为 3 991 h)。

2) 事发过程

当天上午早些时候,在飞机从伦敦飞抵拉纳卡时,上一班机组人员报告说,右侧机尾服务门的门封被冻住,并发出异常噪声。他们要求对门进行全面检查。于是,一名地面工程师对服务门进行了检查。为了在不启动飞机发动机的情况下进行增压泄漏检查,飞机的增压系统被设置为"手动"。然而,该工程师在完成测试后没有将其重新设置为飞机正常运行时应该处于的"自动"挡位。

在完成检查后,机组人员在飞行前程序、启动后检查和起飞后检查中 3 次忽略了确认增压系统的状态。在这些检查中,驾驶舱内没有人注意到增压系统设置的错误。当飞机于 09 时 07 分从拉纳卡国际机场起飞时,增压系统仍设置为

"手动",机尾部分的排气阀打开。

随着飞机的爬升,机舱内的压力逐渐降低。当飞机飞过 12 040 ft(3 670 m)的高度时,机舱高度警告响起,促使机组人员停止爬升,但机组人员误认为是提示音完全相同的另一种警告:起飞构型警告。然而,起飞构型警告表示飞机尚未做好起飞准备,这种警告只会在地面响起。

在接下来的几分钟里,驾驶舱顶板上的几个警告灯亮起。一个或两个设备冷却警告灯亮起,表示冷却风扇的气流过低(这是由于高空空气密度降低),同时主警告灯也亮起。在海拔约 18 000 ft(5 500 m)时,客舱内的氧气面罩自动展开,乘客氧气灯亮起。

在客舱高度警告响起后不久,机长通过无线电向太阳神航空运营中心报告"起飞配置警告开启"和"冷却设备正常,备用关闭"。然后,他与地面工程师通话,反复说明"冷却通风扇灯关闭"。进行增压泄漏检查的工程师问道:"你能确认增压面板设置为'自动'吗?"然而,已经开始出现缺氧初期症状的机长没有理会这个问题,而是反问道:"我的设备冷却断路器在哪里?"这是地面控制中心与机组的最后一次通话。

飞机继续爬升,并在约 FL340(34 000 ft,约 10 000 m)处改平。在 09 时 30 分至 09 时 40 分期间,尼科西亚空管中心多次试图联系该飞机,但未获回答。09 时 37 分,飞机从塞浦路斯飞行情报区进入雅典飞行情报区,但未与雅典空管取得联系。在 10 时 12 分至 10 时 50 分期间,雅典空管尝试联系该飞机 19 次,也没有得到回应。10 时 40 分,飞机到达雅典机场的 KEA 航路点保持模式,并在接下来的 70 min 里,在自动驾驶仪的控制下,一直保持在 34 000 ft 的飞行高度。

此时,希腊军方决定进行干预。11 时 05 分,希腊空军第 111 战斗联队的两架 F - 16 战斗机从新安希亚洛斯空军基地紧急起飞,以建立目视联系。他们在 11 时 24 分拦截了这架客机,并观察到副驾驶斜躺在控制面板上一动不动,而机长的座位是空的。

11 时 49 分,空乘人员 Prodromou 进入驾驶舱,坐在机长座位上,通过使用便携式供氧设备保持清醒。Prodromou 持有英国商业飞行员执照,但不具备驾驶波音 737 的资格。Prodromou 向 F - 16 战斗机短暂挥手,但几乎就在他进入驾驶舱的同时,左侧发动机因燃油耗尽而熄火,飞机开始下降。尽管事后调查人员认为,Prodromou 的经验不足以让他在当时的情况下控制飞机,但在发动机熄火时,Prodromou 成功地将飞机转向远离雅典城区的地区,使得没有地面人员在坠机中遇难。12 时 04 分,飞机坠毁在距离雅典 40 km 的格拉马蒂科附近的山丘上,机上 121 名乘客和机组人员全部罹难。

3)调查结果

飞行数据记录器(FDR)和驾驶舱话音记录器(cockpit voice recorder, CVR)被送往巴黎民航安全调查分析局。通过 CVR 记录,调查人员确认 Prodromou 是进入驾驶舱试图挽救飞机的空乘人员。他是一名训练有素的飞行员,但从未接受过波音 737 飞机的驾驶训练。他呼叫"MAYDAY,MAYDAY,MAYDAY,这是太阳神航空公司 522 号班机"。他又呼叫了两次"MAYDAY",但由于无线电仍调谐到拉纳卡而非雅典,因此声音很微弱,雅典的地面航空管制员并没有听到他的呼叫。

事发后,找到的许多尸体被撞击后引发的大火烧得面目全非。对坠机遇难者的尸检显示,所有遇难者在撞击时都还活着,但无法确定他们是否还有意识。

该型号波音 737 客舱内的紧急氧气供应由化学发生器提供,通过呼吸面罩提供的氧气足以维持意识约 12 min,通常足够飞机紧急下降到 10 000 ft 的高度(3 000 m),此高度下的大气环境压力足以让人在没有补充氧气的情况下保持清醒。机舱乘务员则有持续时间更长的便携式氧气装置可以使用。

希腊航空事故调查和航空安全委员会(AAIASB)列出了导致事故发生的直接因果关系,包括以下数条:飞行员没有意识到增压系统被设置为"手动",机组人员没有发现驾驶舱告警的真正原因,机组人员因缺氧而失能,飞机燃料耗尽,飞机撞击地面,以及该飞机过往就存在的增压问题。

事实上,在 2004 年 12 月 16 日,涉事飞机在从华沙起飞的一次航班中,客舱压力出现急剧下降,迫使机组进行紧急下降。客舱乘务员向机长报告,机尾服务门发出一声巨响,该扇门的密封条上出现了一个手掌大小的洞。塞浦路斯航空事故调查委员会(AAIIB)无法最终确定导致 2004 年 12 月出现客舱失压事故的原因,但指出了两种可能性:电气故障导致机外排气活门打开,或有人无意中打开了机尾服务门。

最终,希腊调查人员将太阳神航空公司 522 号班机在雅典郊外坠毁的事故归咎于人为失误,飞机从拉纳卡机场起飞后未能正确增压,导致驾驶舱内的两名机组人员全部失去意识。

事后,美国联邦航空管理局(FAA)发布了一项适航指令,要求所有波音 737 - 100 至波音 737 - 500 型飞机安装两个额外的驾驶舱警告灯,用于指示起飞配置,以及增压方面的问题。

3.3.7 机组资源管理不当案例：1972 年美国东方航空 401 号班机坠毁事件

机组资源管理(CRM)是指在飞行过程中充分、有效、合理地利用一切可以利用的资源来达到安全、有效飞行的目的，核心内容是权威、参与、决断、尊重。机组资源管理可以通过有效提高机组人员的沟通技巧、提倡团队合作精神、合理分派任务、正确做出决策来确保航空安全。机组资源管理不当通常表现为机组人员间的配合失效，使得部分或全部机组人员无法完全履行自己的任务而产生不安全的飞行状态，例如于 1972 年 12 月 29 日发生的美国东方航空401 号班机坠毁事故。调查证实，机组全员忙于检查前起落架是否已放下而无人注意到飞行高度变化，导致客机于完全可控的情况下发生撞地，造成 101人死亡。

1) 事故背景

美国东方航空 401 号班机是一个从纽约皇后区的约翰·肯尼迪国际机场飞往佛罗里达州的迈阿密国际机场的定期航班。事发当天，执飞 401 号班机的飞机为 1972 年 8 月 18 日交付给美国东方航空公司的洛克希德 L-1011-1 TriStar(注册号为 N310EA)。这架飞机是交付给美国东方航空公司的第 10 架TriStar 飞机。

负责飞行的机长 Loft 当时 55 岁，是东方航空公司资历排名第 50 位的资深飞行员。Loft 机长在该航空公司工作了 32 年，在其飞行生涯中累计飞行29 700 h，驾驶 L-1011 型飞机飞行时间为 280 h。其他的机组成员包括 39 岁的副驾驶 Stockstill 和 51 岁的飞行工程师 Repo，前者拥有 5 800 h 的飞行经验(其中 306 h 在 L-1011 上)，后者拥有 15 700 h 的飞行经验(其中 53 h 在 L-1011上)。此外，驾驶舱内还有另一名公司员工，47 岁的技术官员 Donadeo，他从纽约执行任务返回迈阿密，以"非收入乘客"的身份登上班机。

2) 事发过程

美国东部时间 1972 年 12 月 29 日 21 时 20 分，401 号班机从约翰·肯尼迪机场起飞，机上载有 163 名乘客和 13 名机组人员。

整个航班直到 23 时 32 分，飞机开始接近迈阿密国际机场时都很正常。在放下起落架后，副驾驶 Stockstill 注意到起落架指示灯没有亮起，而这个绿色指示灯表示机头起落架已正确锁定在"放下"位置(事后发现，指示灯不亮并非是因为起落架未放出，而是由于指示灯灯泡烧坏)。飞行员循环进行起落架收放操作,但仍无法使指示灯亮起。

在这一段飞行中,机长 Loft 一直在使用无线电通知塔台,401 号班机将停止向机场进近,并要求进入保持模式。进近管制员批准航班爬升至 2 000 ft(610 m),然后在大沼泽地上空向西飞行。

驾驶舱机组人员拆除了指示灯组件,飞行工程师 Repo 被派往驾驶舱下方的航空电子设备舱,通过一个小舷窗检查起落架是否确实放下。在到达指定高度 50 s 后,机长 Loft 指示 Stockstill 开启 L - 1011 飞机的自动驾驶。飞机保持水平飞行了 80 s,随后,飞机下降了 100 ft(30 m),然后再次平飞了 2 min,之后开始下降,并在 70 s 内仅下降了 250 ft(76 m),此时的高度足以触发位于飞行工程师工作站下方的高度警告器,但飞行工程师 Repo 已经进入电子设备舱,而驾驶舱话音记录器上记录的驾驶舱内的声音也没有显示其他机组人员听到了铃声。当 Stockstill 开始再次转向机场时,他注意到飞机的高度问题,并询问机长。驾驶舱话音记录器中记录了以下对话:

Stockstill:"我们的高度有问题。"

Loft:"什么?"

Stockstill:"我们还在 2 000 ft,对吗?"

Loft:"嘿,这是怎么回事?"

不到 10 s 后,客机坠毁于迈阿密机场西北偏西,距离机场 9L 跑道末端 18.7 mi①(30.1 km),坠地时的时速为 227 mi/h(365 km/h)。飞机在中途转向时,左翼结构首先着地,随后是左侧 1 号发动机和左侧主起落架。随后飞机解体,残骸散落在西南方向长 1 600 ft(500 m)、宽 330 ft(100 m)的区域内。在距离翼尖最初接触地面约 490 ft(150 m)处,机身开始破裂,客舱地板下的厨房、货舱和机舱内部的部件散落一地。在距残骸轨迹起始点 820 ft(250 m)处,右侧机翼的外侧部分撕裂,在松软的地面上刨出一个 59 ft(18 m)长的坑。

沼泽吸收了飞机坠毁时的大部分能量,减轻了对飞机的冲击,但事故仍造成机上 101 人死亡,幸存者均不同程度受伤。在驾驶舱机组人员中,只有飞行工程师 Repo 和技术员 Donadeo 在最初的坠机事故中幸存,Donadeo 在坠机时与 Repo 一起倒在机头电子设备舱内,Stockstill 在撞击中丧生,机长 Loft 在被送往医院前死于驾驶舱的残骸中。Repo 被送往医院,但后来因伤势过重死亡。驾驶舱中唯一的幸存者只有后续痊愈的 Donadeo。

---

① 1 mi=1 609 m。

3）调查结果

美国国家运输安全委员会（NTSB）调查发现，涉事飞机的自动驾驶仪在飞行的最后阶段从高度保持模式切换到了俯仰控制轮转向（control wheel steering，CWS）模式。在该模式下，一旦机组松开操纵杆，自动驾驶仪就会保持飞机的俯仰姿态，直到机组再次操纵。调查人员认为，当机长转身与坐在他右后侧的飞行工程师讲话时，不小心靠在了操纵杆上，使得自动驾驶仪切换了模式。对操纵杆的轻微前压导致飞机在 CWS 模式的作用下缓慢下降。

飞机从设定的 2 000 ft（610 m）高度下降 250 ft（76 m）后，后部扬声器响起了警告，但调查人员认为，机组人员被机头起落架指示灯分散了注意力，而且当警告响起时，飞行工程师并不在座位上，因此驾驶舱中无人听到警告声。同时，由于当时是夜间，飞机正飞越黑暗无光的沼泽地，没有地面灯光或其他视觉标识，因此机组未能注意到飞机正在缓慢下降。同时，Loft 机长在尸检时被发现在其大脑中控制视觉的区域有一个未被发现的脑瘤，可能对机长的视力造成影响。

NTSB 的最终报告将坠机归咎于飞行员失误，特别是"机组人员在坠毁前最后 4 min 的飞行中未能合理安排机组资源，无人监控飞行仪表，未能及时发现飞机意外下降而防止坠机。对机头起落架指示灯故障的专注分散了机组人员对仪表与外界环境的注意力，导致下降未被察觉"。

在总结了这起事故，以及其他发生于 20 世纪 70 年代的事故带来的教训后，许多航空公司开始对飞行员进行机组资源管理培训。培训旨在提高驾驶舱内解决问题的效率，从而减少机组人员的注意力分散。

3.4 其他人员人为差错引发的航空事故

虽然大部分由人为差错导致的飞行事故由飞行机组引发，但是不可忽视的是，除飞行人员以外，设计人员、维修人员、空中交通管制员和地勤人员的差错也可能导致民用飞机在飞行过程中发生严重甚至不可挽回的航空事故。本节对部分由非机组人员人为差错而产生的航空事故进行介绍。

3.4.1 地面管制指示错误案例：2002 年乌伯林根空难

当下，尽管飞机已经可以通过 GPS 定位、近地告警系统（GPWS）、空中交通告警与防撞系统（TCAS）、气象雷达等多种手段加强感知飞行环境，但是地面空中交通管制（ATC）提供的指示在飞行过程中对机组来说仍然十分重要。尤其是在紧急情况下，ATC 可以承担向机组提供航路引导、协助协调空域、报告地面气象条件等工作,减轻机组飞行负担。因此,ATC 提供的飞行指示在飞行过程中具有很高的优先级,一旦指示有误,将很有可能引发不安全事故。例如,2002年的乌伯林根空难中,瑞士的地面管制员彼得·尼尔森提供的指示有误,导致俄罗斯巴什克利安航空 2937 号班机与 DHL 快递公司 611 号货机在德国南部的城市乌伯林根的空中相撞,造成两机共 71 人罹难。

1) 事故背景

俄罗斯巴什克利安航空 2937 号班机是一架图-154 型客机,原计划由俄罗斯首都莫斯科飞往西班牙的巴塞罗那,机上载有 60 名乘客和 9 名机组人员。其中,46 名乘客是来自巴什科尔托斯坦乌法市的俄罗斯儿童,他们正在当地联合国教科文组织委员会组织的加泰罗尼亚黄金海岸海滩地区学校旅行。这架飞机是一架 1995 年制造的图-154M,注册号为 RA-85816,首先交付巴什克利安航空,然后于 1998 年出售给环欧航空公司。该飞机于 1999 年再次出售给沙欣航空,然后在 2002 年 1 月被巴什克利安航空购回。

该班机由经验丰富的俄罗斯机组人员驾驶:52 岁的机长 Gross 和 40 岁的副驾驶 Grigoriev。机长的飞行时长超过 12 000 h(其中在图-154 上飞行了 4 918 h)。副驾驶是巴什克利安航空公司的首席飞行员,他拥有 8 500 h 的飞行经验(其中在图-154 上飞行了 4 317 h),他的任务是评估 Gross 机长在整个飞行过程中的表现。另外,驾驶舱内还有 50 岁的飞行领航员 Kharlov,拥有约 13 000 h 飞行经验(其中图-154 飞行了 6 421 h),以及 37 岁的飞行工程师 Valeev,他拥有近 4 200 h 飞行经验(全部在图-154 上)。

DHL 快递公司 611 航班是一架波音 757-23APF 货机,造于 1990 年,首先以 9J-AFO 的名称交付给赞比亚航空公司,然后于 1993 年末以 VH-AWE 的名称出售给海湾航空,随后又出售给 SNAS,1996 年在该航空公司名下注册。该飞机于 2000 年以 OO-DLK 的名称出售给欧洲航空运输公司,直至 2002 年,再次以 A9C-DHL 的名称出售给 DHL 快递公司。该班机由两名飞行员驾驶——47 岁的英国机长 Phillips 和 34 岁的加拿大副驾驶 Campioni。两位飞行员都非常有经验,Phillips 已累计飞行近 12 000 h(波音 757 上飞行时长为 4 145 h),Campioni 则累计飞行超过 6 600 h,其中有 176 h 在波音 757 上。

2) 事发过程

事故发生于德国南部上空,但此地区空域由位于瑞士苏黎世的空管公司 Skyguide 负责。19 时 50 分是瑞士苏黎世的导航中心日夜班换班的时间,2002年 7 月 1 日晚,由经验丰富的 Nielsen 和另外一名同事值班。由于空域内的航班数很少,因此 Nielsen 的同事决定先去休息一下,这在航管工作中也是常见的场景。之后,则由 Nielsen 一人管理两个雷达的航管任务,这两个雷达屏幕相距 1 m。

22 时 11 分,两名技术人员过来对主雷达系统进行维修,通常情况下,地面光学碰撞警告系统本应在碰撞发生前约 2 min 提醒控制器即将发生的碰撞。这时即使两架飞机相距很近,目视警报系统也不会被启动。工程师告诉 Nielsen 现在必须关闭电话系统才能进入下一步维修程序,此时控制中心内能用的只有备用电话线。

23 时 30 分左右,搭载 69 人的巴什克利安航空 2937 号班机已经飞越德国中部并朝瑞士方向飞去,德国空管和飞行员进行联系并移交到苏黎世空管中心,现在这架飞机交由 Nielsen 管理。与此同时,DHL 快递公司 611 号班机正向北飞越阿尔卑斯山进入瑞士空域,机长 Phillips 向空管取得爬升许可后,于 23 时 29 分 50 秒上升至 36 000 ft 高度,与巴什克利安航空 2937 号班机处于同一高度层,这就意味着他们有相撞的危险。

此时,航管员助理交给 Nielsen 一张新的飞行纪录单,上面显示利亚德航空 1135 号班机正要飞越附近的弗里德哈芬地区,这也让 Nielsen 在随后的 5 min 内工作负荷过大,不得不在两个显示屏前来回移动。

Nielsen 想联系弗里德哈芬的塔台,由他们接管利亚德航空的客机,但是电话没人接。与此同时,利亚德航空的飞行员在联系 Nielsen,这也迫使他不得不放下俄罗斯客机。当巴什克利安航空 2937 号班机在 TCAS 上看到了 DHL 货机后呼叫 Nielsen 时,一架朝北飞的泰国航空航班也在呼叫他。

在 23 时 34 分,Nielsen 意识到危险并联系了 2937 号班机,指示机组下降到 35 000 ft 以避免碰撞。但是,在 2937 号班机的机组人员开始下降几秒后,他们的 TCAS 指示他们爬升,而在同一时间,611 号货机的 TCAS 指示该飞机的机组人员下降。如果两架飞机都遵循这些自动指令,那么事故就不会发生。

在 611 号货机机组接收并遵循 TCAS 指令开始下降后,他们无法立即通知 Nielsen,因为后者正在处理 2937 号班机。2937 号班机的机组人员按照空管员的指示下降,并无视了 TCAS 的爬升指令。因此,两架飞机现在都在下降。

Nielsen 没有意识到 TCAS 发出的警报,并向 2937 号班机的机组人员提供了有关 611 号货机位置的错误信息(告诉他们 611 号货机在 2937 号班机右侧,而实际上是在左侧)。碰撞前约 8 s,611 号货机根据事态发展,增加了下降速度,2937 号货机的机组人员看到从左侧飞来的 611 号货机时意识到了情况,并且在碰撞前 2 s,遵守 TCAS 指令并尝试让飞机爬升。然而,此时碰撞已然不可避免。两架飞机于欧洲中部夏令时间 23 时 35 分 32 秒(UTC 21 时 35 分 32 秒),在高度为 34 890 ft 的空中以几乎直角相撞,611 号货机的垂直尾翼完全切穿了 2937 号班机前方的机身与翅膀。2937 号班机在空中解体成几块后散落在周边的大片地区。611 号货机在失去 80% 的垂直尾翼后,坠落在泰瑟斯多夫村附近的一片树林中。2937 号班机上的全部 69 人,以及 611 号货机上的 2 名机组人员均遇难。

　　3)调查结果

　　调查发现,事发当晚苏黎世空中管制中心只有 Nielsen 一名空管员指挥这一空域的往来航班,而其他空管员在另外一个屋子里面休息,这违反了规定,但空管员的这一习惯性行为数年来得到了相关管理机构的默认和忽视。虽然由于空管站处在检修期,当晚有另外几位空管员及部门主管随时准备换班,但 Nielsen 并没有意识到这一点,也可能是他不想让同事冒疲劳工作的风险。

　　另外,一个位于地面用来提示空管员避免撞机的光学碰撞预警系统在事发前因例行检修而关闭,而 Nielsen 并没有留意到此状况。另一个安装在空管中心内的音频防撞预警系统于事发当晚 21 时 35 分,在碰撞发生前 32 s 发出了声响警报,但并没有任何人听到,事后对此设备的技术检查也证实其工作状态良好。空管中心的 Skyguide 专线电话也因检修工作而暂时切断,导致事发前德国境内卡尔斯鲁厄空管站的空管员对事发空域异常情况的报警未能传达。

　　在空难发生前 10 min,Nielsen 指挥着 1 架已经延迟的利亚德航空公司的班机。他使用有故障的电话系统,同时忙于两个控制台之间,以至于直到撞机发生前 43 s 他才通知俄罗斯飞行员降低高度。如果他能够早一点发出预警并及时将两机航线分离,事故就不会发生。当他预感到自己已经无法同时应付两台控制台的工作而开始寻求其他空管员帮助时已经太晚了。

　　在德方调查报告的基础上,瑞士声称事件中图-154 客机低于瑞士空管员要求的航线高度 100 ft,并以 1 700 ft/min 的速度下降,如果俄飞行员不顾瑞士空管员给出的错误方位和警告信息而遵照 TCAS 的提示执行就可以避免灾难。

　　基于同样的调查报告,俄方声称事发时俄机组曾在飞机下降至 32 400 ft 后遵照 TCAS 的警告提示执行,但当时空管员没有成功地使另一架飞机保持在 33 000 ft 的高度飞行。而且,事件中的 611 号货机也完全有机会避免碰撞,因为他们能够听到俄罗斯机组与地面空管员之间的无线电对话。

　　调查总结认为,由于 2937 号班机遵照空管人员的指示而非 TCAS,使得

2937 号班机与 611 号货机在空中相撞，因此在事故发生后各国航空公司均要求当 TCAS 建议与空管指示有冲突时，飞行员应遵从 TCAS 指示，以免再度发生同样事故。

3.4.2 维护不当案例：阿拉斯加航空 261 号班机空难

维护人员的错误操作或疏漏可能导致飞机出现机械故障。例如，2000 年阿拉斯加航空 261 号班机因不妥当的维修工作，使水平尾翼在飞行途中卡住，导致机组失去对飞机的控制，飞机以近乎垂直的角度坠入太平洋，无人生还。

1）事故背景

阿拉斯加航空 261 号班机是阿拉斯加航空一架 MD‑80 飞机，序列号为 53077，注册号为 N963AS。该航班是定期国际客运航班，从墨西哥哈利斯科州巴亚尔塔港的奥尔达斯执照国际机场出发，飞往美国华盛顿州西雅图附近的西雅图‑塔科马国际机场，中途经停加利福尼亚旧金山国际机场。

261 号班机的飞行员都是经验丰富的飞行员。机长 Thompson 53 岁，已累积飞行 17 750 h，并拥有超过 4 000 h 的 MD‑80 飞行经验。副驾驶 Tansky 57 岁，已累积飞行时间 8 140 h，其中包括在 MD‑80 中担任副驾驶约 8 060 h。在本次空难之前，两位飞行员均从未出过任何事故。

2）事发过程

261 号班机于太平洋标准时间 13 时 37 分离开巴亚尔塔港，随后攀升至巡航高度 FL 310(31 000 ft)。

起飞约 2 h 后，机组人员第一次联系了位于华盛顿州西塔科的航空公司签派处和位于洛杉矶国际机场的调度和维护控制设备的部门，报告水平尾翼有卡住的问题，并且讨论了改降洛杉矶国际机场的可能性。卡住的水平尾翼妨碍了配平系统的自动操作；在正常情况下，这个系统会对飞行控制舵面做出轻微的修正使飞机保持飞行稳定。以当时的巡航高度和速度，卡住的水平尾翼迫使机长要施加约 10 lb(44.5 N)的力量去拉动控制杆以使飞机保持平飞。机组人员和航空公司的维护部门都不能判定水平尾翼被卡住的原因。飞行员亦多次尝试使用主配平和备用配平系统，试图解决卡阻的问题。

16 时 09 分，机组成功地使用主配平系统解开了卡住的水平尾翼，但水平尾翼迅速移动到一个使飞机机头向下的极端位置，迫使飞机几乎垂直俯冲。在约 80 s 的时间内，阿拉斯加航空 261 号班机从约 31 500 ft(9 600 m)的高度一下子俯冲到 23 000～24 000 ft(7 000～7 300 m)。两名飞行员拼命重新控制飞机，通过在操纵杆上施加 130～140 lb 的拉力(577.9～622.3 N),终于控制住这架以 6 000 ft/min 速度下降的飞机,并将其稳定在约 24 400 ft 高度。

阿拉斯加航空 261 号班机随后将飞机的控制问题报告给 ATC,并表示打算迫降在洛杉矶国际机场。空管询问是否需要降低至海拔较低的高度进行进近准备,机长回复说想在海湾上空飞行一段距离,确认自己是否能控制飞机。在这段时间内,机组经过讨论,决定不再进行任何尝试修复失控的水平尾翼的举动。他们下降到一个较低的高度,并开始准备降落在洛杉矶国际机场。

16 时 19 分左右,驾驶舱话音记录器(CVR)记录了至少四声"砰砰"的声响。17 s 后,一声"非常响亮的噪声"之后,飞机开始向下直线俯冲坠落。CVR 的数据显示,在下坠期间飞行员仍努力尝试夺回飞机的控制权,甚至当意识到无法扬起机头的时候,他们还尝试让飞机在上下颠倒的状态下继续飞行。然而,此刻飞机水平安定面毁损,机组已无力回天,在 81 s 内,飞机头朝下翻转,以超过 13 300 ft/min 的速度急速下坠了 18 000 ft,高速撞击海面后坠毁,机上所有人员无一生还,飞机也在巨大冲力下变成碎片。

3) 事故调查

通过使用侧扫声呐系统、遥控探测潜水器等工具,调查团队打捞到了 85% 的机身、大部分的机翼、两个发动机、FDR 和 CVR 等部分飞机残骸。两个水平尾翼配平系统的起重螺杆和相应的千斤顶螺母也被找到。当起重螺杆旋转时,它本应在顶部的固定螺母里上下运动,用以控制水平尾翼的配平系统。在随后的检查中,调查人员发现起重螺杆的周围被细金属丝包裹着,后来这些细金属丝被证实是千斤顶螺母残留的螺纹。分析表明,千斤顶螺母约 90% 的螺纹之前已经被磨损,以至于在飞机失事的过程中,整个螺母已完全脱落。当螺母的螺纹失效后,水平尾翼在气流的影响下无法发挥作用,完全失效。基于最近一次对千斤顶螺丝组件的检查,调查人员发现螺母螺纹的磨损速率远高于平均值,261 号班机飞机的螺杆磨损速率达到了每 1 000 飞行小时 0.012 in①(0.30 mm),而设计时的预期磨损速率为每 1 000 飞行小时 0.001 in(0.025 mm)。对起重螺杆及其千斤顶螺母的检查发现,当事故发生时,整个系统中没有任何润滑剂在起作用。最终,调查人员认定,缺少润滑剂而引发螺母极度磨损是导致这起事故的直接原因。

在调查阿拉斯加航空在旧金山国际机场最后一次做润滑维护的维护人员

---

① 1 in=25.4 mm。

时,发现其对水平尾翼起重螺杆的润滑工作耗时约 1 h 就完成了,而飞机制造商预计正确完成这项维护工作需要约 4 h。因此,调查人员认为 1999 年 9 月,261号班机在旧金山国际机场进行最后一次维护时,水平尾翼起重螺杆并没有得到正确的润滑。同时,实验结果表明,从 1999 年 9 月到飞机失事的 4 个月的时间内,起重螺杆受到的磨损不可能达到残骸上同等极端的水平。因此,调查人员的最终结论是,本次事故起因是"水平尾翼起重螺杆没有正确完成或是缺失了不止一次的润滑维护"。同时,调查发现,阿拉斯加航空所用的装配式端隙检查工具并不符合制造商的要求。测试表明,阿拉斯加航空所用的非标准工具会在对起重螺杆的定期检查中得到不准确的检查结果。事实上,如果在最近一次的端隙检查中得到了正确的检查结果,则检测结果有可能可以指明螺纹的极度磨损情况,并提示应该更换受损零件。

4 民用飞机驾驶舱人为因素适航条款要求

本章首先介绍了适航与适航管理的概念,并对美国、欧洲、中国的适航管理,以及适航法规体系进行详细介绍,最后对 CCAR - 25 中与民用飞机驾驶舱人为因素相关的适航条款进行解析,包括条款原文、条款解析和对应的符合性方法。

4.1 适航管理与适航法规

4.1.1 适航与适航管理

4.1.1.1 适航

适航(适航性的简称)是表征民用航空器一种属性的专用词,英文为airworthiness。适航性的定义是在允许的限制内满足在安全条件下飞行的必要要求。

在这个定义中,有 3 个关键要素值得重点关注:安全条件、满足必要的要求和允许的限制。

(1) 安全条件。可以主观认为安全条件的含义与飞行的正常过程及圆满结束相关。根据定义,安全就是没有可能造成人员死亡、受伤或患病,设备或财产损失,以及环境破坏的那些状态。

(2) 满足必要的要求。这意味着航空器或其任何零部件,都要依照经研究验证过的标准进行设计和制造,以期在上述安全条件下飞行。规章的目的在于通过消除或减轻引起死亡、伤害和损坏的条件来提高安全性。这些规章由国家政府指定的适航管理当局制定。可以通过颁布包含一系列设计要求的适航标准来形成规章:从结构强度到飞行要求(飞行品质和飞行性能),良好的设计准则,系统、疲劳和颤振,必要的试验,飞行和维修手册内容等。对于不同类型的航空器,这些标准是不同的。显然,不可能用同一种规则来设计滑翔机、大型喷气机或直升机。这些标准的一个重要特性就是它们是与时俱进的。标准的发展一般不会超前于航空的发展，而是伴随其一起发展。一成不变的标准会阻碍航空的发展。因此，标准必须不断地随着航空的发展而进步。此外，不断的事故分析通常导致补充规则的产生。如果这些规则当初被用于设计，那么也许可以预防事故的发生，或至少减少事故的危害。这个过程可以被当作"反思"，但把它作为"经验"更合适。标准的更改通常带有增加一些新的或不同内容的意图，会使满足规则的设计越来越昂贵，但是，这是提高飞行安全性所必须付出的代价。

（3）允许的限制。航空器按照在一定的飞行包线内飞行进行设计。飞行包线主要取决于速度和结构载荷系数。另外，航空器最大质量可以根据不同用途来确定。必须规定航空器的运行条件，如白天目视飞行规则、夜间飞行、仪表飞行、结冰和不结冰条件下飞行等，超出这些条件和限制可能会引起事故。历史上超重起飞、使用非特技飞行载荷系数设计的航空器做特技飞行、没有合适的防冰措施而在结冰条件下飞行、超速等引起的事故，都说明了在允许范围之内飞行的重要性。驾驶员通过飞行手册、驾驶舱内的标牌和标记以及培训来了解这些限制。

4.1.1.2　适航管理

适航管理是政府适航管理部门代表公众，依据相关适航法规和管理文件对航空器的设计、制造、使用和维修等环节进行系统的审查和监督，以确保航空器达到适航规章要求的安全性水平。

民用航空器的适航管理是以保障民用航空器的安全性为目标的技术管理，是政府适航管理部门在指定各种最低安全标准的基础上，对民用航空器的设计、制造、使用和维修等环节进行科学、统一的审查、鉴定、监督和管理。

适航管理贯穿了设计、制造、运营和维护，分为初始适航管理和持续适航管理。

初始适航管理是对民用航空器产品设计、制造的适航审定、批准和监督。在民用航空器交付使用之前，适航管理部门依据各类适航标准和规范，对民用航空器的设计和制造所进行的型号合格审定和生产许可审定，以确保航空器及其部件的设计、制造是按照适航部门的规定进行的。初始适航管理是对民用航空器设计、制造的控制。初始适航管理的部门是航空器适航审定司。

持续适航管理是对民用航空器运营、维护的适航审定、批准和监督，是航空器投入运行后，为保持它在设计制造时的基本安全标准或适航水平，为保证航空器能够始终处于安全运行状态而进行的管理。持续适航管理是对民用航空器使用和维修的控制。中国民用航空局负责持续适航管理的部门是飞行标准司。

民用航空器是适航管理的主要对象和最终目标。初始适航管理以持续适航管理为延续,持续适航管理以初始适航管理为开始。

初始适航管理的主要责任如下:

(1) 每一种航空器都要进行适航审定。

(2) 航空器设计国的适航部门要审定设计人提出的审定基础和运行限制、生产条件、航空器是否处于适航状态。

(3) 航空器的设计人和制造人根据审定过的审定基础,表明航空器的符合性。

持续适航管理的主要责任如下:

(1) 每一种航空器都要进行维修要求的审定。

(2) 航空器设计国的适航部门要审定批准设计人制订的强制性维修工作及其频度的要求。

(3) 航空器的使用人根据审定过的维修要求制订和建立符合自己情况的维修管理方式。

(4) 航空器使用国的适航部门再依据相应的规章,同时兼顾航空器及其使用人的实际情况,确立颁发单机适航证的使用限制。

适航管理工作的主要内容如下:

(1) 立法。政府责成适航部门根据《民用航空法》,统一制定各种与安全有关的技术和管理适航标准、规章、规则、指令和通告等。它是安全性的要求。

(2) 颁发适航证件。在民用航空器的研制、使用和维修过程中,通过依法审定和颁发各种适航证件的手段来检验执行程度和标准要求的符合性。它是合格资格凭证。

(3) 监督检查。适航部门通过颁证前的合格审查,以及颁证后的监督检查等手段,促使被审查的单位和个人始终自觉地满足适航标准、规定的要求。它是符合性的要求。

4.1.1.3 美国适航管理

自 20 世纪 20 年代开始,美国就着手于对民用飞机进行适航管理。伴随着美国航空制造业的迅猛发展,直至其成为世界上基础最雄厚、技术最先进、产品最丰富的航空制造业强国,美国联邦航空管理局(FAA)也发展成了当今世界经验最丰富、最强大的适航当局。

1903 年,莱特兄弟首次开展航空飞行。1926 年,美国在商务部成立航空司,并颁发第 7 号航空通报(基本要求),对飞行员、航图、导航、适航标准进行管理;第一架飞机 Buhl-Verville CA‐3 Airster 通过型号合格审定,并发布了飞机设计手册,如图 4‐1 所示。

图 4‐1　Buhl-Verville CA‐3 Airster 飞机(1926 年)

　　1934 年,美国把航空司更名为航空商务局,以反映商业飞行日益增加的重要性。随后,该局分为两个部门:民用航空管理局(Civil Aeronautics Administration,CAA)和民用航空委员会(Civil Aeronautics Board,CAB),前者负责空中交通管制,后者负责安全法规和事故调查。民用航空管理局开始制定民用航空规章,1934—1958 年相继制定、颁发了 CAR04(飞机适航要求)、CAM04(要求和解释材料)、CAR03(小飞机)、CAR06(旋翼机)、CAR04a‐1(TSO)、CAR7(运输类旋翼飞机)。

　　1958 年,美国把原来的航空商务局更改为联邦航空当局,增加了制定美国联邦航空条例(federal aviation regulations,FAR)和军民空管职责。同年,第一架喷气式飞机波音 707 通过了联邦航空当局的审定,该型飞机生产到 1991 年。

　　1965 年,联邦航空当局制定、颁发了 FAR 21——适航审定管理程序,并把美国民用航空规章(civil aviation regulations,CAR)相继转换成 FAR。1966年,美国把联邦航空当局更改为联邦航空管理局(FAA),并把事故调查的职责划分给美国国家运输安全委员会(NTSB),NTSB 具有直接向国会报告的权限。

　　1981 年,FAA 的适航审定司建立了 10 个审定中心,按飞机的类别负责审定政策和项目管理,并按工业布局组建了相应的飞机适航审定办公室(Aircraft Certification Offices,ACO)和制造检查区办公室(Manufacturing Inspection District Offices,MIDO)。

　　根据美国联邦航空规章第 183 部的规定,FAA 允许通过委任个人或者机构承担一定的适航审定任务的方式来支持对美国庞大的航空制造业的适航管理。

一方面,通过逐步调整委任管理政策从个人到机构的委任授权,要求在有条件的大型航空制造企业建立机构委任来强化适航管理;另一方面,在政策上继续支持大量的对个人的委任,特别是通过对不隶属于一个航空制造企业的、自由顾问性质的个人的委任,来降低小型航空制造企业的适航管理门槛,保证了 FAA 通过其本身有限的资源来支持金字塔基上数量众多的小型航空制造企业发展。

　　FAA 的适航审定部门的组织体系设置也与美国这种航空制造业的产业特点相适应,如图 4-2 所示。一方面,为了众多适航标准的制定、执行和解释的标准化,设立按航空产品类别划分的专业审定中心;另一方面,为了开展对数量众多的航空制造企业的适航管理,在美国全国范围内设置了众多专职的适航审定办公室和机构。

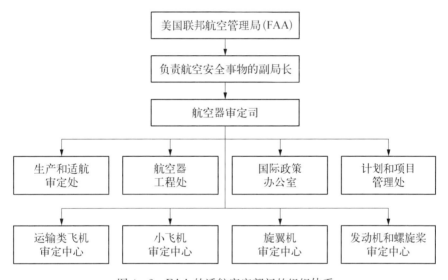

图 4-2　FAA 的适航审定部门的组织体系

　　根据美国联邦航空规章第 21 部的规定,航空制造企业在型号合格审定过程中的责任不仅是设计和制造飞机,还必须承担通过提交型号设计、试验报告和各种计算资料,开展制造符合性检查和符合性验证工作,证明产品符合规章要求的适航责任,并且这部分工作应在局方审定之前由企业自行确认。航空制造企业应由怎样的管理机构来承担上述适航责任,在美国联邦航空规章第 21 部中并没有规定。一般认为,美国联邦航空规章第 183 部给出了局方通过委任个人或者机构的方式来要求企业承担其适航责任。

　　自 20 世纪 40 年代起,FAA 的前身 CAA 就采用了委任代表制度,即委任申请人机构中的个人承担一定的适航审定任务。委任代表包括工程委任代表

(designated engineering representative，DER）和制造检查委任代表（designated manufacturing inspection representative，DMIR）两种。自 20 世纪 50 年代起，为了支持美国国内的小飞机、发动机和螺旋桨的迅猛发展，CAA 首次采用委任一个机构而不是个人来承担适航审定任务，即设计机构批准（design organization approval，DOA）。自 20 世纪 60 年代起，FAA 创立了指定修理站（designated alteration station）项目，允许修理站中经批准的工程人员颁发补充型号合格证（supplemental type certifate，STC）。DAS 允许符合要求的航空承运人、公务机运营人、国内修理站和产品制造商颁发 STC。因此，DAS 同样是一种机构委任形式。20 世纪 70 年代，FAA 评审了当时行之有效的机构委任制度，发现这些委任机构只能批准重大的改装数据而不能批准重大的修理数据。为此，FAA 于 1978 年颁发特殊联邦航空规章 SFAR 36，允许符合要求的航空承运人、公务机运营人和国内修理站无需 FAA 的批准即可编制和使用其自己的重大维修数据。20 世纪 80 年代，FAA 创立了委任适航代表项目（designation airworthiness representative，DAR），扩大了对个人委任代表的适航审定权利范围。同时，在机构委任适航代表项目（organizational designated airworthiness representative，ODAR）中，允许机构行使类似于个人 DAR 的职责。这意味着，ODAR 也是一种对机构的委任形式。

2005 年 11 月 14 日，美国联邦航空规章第 21 部的第 86 号修正案（Amendment 21‐86）正式生效。该修正案规定（见图 4‐3）：

（1）自 2006 年 11 月 14 日起，不再受理 DOA 和 DAS 的申请。

（2）自 2009 年 11 月 14 日起，终止原有的 DOA 和 DAS 批准。

（3）同时，修订美国联邦航空规章第 183 部，在 D 分部中以机构委任授权（organization designation authorization，ODA）的形式，取代原有的所有机构委任形式，包括 DOA、DAS、SFAR 36 和 ODAR 项目。

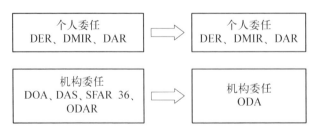

图 4‐3　美国适航规章对制造业承担适航责任的规定

2006 年 8 月 18 日,FAA 颁布 Order 8100.15,对 ODA 的申请、审批程序做出规定,同时,要求目前的 DOA 和 DAS 批准持有人在 2009 年 11 月 14 日之前选择自愿申请 ODA,或者自动放弃 DOA 或 DAS 批准。

对于大的飞机制造商,获得 ODA 批准将是一个局方和制造商双赢的选择。例如,波音公司就成立了波音委任符合性验证机构(BDCO),且获得了 FAA 的 ODA 批准,其公司的工程委任代表(DER)和制造检查委任代表(DMIR)都转为在 BDCO 管理下的适航代表(airworthiness representative)。

4.1.1.4　欧洲适航管理

以空客公司为首的欧洲本土航空企业与美国民航企业在欧洲的竞争需求成就了 1970 年联合航空局(Joint Aviation Authorities,JAA)的诞生,其最初的目标只是为大型飞机和发动机制定共同的认证准则,以满足欧洲工业和国际财团的需要。1987 年后,其工作范围逐渐扩大到所有级别飞机的运行、维护、许可和认证/设计标准。这时的 JAA 不是一个法律框架下的机构,而是一个协会,在每个主权国家同时存在适航当局。在审查项目时,JAA 组成由各国适航当局参加的审查组,审查报告提供给各适航当局,最后由各适航当局单独颁发证件,使用统一的标准。

1991 年,欧盟议会颁发第 3922/91 号欧盟议会规章——民用航空领域规章和管理程序的协调,规定 JAA 成员国应采纳联合航空要求(joint aviation requirements,JAR)作为协调一致的民航规章。

2002 年,欧盟议会颁发第 1592/2002 号欧盟议会规章——民用航空领域的通用规则,并建立欧洲航空安全局(EASA)。以此为标志,欧洲开始建立一个在欧洲范围内统一的民航当局,并得到制定欧洲范围内统一的、具有法律地位的、强制性的民航规章的授权。2003 年,欧盟议会颁发第 1702/2003 号欧盟议会规章——航空器及其产品、零部件和机载设备的适航和环境合格审定,以及设计、生产机构合格审定的实施规则。以此为标志,EASA 开始制定欧洲范围内统一的适航规章。EASA 全面接替原 JAA 的职能,按欧盟法律在成员国内具有强制性的权限,制定了 CS 21、CS 23、CS 25、CS E 等适航规章。与 JAA 作为欧洲各国适航当局的协会不同,EASA 是在欧盟框架下,依据欧盟议会规章的相关规定,集中行使各成员国部分民航管理主权的政府组织。与美国航空制造业相比,欧洲航空制造业同样基础雄厚、技术先进,在一些技术领域颇具特色,同样能够提供类别齐全的航空产品。随着欧洲航空制造业的发展,EASA 是拥有与 FAA 同等话语权的重要适航当局。

目前,EASA 还在完善之中。空客的产品及其生产制造全部由 EASA 审查、颁证和管理。其他产品的设计由 EASA 审查批准,制造由所在国适航当局审查批准。

由于欧洲的众多航空制造企业为主要航空制造企业的供应商提供产品和技术,因此 EASA 的适航管理特别关注企业的能力,并且制定了颇具特色的机构批准(organization approval,OA)的适航管理方式,通过机构评审和批准的方式来确认企业的能力。

EASA 的适航审定部门的组织体系设置也与欧洲航空制造业的产业特点相适应,如图 4-4 所示。一方面,按航空产品类别设立审定部门;另一方面,为了有效地和一致地对跨国合作的大型航空制造企业和分散在欧洲各个成员国的众多小型航空制造企业进行适航管理,在 EASA 内与审定部门平行地设置了专门负责标准化、培训和机构批准的管理部门。

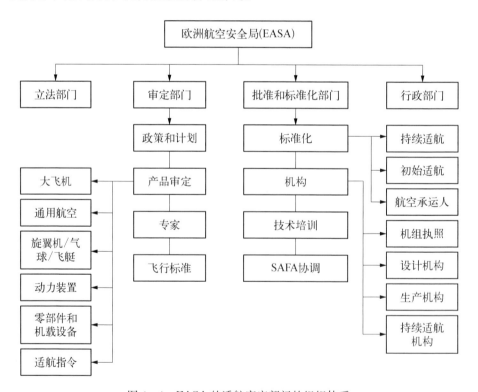

图 4-4　EASA 的适航审定部门的组织体系

CS 21 具有与 FAR 21 一致的对航空制造企业所应承担的适航责任的要求。但是,EASA 要求航空制造企业通过获得设计机构批准(DOA)和生产机构批准

(production organization approval，POA)的方式来证明其设计能力和质量系统。DOA 的具体规章在 CS 21 的 J 分部中要求,其核心内容是要求申请人具备成熟的设计保证系统(design assurance system，DAS)且通过编制和贯彻设计机构手册(design organization manual)来实施 DAS,以确保其能够承担相应的适航责任。POA 的具体规章要求在 CS 21 的 G 分部中,其核心内容是要求申请人具备成熟的质量系统(qualification system)且通过编制和贯彻生产机构手册(production organization manual)来确保其质量系统的有效性。

欧洲的适航管理框架没有美国的委任制度。在欧洲的适航规章要求中,航空制造企业在型号合格审定过程中同样必须承担通过提交型号设计、试验报告和各种计算,开展制造符合性检查和符合性验证工作,证明产品符合规章要求的适航责任;规章明确要求申请人应当通过设置设计机构、获得 DOA 批准来承担上述适航责任;在批生产过程中应当设置生产机构、获得 POA 批准来实施其质量体系。

欧洲航空产业具有跨国合作、制造业巨擘与多样化小型企业并存的特点。EASA 充分注意到这一特点,在管理思路上特别注重对组织或机构的能力认定,制定了不同于 FAA 的、基于机构批准(OA)的适航管理方式。EASA 要求航空企业通过获得设计组织批准(DOA)、生产组织批准(POA)、维修组织批准(maintenance organization approval，MOA)的方式来证明其具有相应能力。一般说来,获得适航签字资格的机构,须具备 5 年以上经验和 10 年以上长期合同;对适航人员的资格审定也同样基于机构,要求大体相同。在适航规章的整理与发布方面,EASA 也更富有成效,其网站会定期、及时发布规章。例如,2021 年发布的新版 25 部规章,将审定规范(certification specification，CS)与可接受的符合性验证方法(acceptable means of compliance，AMC)汇编到一起,整部合集达 1 300 多页。

4.1.1.5　中国适航管理

自 20 世纪 70 年代开始,中国就着手于参照 FAA 的适航管理模式对民用飞机进行适航管理。但是应该承认,中国的适航管理模式与中国航空制造业的产业特点并不完全匹配。一方面,中国航空制造业长期以军机型号为主,一直没有形成完善的民用飞机产业;另一方面,相较于欧美适航当局,中国适航当局欠缺国内的航空产品审定实践。

但是,繁荣的航空运输业保障了中国适航当局具有大量的适航管理经验,而国内航空制造业大力发展民用飞机产业也促进了中国适航当局组织机构和审定能力的不断完善和提高;在小飞机审定和机械类机载设备审定领域,中国适航当局基本具备与欧美适航当局同等的审定体系和审定能力。在此基础上,以国内航空制造业研发支线客机和大型客机为契机,中国适航当局的组织体系和审定能力进一步加强,正逐步成为国际上有影响力的重要适航当局。

中国的适航理念、适航标准和相关程序都借鉴了 FAA 模式。例如,在适航法规体系上,中国民航同样建立了中国民用航空规章(China civil aviation regulations,CCAR)和咨询通告(advisory circular,AC)、技术标准规定(technical standard order,TSO)的二级适航法规体系。

我国民用航空法规定,国务院民用航空主管部门,即中国民用航空局全面负责民用航空器适航管理。通常所称的适航当局,既表示具体负责民用航空器适航管理的机构,又表示该机构是得到国家授权的,代表国家在行使职权。中国民用航空局具体负责民用航空器适航管理的机构是航空器适航审定司和飞行标准司。因此,中国适航当局的组织体系自身的特点如下:

(1)中国民航当局的组织体系是包括作为总部的中国民用航空局和作为地方派出机构的民航地区管理局的二级管理体系。

(2)中国民用航空局管辖的适航审定系统同样是包括作为立法决策层的民航局航空器适航审定司和作为行政执法层的地区民航局适航审定处的二级管理体系。

(3)参照 FAA 按照航空产品类别设立审定中心的做法,在中国民用航空局政府的二级管理体系下,中国民用航空局还进一步设置了两个专业审定中心——上海航空器适航审定中心和沈阳航空器适航审定中心,分别负责国内 25 部飞机,以及国内 23 部飞机、27 部和 29 部旋翼机的型号合格审定工作。

(4)中国民用航空局下属的航空安全技术中心、中国民航大学和民航管理干部学院分别设置了适航机构,开展相关适航研究活动。

(5)为了强化适航审定技术基础,2008 年中国民用航空局和北京航空航天大学合作成立了航空器适航技术研究中心。

20 世纪 70 年代末,中国民用航空局成立工程司,开始开展适航审定管理;1985 年,与 FAA 合作开展对 MD - 82/90 飞机在中国转包生产的监督检查;1985 年,FAA 给运 - 12Ⅱ型飞机颁发型号合格证,进而扩展涵盖 23 部飞机(正常类、实用类、特技类和通勤类飞机)及机械类机载设备的中美适航双边。中国民航适航审定系统逐步建立健全与国际接轨的适航法规体系和组织机构。自 2003 年启动对国产新支线飞机 ARJ21 - 700 的适航合格审定工作以来,适航审定系统得到了进一步加强。

2007年1月,上海航空器适航审定中心成立,侧重运输类飞机的适航审定,承担运输类飞机(涡桨飞机除外)型号合格审定(认可)相关审查和证后管理工作,以及由其证后管理的国产飞机涉及的补充型号合格审定的相关审查和证后管理工作;同时,承担由运输类飞机证后管理的国产飞机安装的进口机载设备(航空电子类除外)设计批准认可的相关审查工作;此外,根据适航审定中心统一安排,承担适航符合性方法研究、适航审定新技术研究、适航标准及相关文件制定(修订)、适航指令管理和编发、民用航空产品重复多发性安全事件工程评估分析研究等工作。

2007年12月,沈阳航空器适航审定中心成立,侧重旋翼机和轻型航空器的适航审定,承担正常类和运输类旋翼航空器(江西省除外)型号合格审定(认可)的相关审查和证后管理工作,以及由其证后管理的国产航空器涉及的补充型号合格审定的相关审查和证后管理工作;同时,承担其审查及证后管理的国产航空器拟安装的进口机载设备(航电类除外)设计批准认可的相关审查工作,并按照适航审定中心统一安排,承担适航符合性方法研究、适航审定新技术研究、适航标准及相关文件制定(修订)、适航指令管理和编发、民用航空产品重复多发性安全事件工程评估分析研究等工作。

不远的将来,还将陆续成立发动机/螺旋桨适航审定中心、航油航化适航审定中心和适航验证中心,分别侧重航空发动机和螺旋桨的适航审定、航油航化产品的适航审定,以及适航标准及其符合性方法的验证技术。

类似于美国的适航规章,中国民用航空规章21部同样要求航空制造企业在型号合格审定过程中承担通过提交型号设计、试验报告和各种计算,开展制造符合性检查和符合性验证工作,证明产品符合规章要求的适航责任。在中国民用航空规章183部中,给出了局方通过委任个人的方式来要求申请人承担其适航责任的要求。并且,中国民用航空局正在考虑参照美国的ODA模式,在183部中增加机构委任的要求,通过对申请人机构委任的方式来要求其承担适航责任。

尽管在中国的适航管理体系中没有类似于欧洲ODA的机构批准的形式,但是在中国民用航空规章21部中借鉴了欧洲适航规章要求申请人具备设计保证能力的要求,要求只有具有民用航空产品设计能力的人才能申请型号合格审定,即要求航空制造企业通过制订和实施设计保证手册来确认其研制和设计保证能力。

4.1.1.6 ICAO

成立于 1944 年的国际民用航空组织(ICAO)是联合国下属专业机构,负责 193 个国家民航组织的协调工作,其主要依循《国际民航公约》,又称《芝加哥公约》。ICAO 所发布的 ICAO 附件为各缔约国必须遵守的标准,ICAO 附件 8 是关于航空器适航性的要求。ICAO 不负责制定与航空安全相关的法律条款,适航规章制定与具体实施工作由国家或区域性民航安全管理机构负责。

ICAO 的宗旨和目的在于发展国际航空的原则和技术,促进国际航空运输的规划和发展,具体如下:

(1) 保证全世界国际民用航空安全且有秩序地发展。

(2) 鼓励和平用途的航空器的设计和操作技术。

(3) 鼓励发展国际民用航空应用的航路、机场和航行设施。

(4) 满足世界人民对安全、正常、有效和经济的航空运输的需要。

(5) 防止因不合理的竞争而造成经济上的浪费。

(6) 保证各缔约国的权利充分受到尊重,每一缔约国均有经营国际空运企业的公平机会。

(7) 避免各缔约国之间的差别待遇。

(8) 促进国际航空的飞行安全;普遍促进国际民用航空在各方面的发展。

4.1.2　适航法规

4.1.2.1　美国与欧洲的适航法规体系

美国航空制造业的产业结构是典型的金字塔结构,塔尖是以波音公司为代表的、拥有雄厚技术实力和巨大市场份额的航空制造业巨擘,基座是数量众多、充满活力、各具技术特点、产品和服务多样化、经济总额巨大的小型航空制造企业。小型航空制造企业并不依附于大型航空制造企业,其独立地提供从飞机、发动机、螺旋桨到各种机载设备、零部件和飞机加改装方案的各种航空产品和服务。美国政府通过包括《小企业法》在内的一系列反垄断法律来保护这种自由竞争,不断强化这种金字塔结构。与美国航空制造业的产业特点相适应,FAA 建立了 FAR 和 AC、TSO 的二级适航法规体系。

FAR 是国家层面的航空立法,赋予适航标准法律地位,其适航技术标准涵盖飞机、旋翼机、航空发动机、螺旋桨、机载设备各个方面。AC 也是 FAA 法律文件,作为对规章的解释,大量应用 FAA 可接受的工业界的各种标准,起到衔接作为国家法律的适航标准和作为航空工程技术成果的工业标准规范的作用。

TSO 也属于 FAA 法律文件,作为机载设备的适航标准,大量引用 FAA 采纳的工业协会规范,起到将工业协会规范纳入适航法规体系的作用。

美国的适航法规体系除了上述技术覆盖面全的特点外,在管理思路上也充分体现了美国航空制造业的金字塔形产业结构。美国建立了以 FAR 为基础的适航标准体系,涵盖运输类、正常类、实用类、特技类和通勤类飞机的适航标准;载人自由气球的适航标准;正常类、运输类旋翼航空器的适航标准;航空发动机和螺旋桨的适航标准。

欧洲航空制造业的产业结构同样具备金字塔形的特点,塔尖是以空客公司为代表的、在欧洲跨国合作、拥有雄厚技术实力和巨大市场份额的航空制造业巨擘;基座是数量众多、充满活力、各具技术特点、产品和服务多样化、经济总额巨大的小型航空制造企业。与美国略有不同,这些小型航空制造企业往往作为大型航空制造企业的供应商,提供各种机载设备、零部件和飞机加改装方案。这些企业具备专业化的特点,在各自的领域具有独到的技术优势。与欧洲这种航空制造业的产业特点相适应,EASA 建立了涵盖飞机、旋翼机、航空发动机、螺旋桨、机载设备各个方面的审定规范(CS)和管理类 21 部。

与美国 FAA 独立颁布咨询通告不同,欧洲将类似咨询通告类型的法律文件作为规章的一部分列在规章中,称为可接受的符合性验证方法(AMC)和指导材料(guidance material,GM),作为对规章的解释,大量引用 EASA 可接受的工业界的各种标准,同样起到衔接作为国家法律的适航标准和作为航空工程技术成果的工业标准规范的作用。与 FAA 类似,EASA 同样颁发欧洲技术标准规定(European technical standard order,ETSO),作为机载设备的适航标准,大量引用 EASA 采纳的工业协会规范,起到将工业协会规范纳入适航法规体系的作用。

欧洲的适航法规体系除了上述技术覆盖面全的特点外,在管理思路上也充分体现了欧洲航空制造业的特点。作为适航规章的合格审定规范(CS)包括 CS P(螺旋桨),CS 25(大飞机),CS ETSO(欧洲技术标准规定),CS APU(辅助动力装置),CS AWO(全天气运行),CS E(发动机),CS 22(滑翔机和动力滑翔机),CS 23(正常类、实用类、特技类和通勤类飞机),CS 27(小旋翼机),CS 29(大旋翼机),CS VLR(甚轻型旋翼机),CS VLA(甚轻型飞机)。

4.1.2.2 中国适航法规体系

中华人民共和国民用航空器法规体系由民用航空法、行政法规、民航行业部门规章及行政规范性文件组成。其中,与民航适航相关的法律法规框架结构如图 4-5 所示。

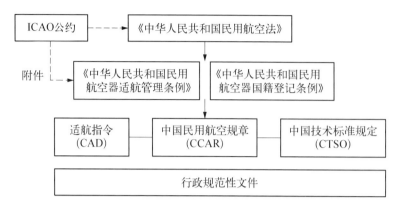

图 4-5　中华人民共和国民用航空器适航法律法规框架

民用航空器法规体系顶层法律为于 1995 年 10 月 30 日发布,自 1996 年 3 月 1 日起开始施行的《中华人民共和国民用航空法》(目前版本为 2021 年 4 月 29 日第六次修正版本)。《中华人民共和国民用航空法》(以下简称《航空法》)是为了维护国家的领空主权和民用航空权利,保障民用航空活动安全且有秩序地进行,保护民用航空活动当事人各方的合法权益,促进民用航空事业的发展而制定的法律,由全国人民代表大会及其常务委员会进行制定和修订。在制定与修订的过程中,《航空法》参考了国际民用航空组织(ICAO)公约,与国际接轨。《航空法》下辖 16 章共 215 条,其中,与适航管理相关的内容包括第二章"民用航空器国籍"(第五条与第九条)与第四章"民用航空器适航管理"(第三十四条~第三十八条)。

《航空法》第二章"民用航空器国籍"中,适航相关内容主要为第五条与第九条,原文如下。

第五条　本法所称民用航空器,是指除用于执行军事、海关、警察飞行任务外的航空器。

第九条　民用航空器不得具有双重国籍。未注销外国国籍的民用航空器不得在中华人民共和国申请国籍登记。

《航空法》第四章的五条内容均与适航相关,原文如下。

第三十四条　设计民用航空器及其发动机、螺旋桨和民用航空器上设备,应当向国务院民用航空主管部门申请领取型号合格证书。经审查合格的,发给型号合格证书。

第三十五条　生产、维修民用航空器及其发动机、螺旋桨和民用航空器上设备,应当向国务院民用航空主管部门申请领取生产许可证书、维修许可证书。经审查合格的,发给相应的证书。

　　第三十六条　外国制造人生产的任何型号的民用航空器及其发动机、螺旋桨和民用航空器上设备,首次进口中国的,该外国制造人应当向国务院民用航空主管部门申请领取型号认可证书。经审查合格的,发给型号认可证书。

　　已取得外国颁发的型号合格证书的民用航空器及其发动机、螺旋桨和民用航空器上设备,首次在中国境内生产的,该型号合格证书的持有人应当向国务院民用航空主管部门申请领取型号认可证书。经审查合格的,发给型号认可证书。

　　第三十七条　具有中华人民共和国国籍的民用航空器,应当持有国务院民用航空主管部门颁发的适航证书,方可飞行。

　　出口民用航空器及其发动机、螺旋桨和民用航空器上设备,制造人应当向国务院民用航空主管部门申请领取出口适航证书。经审查合格的,发给出口适航证书。

　　租用的外国民用航空器,应当经国务院民用航空主管部门对其原国籍登记国发给的适航证书审查认可或者另发适航证书,方可飞行。

　　民用航空器适航管理规定,由国务院制定。

　　第三十八条　民用航空器的所有人或者承租人应当按照适航证书规定的使用范围使用民用航空器,做好民用航空器的维修保养工作,保证民用航空器处于适航状态。

　　民用航空器法规体系的第二层为各个与民航相关的行政法规,这一层级的文件由最高国家机关即国务院制定,名称通常为条例、规定、办法、决定等。与适航相关的行政法规包括由《航空法》第二章与第四章引申出的相关管理条例。

　　《航空法》第二章内容引出的下位管理条例为《中华人民共和国民用航空器国籍登记条例》,条例目的为加强对国内民用航空器国籍的管理,保障民用航空活动安全,维护民用航空活动秩序。《中华人民共和国民用航空器国籍登记条例》的内容包括总则、国籍登记、国籍标志和登记标志、临时登记及附则,共 5 章 22 条。

　　《航空法》第四章内容引出的下位管理条例为《中华人民共和国民用航空器适航管理条例》,条例目的为保障民用航空安全,维护公众利益,促进民用航空事业的发展。条例对民用航空器适航管理的宗旨、性质、范围、权限、方法和处罚等做了明确的规定。《中华人民共和国民用航空器适航管理条例》内容共 29 条。

　　民用航空器法规体系的第三层为由中国民用航空局制定的中国民用航空规

章(CCAR)。中国民用航空局(CAAC)是中华人民共和国国务院主管民用航空事业的由部委管理的国家局,归交通运输部管理。

中国民用航空规章是指由中国民用航空局依据《中华人民共和国民用航空法》和国际民用航空公约制定和发布的关于民用航空活动各个方面的专业的、具有法律效力的行政管理法规。在中国境内从事民用航空活动的任何个人或单位都必须遵守其各项规定。规章覆盖了民用航空的各个方面,涉及航空器管理、参与民航活动的人员执照、机场管理、航行管理、航空营运、空中交通管理、搜寻救援、事故调查等。每一个部分都由中国民用航空局的有关专业部门拟定后,经局长签发后实施。为了与国际上的民航有关规定相协调,中国民用航空规章按国际通行的编号分为15篇共400部,具体目录如下。

第一篇　　行政程序规则(1～20部)。

第二篇　　航空器(21～59部)。

第三篇　　航空人员(60～70部)。

第四篇　　空域、导航设施、空中交通管理和一般运行规则(71～120部)。

第五篇　　民用航空企业合格审定和运行(121～139部)。

第六篇　　学校、非航空人员及其他单位的合格审定及运行(140～149部)。

第七篇　　民用机场建设和管理(150～179部)。

第八篇　　委任代表规则(180～189部)。

第九篇　　航空保险(190～199部)。

第十篇　　综合调控规则(201～250部)。

第十一篇　航空基金(251～270部)。

第十二篇　航空运输规则(271～325部)。

第十三篇　航空保安(326～355部)。

第十四篇　科技和计量标准(356～390部)。

第十五篇　航空器搜寻救援和事故调查(391～400部)。

目前,规章尚未全部完成,有待调整与完善。其中,与民用航空适航相关的规章共23部,整体架构如图4-6所示。

在适航规章总类下分适航审定规章16部,运行维修规章7部。

适航审定规章下分为管理要求6部,审定标准10部。管理要求部分可分为合格审定要求(CCAR-21《民用航空产品和零部件合格审定规定》),适航指令要求(CCAR-39《民用航空器适航指令规定》),航化航油要求(CCAR-53《民用航空用化学产品适航规定》、CCAR-55《民用航空油料适航规定》),国籍登记要

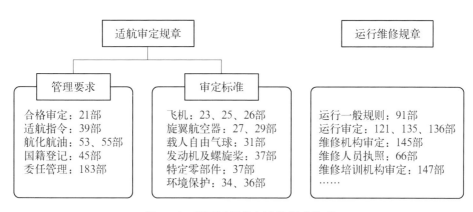

图 4 - 6 我国民用航空适航规章体系

求(CCAR - 45《民用航空器国籍登记规定》)与委任管理要求(CCAR - 183《民用航空飞行标准委任代表和委任单位代表管理规定》);审定标准部分可分为飞机审定标准(CCAR - 23《正常类飞机适航规定》、CCAR - 25《运输类飞机适航标准》、CCAR - 26《运输类飞机的持续适航和安全改进规定》),旋翼航空器审定标准(CCAR - 27《正常类旋翼航空器适航规定》、CCAR - 29《运输类旋翼航空器适航规定》),载人自由气球审定标准(CCAR - 31《载人自由气球适航规定》),发动机及螺旋桨审定标准(CCAR - 33《航空发动机适航规定》、CCAR - 35《螺旋桨适航标准》),特定零部件审定标准(CCAR - 37《民用航空材料、零部件和机载设备技术标准规定》)与环境保护审定标准(CCAR - 34《涡轮发动机飞机燃油排泄和排气排出物规定》、CCAR - 36《航空器型号和适航合格审定噪声规定》)。

运行维修规章共 7 部,分别负责规范运行一般规则(CCAR - 91《一般运行和飞行规则》),运行审定(CCAR - 121《大型飞机公共航空运输承运人运行合格审定规则》、CCAR - 135《小型商业运输和空中游览运营人运行合格审定规则》、CCAR - 136《特殊商业和私用大型航空器运营人运行合格审定规则》),维修机构审定(CCAR - 145《民用航空器维修单位合格审定规则》),维修人员执照(CCAR - 141《民用航空器驾驶员学校合格审定规则》)与维修培训机构审定(CCAR - 147《民用航空器维修培训机构合格审定规则》)。

鉴于本书主体讨论的对象为民用运输类飞机,因此本书正文中讨论的内容仅涉及 CCAR - 25《运输类飞机适航标准》中的相关要求。

民用航空器法规体系的最末端层级为行政规范性文件,是中国民用航空局各职能部门为落实法律、法规、民航局规章和政策的有关规定,在其职责范围内制定,经由中国民用航空局局长授权,由职能部门主任、司长、局长签署下发的有关民用航空管理方面的文件。2019 年以前,规范性文件包括管理程序(aviation procedure)、咨询通告(advisory circular,AC)、管理文件(management document,MD)、工作手册(working manual,WM)和信息通告(information bulletin,IB)五类。

2018—2019 年,国务院办公厅为规范各行政机关制定和发布"红头文件",先后发布了 3 份关于行政规范性文件及其合法性审核工作的文件。中国民用航空局为了落实国务院的上述工作要求,于 2019 年发布并施行了《民航局行政规范性文件合法性审核管理规定》(民航发〔2019〕38 号)和《民航地区管理局行政规范性文件备案管理规定》(民航发〔2019〕30 号)。

根据中国民用航空局发布的上述两份规定,在 2019 年及以后的时间中,行政规范性文件(administrative regulatory document,ARD)是指除国务院的行政法规、决定、命令以及部门规章外,由民航局依照法定权限、程序制定并公开发布,涉及公民、法人和其他组织权利义务,具有普遍约束力,在一定期限内反复适用的公文。

ARD 与老的五类部门规范性文件相比,主要有以下两方面差异:

(1) 制定和发布主体不同:部门规范性文件是由民航局各职能部门(如适航司)制定并发布,ARD 则是由民航局制定并发布。

(2) 适用场景不同:ARD 针对的是涉及公民、法人和其他组织的权利义务,具有普遍约束力,在一定期限内反复适用;而老的部门规范性文件对此没有特别限定,适用场景更广也更复杂。

2019 年 10 月 21 日,交通运输部发布了关于废止《中国民用航空总局职能部门规范性文件制定程序规定》的决定(交通运输部令 2019 年第 27 号)。这意味着从此以后,中国民用航空局各职能部门不再能制定和颁发新的部门规范性文件(AP、AC、MD、WM、IB)。虽然现行的各类文件仍然有效,但一旦需要修订,则必须对其性质进行判定,适用于 ARD 的必须严格按照相关规定进行合法性审查和修订,不适用的则需改用其他文件形式发布。

由于民航行政规范性文件属指导性质,无法律效力且较为繁杂,因此在本书中不做详细分析。

4.1.2.3　ICAO 附件 8

为了确保航空安全,航空器的设计、构造和运行必须符合航空器登记国的有关适航要求,并通过适航当局颁发的适航证书来证明该飞机适于飞行。

为了方便飞机的进出口，以及飞机的租赁、包租、交换与国际航线的运行，《国际民用航空公约》第 33 条规定，注册国有责任承认另一公约缔约国签发的适航证书并确保其有效，但签发或使其有效所依据的适航要求必须等于或高于 ICAO 根据《国际民用航空公约》不时制定的最低标准。这些最低标准载于《国际民用航空公约》附件 8"航空器适航性"，该附件第 1 版由理事会在 1949 年 3 月 1 日通过，目前更新至第 13 版(2022 年 7 月)。

附件 8 包括一系列广泛的标准，供国家适航当局使用。这些标准就它国航空器进入或越过其领土的飞行，规定了国家承认适航证的最低基础，因而除其他事项外还达到了保护其他航空器、第三者和财产的目的。附件承认 ICAO 的标准不应取代国家规定，而且国家适航性规定是必需的，其中应包含个别国家认为必要的、范围广泛且详尽的细节，作为其审定每架航空器的适航性基础。每个国家可自由地制定本国综合且详尽的适航规定，或选择、采用或接受另一缔约国所制定的综合且详尽的规定。

要求国家规定保持的适航水平体现在附件 8 广泛的标准之中，必要时还有 ICAO《适航技术手册》(Doc 9760 号文件)中所提供的指导材料的补充。附件 8 分为 4 个部分。第 1 部分是定义，第 2 部分是航空器合格审定程序和持续适航，第 3 部分是新设计的大型固定翼飞机设计合格审定的技术要求，第 4 部分是直升机。

第 1 部分对航空器的适航标准中使用的术语进行定义，如飞机、航空器、预期运行条件等。预期运行条件是指考虑到航空器所适宜的运行，从经验中获知的，或在航空器的使用寿命期间合理想象会发生的条件。所考虑的条件与气象状况、地面形状、航空器工作情况、人员效率和影响飞行安全的所有因素相关。预期运行条件不包括可以由操作程序有效避免的和极少发生的极端条件，以致要求在这种极端条件下符合标准将使适航标准高于经验实证为必要和实际可行的标准。

第 2 部分对航空器的合格审定程序和持续适航进行规定。型号合格审定部分详细描述了型号合格审定的过程，即从航空器的设计、生产到测试的全过程，以确保其符合 ICAO 的适航标准。持续适航部分还规定了在航空器获得型号合格审定后，如何确保航空器在其整个使用寿命期间保持适航状态的要求，包括定期检查、维护和修理的程序和标准。根据航空器持续适航性的规定，当登记国第一次将设计国认证的某一型号航空器在本国登记时，必须通知设计国。这样是为了使设计国将其认为是航空器持续适航和安全运行所需的所有普遍适用的信息传递给登记国。登记国也必须向设计国传送该国所有的持续适航性信息，以便在必要时传送给得知其登记册中有相同型号航空器的其他缔约国。

第 3 部分专门针对新设计的大型固定翼飞机，详细规定了其设计必须满足的技术要求。这些要求包括但不限于结构完整性、性能要求、飞行控制系统、发动机和螺旋桨系统等。除了技术要求外，本部分还描述了针对这些大型固定翼飞机设计合格审定的具体程序和标准。

第 4 部分专门针对直升机，规定了其设计必须满足的技术要求。由于直升机的特殊结构（如旋翼、尾桨等），这些要求与大型固定翼飞机有所不同。除了技术要求外，本部分还描述了针对直升机设计合格审定的具体程序和标准。

4.1.3　其他指导材料

4.1.3.1　AC/AMC

一些法规可以用不同的方式解释。这就是为什么由适航管理当局为相关法规的解释而颁布咨询材料，或在某些情况下，建议适当的程序来实现对这一法规的符合性验证。

FAA 出版咨询通告（AC）作为独立于标准的文件，是适航部门向公众公开的、对适航管理工作的政策，以及某些具有普遍性的技术问题的解释性、说明性和推荐性文件和指定性文件。由民航总局适航审定司司长批准并发布。AC 不是强制执行的，其制定是为了解决适航管理工作中一些普遍性的技术问题，并向公众公布适航部门可以接受的处理方法。

JAA 与 EASE 则在 JAA/EASA 标准的后面包含了类似的文件——联合咨询通告（advisory circular-joint，ACJ），即可接受的符合性验证方法和解释。ACJ 提供了一种方法，但并不是唯一的方法，用于满足规章要求。ACJ 的编号系统所采用的编号和与之相关的 JAR 章节的编号是相同的。通过相同的方法，EASA 的合格审定规范（CS）也包含了可接受的符合性验证方法（AMC），具有与 ACJ 同样的含义。对于 EASA 的实施细则（IR），如 21 部、M 部、145 部等，文件中包含了已颁布的可接受的 AMC 和指导材料（GM）。AMC 包括了已经定义的适航规章的含义，而 GM 帮助说明规范或要求的含义。

4.1.3.2　TSO/CTSO

技术标准规定（TSO）是民航管理当局颁布的民用航空器上所用特定零部件的最低性能标准（minimum operational performance standards，MOPS）。TSO 适用的对象通常是一些较为通用的民用航空机载设备，但由于此类标准仅从航空器飞行安全的角度规定了这些特定设备的必要功能和最低性能标准,并不涵盖所有的设计要求。因此,不同的制造商按照同一 TSO 研制、取证的设备往往并不相同,这也是 TSO 类设备与大多数标准件的重要区别之一。

各国局方大多颁发各自的 TSO 或类似的技术标准,如 FAA 颁发的 TSO、CAAC 颁发的中国技术标准规定(China technical standard order,CTSO)、EASA 颁发的 ETSO 等。

就美国的情况而言,TSO 是由 FAA 定义的用于评估材料、部件、组件、流程或设备等物品的最低性能标准。每个 TSO 都涵盖某一类物品。根据 TSO 标准生产的授权被称为 TSO 授权(technical standard order approvals,TSOA)。获得 TSO 授权既是设计批准,也是生产批准。但是,TSOA 并不意味着批准在飞机上安装和使用该产品,仅代表该产品符合特定的 TSO 标准,且申请人已获得生产该产品的授权。只有在证明该产品符合特定飞机型号的具体适航要求(取证依据)后,才能将其安装在飞机上。换句话说,获得 TSO 授权意味着产品满足最低性能要求,与产品在飞机上的预期安装无关。在飞机上安装产品需要获得 FAA 的单独批准。

例如,TSO - C148 是飞机机械紧固件的性能标准,由紧固件制造商用于定义其专有设计的性能,即其他性能标准未涵盖的设计,如军用标准(military standard,MS)、国家航空航天标准(national aerospace standards,NAS)等。TSO - C148 由以下内容组成:

(1)目的。本 TSO 规定了飞机机械紧固件必须满足的最低性能标准,以识别适用的 TSO 标记。本 TSO 适用于专有设计的紧固件。

(2)适用性。本 TSO 适用于 TSO - C148 附录1"飞机机械紧固件性能测试要求"中描述的机械紧固件类型,用于飞机产品制造和维护中的拉伸和/或剪切应用。

(3)要求。在本 TSO 发布之日或之后生产的飞机机械紧固件,必须符合制造商在申请 TSO 授权时提交的零件图和适用零件规范中规定的最低性能标准。

a. 测试要求。必须按照 TSO - C148 附录1规定的测试程序,完成零件图和适用零件规格中规定的各项性能测试,以证明所要求的性能。

b. 偏离。如在申请临时停产时说明并根据 FAR 21.609 获得批准,则可使用同等安全水平的替代测试程序。

目前,各国的 TSO 类标准以等效转化 FAA 的 TSO 为主,此类 TSO 编号通常与 FAA 的 TSO 保持一致,可能存在版本差异。例如,CAAC、EASA 针对

"旋翼航空器、运输类飞机和小飞机座椅系统"分别颁发的 CTSO - C127b、ETSO - C127b,均与 FAA 的 TSO - C127b 等效。

此外,各国也可自主颁发 TSO 类标准,通常适用于 FAA 未针对某类设备颁发 TSO,或拟颁发的标准与对应的 FAA 的 TSO 存在本质差异的情况。例如,CAAC 针对我国所特有的北斗卫星导航系统颁发有 CTSO - 2C604a "仅用作航空器追踪的北斗卫星导航系统(BDS)机载设备",美欧则并无对应的 TSO 类标准。

4.1.3.3 SAE 标准

美国自动机工程师学会(Society of Automotive Engineers,SAE)是对美国及世界汽车工业(包括航空和海洋)有重要影响的学术团体,也是世界上汽车、海洋和航空/航天运输机械技术信息的资源之一。SAE 每年都推出大量的标准资料、技术报告、参数(工具)书籍和特别出版物,建有庞大的数据库。SAE 成立于 1902 年,当时的名称为美国汽车工程师协会。在 20 世纪初期至 90 年代,该协会逐渐合并美国航空工程师协会(ASAE)和拖拉机工程师协会(STE)、全国内燃机与船舶制造商协会(NAEBM)和全国燃气轮机协会(NGEA)等,于 1917 年正式定名为美国自动机工程师学会。SAE 最受认可的国际性航空航天标准文件包括航空航天标准(aerospace standard,AS)、航空航天材料规范(aerospace material specification,AMS)与航空航天推荐实践(aerospace recommended practice,ARP)等。其中,AS 是以国际标准组织(International Organization for Standardization,ISO)标准文件为基础,增加了行业的特殊要求,专门制定的质量保证模式;AMS 是由 SAE 下属的航空航天材料委员会制定的材料标准;ARP 是由 SAE 制定的,为飞机开发、运营和维护的各个方面提供最佳实践的指南。

在 SAE 所公布的文件中,有部分在航空领域被广泛使用,如 SAE ARP 4754A。

在 20 世纪 90 年代初,FAA 请求 SAE 制定一份指南,用于定义飞机系统级信息适当的特征和范围,以证明高度集成或复杂航空电子系统对适航规章的符合性,即后来的 SAE ARP 4754《高度集成或复杂飞机系统的合格审定考虑》。随着 ARP 4754 的使用越来越多,工业界对其部分内容的解读和应用产生了分歧,因此 SAE 进行了修订升版并更改了文件名称,这就是 ARP 4754A《民用飞机和系统开发指南》。

ARP 4754A 主要论述了实现飞机功能的系统和整机的研制周期过程与活动。在航空工业领域,ARP 4754A 不仅是飞机及其系统工程研制和验证的指南,也是适航当局认可的用于表明飞机及系统对适航标准符合性的符合性验证方法(means of compliance,MC)。

目前,国外多家主流飞机及系统制造商均已采用 ARP 4754A 定义的研制保证过程技术,并通过制订与落实相应的研制流程要求,来消除或减少研制过程中可能产生的差错。FAA 和 EASA 分别发布的 AC 25.1309-1 ARSENAL(Draft)和 AMC 25.1309 均表明,研制保证过程技术增强了识别和纠正研发差错的信心。2011 年,FAA 通过 AC 20-174 认可了工业标准 SAE ARP 4754A 作为民用飞机和系统研制保证过程可接受的指导方法。

目前,CAAC 虽然没有对 25.1309 发布相关咨询材料,但在复杂集成系统表明对 25.1309(b)的符合性认识和要求上,与 FAA 保持一致,且在 C919 大型客机项目的审查过程中,通过问题纪要(M-7)的形式,认可了 ARP 4754A 作为 C919 执行研制保证活动的指导材料。

除去为飞机开发、运营和维护的各个方面提供最佳实践指南的 ARP 文件外,SAE 同样公布了大量为确保产品质量的航空航天标准(AS)与航空航天材料规范(AMS)文件。

例如,AS9100《航空航天工业系统质量管理体系》是一份在 ISO 9001 质量体系要求基础上开发的航空航天标准,其中加入了航空航天行业所建立的有关质量体系的附件要求,以满足美国国防部(DOD)、NASA 以及 FAA 等监管机构的质量要求。此标准旨在为航空航天行业建立统一的质量管理体系要求。

4.1.3.4 RTCA 标准

美国航空无线电委员会(Radio Technical Commission for Aeronautics,RTCA)是一个非营利性行业协会,针对各种航空电子设备制定相关的技术标准及适航标准。RTCA 标准是美国机载设备技术规定的主要参考源,被 FAA、ICAO 等世界主要航空业组织广泛采用。RTCA 公布的文件涉及范围很广,包括机载设备的系统设计、运行标准、测试程序等。

举例来说,RTCA 公布的 DO-178《机载系统设备合格审定中的软件考虑》是航空航天领域的工业软件最为关键也是最具影响力的安全准则。DO-178 是一项国际通行的适航认证标准,主要关于机载系统和设备所使用的任务关键型软件的安全性。尽管 DO-178 只是一项指南而非规章,仍具有极其重要的地位,FAA 就将 DO-178 作为判断软件在机载环境中是否安全可靠的指南,即机载软件适航认证的标准依据(见图 4-7)。

DO-178 根据软件故障将乘客、机组人员和飞机的潜在影响分为 A(最严

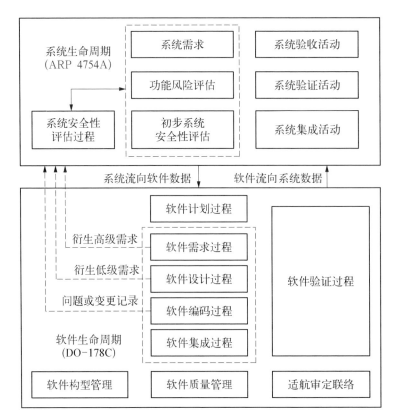

图 4-7　软件生命周期过程和系统生命周期之间信息流

重)～E(最不严重)5 个级别,提供软件开发、确认和验证的系统流程,包括需求、设计、编码和测试。

A 级(灾难性):故障使飞机安全飞行和着陆所需的关键功能失效,可能导致飞机坠毁,无法继续安全飞行。

B 级(危险/严重):故障会影响飞机的安全性和性能,降低机组人员克服不利操纵状态的能力,造成乘客的严重伤害。

C 级(较重):故障的影响仍然明显,但比 B 级带来的影响小,为机组带来明显的工作量增加,安全系数降低。

D 级(较轻):故障相较 C 级更轻,但仍会给乘客带来不便或改变常规飞行计划。

E 级(无影响):故障完全不影响飞机运行能力,对机组工作量没有影响。

通常来说,A～E 级所对应的特定应用软件开发工作量层层递减,但关于低级别向高级别转移成本的可靠数据较少。现有的少量数据表明,单一层级跃升所增加的开发成本为 75%~150%,主要原因在于更高等级所要达到的目标会越来越多。

DO‑178 级别认定通常分为 5 个过程,每个过程都需要输出一组预期文档。

(1) 软件规划阶段:输出软件开发计划(software development plan,SDP)。

(2) 软件发展阶段:输出软件需求数据(software requirements data,SRD)、软件设计描述(software design description,SDD)、源代码和可执行目标代码。

(3) 软件认证阶段:输出软件验证案例和程序(software verification cases and procedures,SVCP),以及软件验证结果(software verification results,SVR),并对所有要求、设计和代码进行审查。

(4) 配置管理阶段:输出软件配置索引(software configuration index,SCI)和软件生命周期环境配置索引(software life cycle environment configuration index,SECI)。

(5) 质量保证阶段:输出软件质量保证记录(software quality assurance records,SQAR)、软件符合性审查(software conformity review,SCR)和软件实施概要(software accomplishment summary,SAS)。

除软件准则外,RTCA 同样公布了大量与机载硬件设备相关的文件,如 DO‑160。DO‑160 是由 RTCA 的 135 分会(SC‑135)制定、RTCA 计划管理委员会(PMC)批准发布的文件。DO‑160 为机载设备定义了一系列最低性能环境试验条件(类别)和相应的试验方法,目的是为在使用过程中会遇到的典型环境条件下的性能特性提供实验室方法。

DO‑160 包括 26 个部分和 3 个附件。其中,可靠性项目包括温度、低气压、高度、振动、沙尘、防水、盐雾;电磁兼容项目包括感应信号敏感度、辐射敏感度、电压峰值、电源输入、射频敏感度、雷击和静电放电等测试内容,其中第 22 节为"雷电感应瞬变敏感度",第 23 节为"雷电直接效应",这两类测试是 DO‑160 的特色内容,充分考虑了实际工作中雷电环境对航空飞行器的影响。

DO‑160 涵盖了航空电气电子设备(航空电子学)的标准测试步骤和环境测试标准,适用对象包括所有的航空飞行器,从轻型到重型,从小型到大型,如小型通用航空器、商业喷气式飞机、直升机、区域喷气式飞机和巨型喷气式飞机。它提供了一整套实验室测试方法以判定被测对象在模拟的环境条件下是否满足规定的性能指标要求。

4.2　CCAR - 25 中与驾驶舱人为因素相关的条款解析

4.2.1　与驾驶舱人为因素相关的适航条款

CCAR - 25 适航规章中与人为因素相关的适航条款大致可以分为三类。

（1）一般要求，条款包括 25.771(a)、(e)，25.773(a)，25.777(a)、(c)，25.1301(a)，25.1309(c)，25.1321(a)，25.1523，25.1543(b)。

（2）特定要求，条款包括 25.785(g)、(l)，25.1141(a)，25.1357(d)，25.1381(a)(2)。

（3）飞行机组人机界面要求，条款包括 25.773(b)(2)，25.1322。

以上这些条款分布在 CCAR - 25 的不同分部中，并最终通过 25.1523 条"最小飞行机组"集中体现。AC 1523 - 1 指出："25 部中没有专门的条款强调人为因素问题，所有这些问题都趋向于对最小飞行机组的评估。"也就是说，目前在 CCAR - 25 中并没有对人为因素进行专项要求，而仅是通过验证对 25.1523 条的符合性来间接表明人为因素的符合性。

4.2.2　条款解析

4.2.2.1　CCAR - 25.771(a)、(e)

1）条款原文

第 25.771 条　驾驶舱

（a）驾驶舱及其设备必须能使（按第 25.1523 条规定的）最小飞行机组在执行职责时不致过份专注或疲劳。

（e）驾驶舱设备的振动和噪声特性不得影响飞机的安全运行。

2）条款解析

25.771(a)款是对驾驶舱设计的总要求，即在设计驾驶舱时，除考虑功能性外，还应充分考虑人体的生理机能和各种习惯。其中，提到的"不致过份专注"是指飞机的仪表或者设备的设计分布，使驾驶员对某些仪表设备分配了过多的注意力，因此减弱了对飞机的情景意识，在某些情况下对飞机的安全运行有潜在的威胁。

25.771(e)款为对驾驶舱的噪声和振动要求。驾驶舱设计应使设备的振动和噪声特性不影响飞机的安全运行，噪声不应超过可接受的水平，振动水平在评价时应当是可接受的。

3) 符合性方法

25.771(a)款的符合性需要根据 25 部运输类飞机要求来做机组工作负荷分析,对飞行手册中飞机使用限制里的最小飞行机组进行工作负荷的评定。工作负荷包括身体和精神上的实际负荷和感知到的负荷,包括以下因素:压力、疲劳紧张和精神上的负荷;全神贯注和心理错误对剩余精力的影响。工作负荷会对任务和情景意识产生影响,若超出负荷范围,则无法处理接受;但过低的工作负荷会造成无聊厌倦,注意力不集中,典型的如自动设备引起的巡航阶段低工作负荷。先前的研究表明,人在中等工作负荷时最可靠,而持续稳定的工作负荷很重要。工作负荷可以在高仿真模拟器或者真实飞机上,根据所需的运行环境,选择情景条件来模拟包括系统失效可能造成高工作负荷在内的场景。一般用主观的比较方法来评定工作负荷,应事先制订好问卷调查和打分标准。主观评判的技巧是要先进行基本任务假设,通过从指定任务的完成和确定的评判准则观察任务完成情况并记录,从次要任务的完成、可达性和易操作性等方面,对驾驶员的能力表现进行评价;采集部分操控飞行数据,以及驾驶员部分生理数据,如心跳、眨眼次数、流汗和动态心电图等;采用口头评语或者数字等级评估使表现进程与评价一起进行;最后,由局方组织飞后讲评和问卷调查。

25.771(e)款的符合性一般采用飞行试验的方法来表明。在整个飞行试验期间,应监测驾驶舱设备的噪声和振动特性,测出振动和噪声水平,并做记录,且需做出飞行员评价。

4.2.2.2　CCAR - 25.773(a)、(b)(2)

1) 条款原文

第 25.773 条　驾驶舱视界

(a) **无降水情况**　对于无降水情况,采用下列规定:

(1) 驾驶舱的布局必须给驾驶员以足够宽阔、清晰和不失真的视界,使其能在飞机使用限制内安全地完成任何机动动作,包括滑行、起飞、进场和着陆。

(2) 驾驶舱不得有影响(按 25.1523 条规定的)最小飞行机组完成正常职责的眩光和反射,必须在无降水情况下通过昼和夜间飞行试验表明满足上述要求。

(b) **降水情况**　对于降水情况,采用下列规定:

(2) 正驾驶员必须有:

(i) 当座舱不增压时,在本条(b)(1)规定条件下能打开的窗户,提供该项所规定的视界,又能给予驾驶员足够的保护,防止风雨影响其观察能力;

(ii) 在本条(b)(1)规定条件下考虑遭到严重冰雹可能造成的损伤,保持清晰视界的其它手段。

2）条款解析

25.773(a)(1)项是在无降水情况下对驾驶舱视界的要求。为了安全，飞行员需要直接看到机外的情况，特别是飞机起飞、着陆和留空等待时，在飞行员前方和侧方一定高度范围内需要"足够宽阔、清晰和不失真的视界"，是指：

（1）垂直基准面向左 40°处，向前上方与水平基准面夹角 35°，在向右 20°处按线性关系减小到 15°。

（2）从垂直基准面向左 30°到向右 10°，向前下方与水平基准面夹角 17°，在向右 20°处按线性关系减小到 10°。

（3）从垂直基准面向左 40°到向左 80°之间，向前上方与水平基准面夹角 35°，在向左 120°处按线性关系减小到 15°。

（4）从垂直基准面向左 30°处，向前下方与水平基准面夹角 17°，在向左 70°处按线性关系增加到 27°。

（5）从垂直基准面向左 70°到向左 95°之间，向前下方与水平基准面夹角 27°，在向左 120°处按线性关系减小到 15°。

视界关系如图 4-8 所示。图 4-8 中定义的视界范围仅适用于左侧驾驶员。对于右侧驾驶员，图 4-8 中的左右尺寸相反。

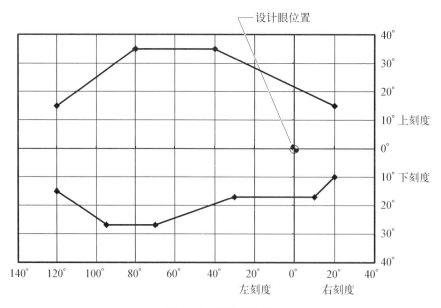

图 4-8　驾驶舱视界

25.773(a)(2)项要求避免飞行员受到眩光和反射的影响。

3）符合性方法

对于 25.773(a)款和 25.773(b)款，进行地面试验。在真实和模拟阵雨条件下，检查风挡雨刷和驾驶舱视界；进行无降水和降水条件下的飞行试验，验证驾驶舱视界。

4.2.2.3　CCAR – 25.777(a)、(c)

1）条款原文

第 25.777 条　驾驶舱操纵器件

（a）驾驶舱每个操纵器件的位置必须保证操作方便并防止混淆和勿动。

（c）操纵器件相对于驾驶员座椅的位置和布局，必须使任何身高 158 厘米（5 英尺 2 英寸）至 190 厘米（6 英尺 3 英寸）的（按第 25.1523 条规定的）最小飞行机组成员就座并系紧安全带和肩带（如果装有）时，每个操纵器件可无阻挡地作全行程运动，而不受驾驶舱结构或最小飞行机组成员衣着的干扰。

2）条款解析

25.777(a)款说明驾驶舱操纵器件布局的总要求应保证操作方便，防止混淆和误动作。发动机操纵器件、襟翼和其他辅助升力装置的操纵器件及起落架操纵器件应满足本条(d)(e)(f)款的布置要求；操纵手柄的设计应满足本条(g)款的要求；可设计止动块、卡槽和制动件，防止误操作；操纵器件的设计应使其无论在白天或夜晚工作时，都容易识别，并能提供清晰的状态显示。

如果在起飞、加速、停止、中断着陆和着陆期间由一个驾驶员来操作操纵器件，而这些操纵的动作顺序安排又要求驾驶员在上述机动飞行期间改换握持操纵杆的手，则这些顺序不应要求换手过快，以免使飞机的操纵性受到不利的影响。

25.777(c)款指出发动机操纵器件、襟翼和其他辅助升力装置的操纵器件及起落架操纵器件可以无阻挡地做全行程运动。无阻挡地做全行程运动是指在滑行起飞到落地各种姿态下，能够正常开关各按键或调整各手柄到各个设定位置。

3）符合性方法

针对 25.777(c)款的符合性，进行地面和飞行试验评估，应主要考虑飞机操控中的人为因素和操纵系统之间的交互影响。飞机驾驶舱或者模拟舱初步调查包括熟悉驾驶舱，应穿着较厚的飞行服装、靴子，在座位上时需要系好肩带和安全带。审查过程中按系统分类或驾驶舱方位顺序，对其设计逻辑合理性进行系统性的评价；执行相应的检查单，观察运行中对驾驶舱操纵部件的可达性与方便性。如果控制手柄有误操作的可能性,则看是否有在其上加上保护装置。在任意时候对飞机和飞机系统都应有足够的操作能力,以保证飞机安全有效地运行。评审人员应满足其目标操作人员数据库中所能代表的比例。常见的是丈量人体后利用高斯(Gaussian)分布得到相应评审人员在此分布中的百分位数,以便了解驾驶舱评审人员在相应目标数据库中的代表性,需要考虑的其他因素还有体重、坐高、手臂可达距离、大腿长度、腿长等。

评审过程中观察记录飞机在与其运行任务相关的范畴内,控制组件是否能够完成任务;系统的显示信息是否足够,机组环境是否适宜。收集以上数据和事实后,进行评估和讨论,包括背景分析和法规的要求,决定是否需要可能的实际飞行测试,最后提出建议并提交结论报告。应尽量在飞机设计的早期阶段介入,进行驾驶舱审查。

4.2.2.4　CCAR - 25.785(g)、(l)

1) 条款原文

第 25.785 条　座椅、卧铺、安全带和肩带

(g) 驾驶舱工作位置的每个座椅必须设有带单点脱扣装置的安全带和肩带组合式约束系统,使驾驶舱内成员就座并系紧安全带—肩带后能执行该乘员在驾驶舱内所有必要的职责。必须有措施在每个组合约束系统不使用时将其固定,以免妨碍对飞机的操作和在应急情况下的迅速撤离。

(l) 必须表明由中国民用航空局有关营运规定要求的每个向前观察员座椅适用于进行必要的航路检查。

2) 条款解析

25.785(g)款是驾驶舱座椅上必须配置的约束系统既能保证机组人员的安全,又能保证他们可以执行所有的飞行操作。

25.785(l)款所指的"航路检查"可查阅中国民航运行规章的相关规定,或者参考 FAA Order 8000.75B《有关航空安全检查员的航路检查程序的规定》,其中包括检查活动的内容。

3) 符合性方法

25.785(g)款一般通过机上地面检查、驾驶舱机组评定来说明机组座椅满足要求。

4.2.2.5　CCAR - 25.1141(a)

1) 条款原文

第 25.1141 条　动力装置的操纵器件:总则

动力装置操纵器件的位置、排列和设计，必须符合第25.777至25.781条的规定，并按第25.1555条的要求作标记。此外，还必须满足下列要求：

（a）操纵器件的位置必须保证不会由于人员进出驾驶舱或在驾驶舱内正常活动而使其误动。

2）条款解析

25.1141(a)款要求动力装置操纵器件的设计和布置应能防止其位置被意外移动，其防护措施一般设有卡锁、挡块，其次还有限动槽等结构形式，保证操纵器件的位置不会因人员进出驾驶舱或在驾驶舱内正常活动而使其误动。

评估至少应在全尺寸模型上进行。

应考虑如下问题：飞行员所能达到的动力装置操纵器件周围的区域；并且，在飞行员进出和巡航状态下，其手脚自然放置的位置。

4.2.2.6　CCAR-25.1301(a)

1）条款原文

第25.1301条　功能和安装

（a）所安装的每项设备必须符合下列要求：

（1）其种类和设计与预定功能相适应；

（2）用标牌标明其名称、功能或使用限制，或这些要素的适用的组合；

（3）按对该设备规定的限制进行安装；

（4）在安装后功能正常。

2）条款解析

25.1301(a)款是对安装在飞机上的每个系统和设备为满足飞机在规定条件下营运时应具有的性能要求。

(a)(1)项中"种类和设计与预定的功能相适应"实际上是要求机上所有安装的设备必须经过批准；并且，这类批准的依据必须是设备的功能、设计和相应的类别。

(a)(2)项中要求装于机上的各设备和组件上应有标牌，标牌上应标有下述内容，或这些内容适用的组合：

（1）正确反映其功能的设备名称。

（2）与设计图纸一致的设备型号（部件号）。

（3）适用的环境条件类别（使用限制）：制造商、设备合格审定依据（如TSO号）、设备序号。

设备安装后，其标牌应清晰可见，以便于日常维护工作。在配有相应的机上构型管理系统的情况下,可以接受不易丢失的电子介质保存此类标签。为区别各个导管的功能而做标记时,所做标记应当使维护人员发生混淆的可能性减至最小,仅采用颜色标记是不可接受的。如果能采用字母和/或数字符号标记并配有相应的参照标准图样,且能避免符号与功能之间的任何联系,那么这种标记方法就可以接受。1987 年颁布的 ISO12 标准第 2 版中的方法可以作为一种可接受的标记方法。

(a)(3)项考虑的是设计批准时可能根据设计的某些技术因素提出安装限制要求,如安装位置的要求、温度和环境的要求等。这类要求通常来自两类假设:设备设计过程中假定的运行环境,并且根据这类假定的运行环境所进行的环境试验;设备设计过程中设定的供电、信号等与其他设备和接口的匹配情况。

(a)(4)项要求系统在机上安装后功能正常,这不仅与系统本身有关,而且与系统的安装设计、安装施工等密切相关,还与机上和该系统交联的系统及设备有关。因此,必须确保和验证系统机上安装后的功能正常。

25.1301(a)款对应的人为因素相关考虑如下。

(1) 主要的飞行信息和动力信息等通用信息是否安排在仪表板的固定位置? 电子显示器里重复出现的控制或指示功能是否在一致的可重复的位置? 驾驶舱要满足人机界面交互设计可用性的标准,即从效率性、易学性、记忆性、容错性和满意度这几方面来考虑人机界面的设计。其中,界面的协调一致能够减少短时记忆的负担和反应时间。

(2) 当用窗口显示信息时,窗口内和窗口外的信息之间的分离是否充分,是否能避免任何干扰或无意中的误操作? 弹出式的信息是否模糊了主要信息? 如果同时弹出几个窗口,系统如何排列显示它们? 窗口应有固定的尺寸和位置,如果窗口之间的信息造成干扰的后果不严重,并且能够容易地纠正错误,那么必须全面评估减少错误的可能性。必须证明分时显示的信息是不必要连续显示的,即分时显示不会造成对飞行安全性的影响。如果弹出的窗口模糊了部分信息,申请人应表明被模糊的信息与当前飞行机组的任务不相关或不必要,且不会造成误解。

(3) 如果电子显示控制装置失效,会不会对飞机造成不可接受的运行中断? 控制装置的冗余设计对飞机的失效模式是非常重要的。申请人应证明当发生失效时,设备和系统必须被设计或有足够的信息,以确保其中一个飞行员在没有额外的机组人员行动时,能够对飞机的空速、高度、航向和姿态进行控制。

3) 符合性方法

本条款是 CCAR - 25 F 分部的通用性条款,原则上只适用于本分部所属各系统。对于其他分部所属系统,凡没有其他可适用条款对其提出类似要求时,本条款也适用。本条款不适用于 B、C 分部的性能、飞行特性、结构载荷和强度等要求,但却适用于这两分部内要求符合 25.1301 条为基础的任何系统,如应当适用于符合 25.207 条要求的失速警告装置。

本条款涉及所有装机的系统和设备,覆盖面广。25.1301(a)款的符合性一般可以通过系统描述、模拟器评估和试飞来表明,也可以根据各系统的实际适用情况,分别采用设计符合性说明、分析和计算、系统安全分析、实验室试验、机上检查、模拟器试验等验证方法来表明。

许多方法可以用来表明要求中关于人为因素的符合性。例如,在假设其他因素,如操作环境的改变不影响经验的相关性的情况下,运营经验可能是一个评估系统人机界面可用性的有效方法。系统描述可用于定义系统的预定功能,如显示器上每条数据的预定功能。各种需求分析技术可用于表明飞行员执行关键任务的信息是可用的、有用的和及时的。模拟可用于证实在真实场景中,经过良好训练的飞行员利用设计提供的操纵器件和显示器能够圆满地完成所有必需的任务。最后,飞行测试可用来评估在特定运行场景中,系统是否根据标明的预定功能,为飞行任务提供充分的支持。

4.2.2.7　CCAR - 25.1309(c)

1) 条款原文

第 25.1309 条　设备、系统及安装

(c) 必须提供警告信息,向机组指出系统的不安全工作情况并能使机组采取适当的纠正动作。系统、控制器件和有关的监控与警告装置的设计必须尽量减少可能增加危险的机组失误。

2) 条款解析

25.1309(c)款对系统监控、失效警告和机组人员适当纠正动作的能力提出一般要求。要求提供警告信息,向飞行机组告诫系统不安全的工作情况,对于下述事件,要求有警告。

该事件是其任何潜在灾难性后果的一部分;该事件与其他任何潜在继发失效事件和先前事件结合会导致灾难性失效状态,且是在飞行机组差错之前发生的失效事件。

警告的目的是为飞行机组提供时间或机会去采取适当的纠正动作,在时间

上或影响程度上减少发生其他潜在继发灾难性失效事件或机组差错的可能性。

系统、控制器件和有关监控警告装置的设计必须尽量减少可能产生附加危险的飞行机组人员的差错,设计应该定性地表明这一符合性。

通常,由一个装置的单一失效模式产生的失效状态不能认为是极不可能发生的。做出这种评估时,应该考虑到所有可能的和有关的情况,包括该装置的所有有关属性。潜在的失效是其发生时固有的、未检测出来的一种失效。重大的潜在失效是当它和一个或多个其他失效或事件组合时产生的一个危险失效状态。使用经验表明,尚未产生过的失效模式可能很广泛,但决不会充分表现出来。因而,如果一个灾难性失效模式会在没有任何预先提示的情况下失效,则使用监控和警告系统是一种在目前的技术水平条件下切实可行的措施。一个可靠的失效监控和警告系统既不会在应当告警时未发出告警,也不会在不应有告警时发出误告警(误告警有时可能比没有告警装置或极少发生的漏告警更危险)。

3) 符合性方法

25.1309(c)款要求有关不安全系统运行条件的信息必须提供给机组,使得他们可以采取适当的纠正动作。25.1309(c)款要求如果需要紧急的纠正动作,则必须提供告警指示。25.1309(c)款还要求,系统和操纵器件,包括指示和告警,必须设计成可以将造成附加危险的机组差错降至最小。

(1) 所需信息依赖于识别的紧急程度,以及机组采取的纠正动作。信息应有如下形式:

a. 告警,如果需要飞行员立即识别,并采取纠正或补偿动作。

b. 戒备,如果需要机组立即感知,并需采取后续的机组动作。

c. 提示,如果需要机组感知,并可能需要采取后续的机组动作。

d. 其他情况下提供信息。

(2) 当由系统提供失效监控和提示时,其可靠性应与提供指示的和系统功能相关的安全目标相兼容。例如,如果发生某个失效的影响加上不对该失效进行告警是灾难的,则该失效及告警失效的组合必须是极不可能发生的。另外,不期望的工作(如误告警)也应得到评估。失效监控和指示应是可靠的、在技术上可行的,且是经济实际的。可靠的失效监控和指示应使用与当前技术发展水平相当的技术,最大化检测和指示真实失效的概率;同时,最小化错误检测和指示不存在失效的概率。任意指示应是及时的、明显的、清楚的和不被混淆的。

(3) 在飞机条件要求紧急机组动作的情况下,如果不能通过内在飞机特性来提供告警,则应提供给机组合适的告警指示。这两种情况的任一种情况下,告警应在潜在灾难序列中的某一点被触发和发生,该点应使得飞机能力和机组能力仍然足以支持有效的机组动作。

（4）除非被接受的是正常的飞行技术,否则发生任何失效告警后的机组程序都应在批准的飞机飞行手册(AFM)或 AFM 修订版或增补页中进行描述。

（5）即使在失效发生时运行和性能没有受到影响或没有受到显著影响,如果认为有必要让机组采取任何动作或预防措施,则应要求提供信息给机组。例如重构系统、对安全裕度减少的感知、改变飞行计划或状态、无计划地着陆来减少暴露在更为严酷的失效状态中,这些更为严酷的失效状态可能由后续的失效或运行的环境条件所导致。如果在下一次飞行前失效必须被纠正,则同样要求提供信息。如果运行或性能没有受影响或没有受到显著影响,且如果认为机组采取纠正动作比无动作更为危险,则信息和告警指示可以在飞行的某些特殊阶段得到抑制。

（6）定期维修或进行飞行机组检查以探测不期望发生的重大潜在失效,不应替代实际的和可靠的失效监控和指示。

（7）需特别关注开关或其他互相关联的控制装置。目的是为了使不利的错误机组动作发生的可能性最小化,尤其是在紧急情况或高负荷工作的阶段。额外的防护,如使用防护开关,有时可能是需要的。

4.2.2.8　CCAR - 25.1321(a)

1) 条款原文

第 25.1321 条　布局和可见度

（a）必须使任一驾驶员在其工作位置沿飞行航迹向前观察时,尽可能少偏移正常姿势和视线,即可看清供他使用的每个飞行、导航和动力装置仪表。

2) 条款解析

25.1321(a)款是为达到仪表可视性而对仪表板上的仪表排列和布置提出的要求。

25.1321(a)款对应的人为因素相关考虑如下。

（1）有没有需要飞行员大幅越过视觉中心线或正常座位的位置才能观察的仪表? 除主要的飞行信息、T 形信息和动力信息外,其他信息在需要的时候应是容易恢复的。对于相应显示器的位置和排列,也应采用有高度几何逼真度的模拟机来模拟飞行场景以评估仪表布置排列的合理性。

（2）飞行员在正常的位置和视线上观察认读仪表,会不会造成过度集中注意或花费很长时间? 所显示的信息应容易被清晰地辨别,同时要有足够的可视强度,以便飞行员能看到并理解该信息。信息要素(文本、符号等)应足够大,以便飞行员在一切与运行环境相关的可预见条件下和驾驶座上,都能看到并理解它们。如果两个或更多的飞行员需要观察这些信息,那么这些信息要素在一定的观察距离下应可辨别并可理解。除了在设计时要满足一些已有的标准外,主观评价也是评估认读性很有用的方法。

3) 符合性方法

25.1321(a)款的符合性一般可以通过设计符合性说明、机上地面试验、飞行试验和机上检查来表明。申请人可能会对每个仪表进行视角分析。仪表可视性可接受程度的最终评估可能需要几何逼真度很高的模拟机和/或飞机来证实。

4.2.2.9　CCAR - 25.1322

1) 条款原文

第25.1322条　警告灯、戒备灯和提示灯

如果在驾驶舱内装有警告灯、戒备灯和提示灯,则除适航当局另行批准外,灯的颜色必须按照下列规定:

(a) 红色,用于警告灯(指示危险情况,可能要求立即采取纠正动作的指示灯);

(b) 琥珀色,用于戒备灯(指示将可能需求采取纠正动作的指示灯);

(c) 绿色,用于安全工作灯;

(d) 任何其它颜色,包括白色,用于本条(a)至(c)未作规定的灯,该颜色要足以同本条(a)至(c)规定的颜色相区别,以避免可能的混淆。

2) 条款解析

25.1322条规定了警告灯、戒备灯和提示灯及相关告警功能的颜色要求。然而,现代和未来的驾驶舱设计应对视觉和听觉告警系统进行综合考虑,考虑多种告警同时发生的优先级。

3) 符合性方法

建议采用设计符合性说明、安全性评估、飞行试验和机上检查等验证方法表明符合性。

设计符合性说明:系统原理(方案)说明、设计图纸,主要对各种告警灯及信息的等级和颜色规定等进行评估。

安全性评估:从功能危险性评估(functional hazard assessment)、故障树分析(fault tree analysis)、系统安全性评估(system safety assessment)等出发,考虑各种警告信息的等级是否正确,以及是否考虑到虚假警告和丧失警告的情况

（主要考虑）。

飞行试验：主要是对告警系统所进行的飞行试验，经机组评审后审查各种灯光颜色是否符合要求。

机上检查：主要检查灯的颜色及能否正常显示。

4.2.2.10　CCAR - 25.1381(a)(2)

1) 条款原文

第 25.1381 条　仪表灯

（a）仪表灯必须满足下列要求：

（2）灯的安装应做到：

（i）遮蔽直射驾驶员眼睛的光线；

（ii）使驾驶员看不到有害的反光。

2) 条款解析

25.1381(a)(2)项是为了避免飞行员受到由仪表灯透射或反射而产生的眩光的影响。

眩光：视野范围内由于亮度分布和范围不适宜，或者在空间或时间上存在极端的亮度对比引起的一种不适的、降低人的观察能力的视觉状态或条件。一般是由灯、玻璃等透射或反射的光造成。眩光会刺激眼睛，影响正常的视觉，并加速视觉疲劳，是影响照明质量最重要的因素之一。

反射眩光：由物体镜面反射引起，使人产生不舒适感，严重时会导致视觉丧失。

光幕反射：仪表板表面的反光减弱了仪表刻度、指针、字符和底面间的黑白对比，降低了反差，从而增加了辨识的困难。这除与灯光照射的方向有关外，还与驾驶员视线和仪表板的角度、仪表板表面的光滑程度，以及刻度、指针和字符的发射率等因素有关。

3) 符合性方法

25.1381(a)(2)项一般建议采用设计符合性声明、设计说明、地面试验、飞行试验和机上检查等验证方法来表明符合性。

设计符合性声明：对本条符合性的总体描述。

设计说明：系统原理（方案）说明和设计图纸等设计说明文件对本条符合性的具体描述。

地面试验：由飞行员在地面对驾驶舱仪表灯的照明效果进行整体评估，并提出适航符合性意见，由适航当局审定。

飞行试验：通过飞行试验对驾驶舱仪表灯的适航符合性进行评定。飞行试验中应考虑在各种飞行条件下,验证是否有直射驾驶员视线的光线,是否有漏泄光,以及是否能感觉到有害的眩光。

机上检查：对仪表灯的安装进行机上检查以确认对本条要求的符合性。

4.2.2.11　CCAR - 25.1543(b)

1) 条款原文

第25.1543条　仪表标记：总则

每一仪表标记必须符合下列要求：

(b) 每一仪表标记必须使相应机组人员清晰可见。

2) 条款解析

25.1543(b)款要求仪表标记应具备易读性,以减少混淆,达到最小的误读率。

仪表标记应使相应的机组人员清晰可见,刻度的粗细、长短,以及颜色的组合使机组人员位于驾驶位置上时,在各种光线条件下都能看清楚,且误读率最小。可以使用包括颜色组合、闪烁等各种途径实现以上目标,以下经验数据可供参考。

(1) 红、黄和绿色直线：1.25 mm 宽,7.5 mm 长。

(2) 红、黄和绿色弧线：2.5 mm 宽,长度按需要确定。

3) 符合性方法

25.1543(b)款的符合性一般采用设计符合性说明、机上地面试验、飞行试验和合格鉴定等验证方法表明。

设计符合性说明：如有标记于玻璃罩上的仪表标记,则需要系统设计报告说明其与表盘相对位置固定的措施；对于仪表中使用的其他标记,可以通过设计符合性说明,表明其标记方式与常见设计特征间的关系,如标记的长度、宽度、颜色等。

机上地面试验：对标记的清晰度等进行目视检查。

飞行试验：在飞行中,特别是在各种光照条件下,检验标记的清晰易读情况；尤其需要注意在使用与液晶屏幕显示相关的仪表指示时,在飞行员正常操作的位置和姿态条件下,不同角度光照情况下显示的仪表标记信息仍然足够清晰。

合格鉴定：主要检查根据不同标准进行设备验证的各种证明文件。

4.2.2.12　CCAR - 25.1523

1) 条款原文

第25.1523条　最小飞行机组

必须考虑下列因素来规定最小飞行机组,使其足以保证安全运行:

(a) 每个机组成员的工作量;

(b) 有关机组成员对必需的操纵器件的可达性和操作简易性;

(c) 按第 25.1523 条所核准的运行类型。

附录 D 阐述了按本条要求确定最小飞行机组时采用的准则。

2) 条款解析

25.1523 条规定了针对最小飞行机组的要求。

早期的人为因素条款只是针对各个子系统进行的约束,并没有从一个宏观的角度考虑人为因素的问题。25.1523 条从机组的角度出发,对驾驶舱中最小机组的要求进行了定义,综合考虑人为因素的问题。

25.1523 条对最小飞行机组做出了相应的规定,并在附录 D 中给出了确定最小飞行机组应考虑的准则。对于该条款的适航审定,AC 25.523 - 1 中做了概括性的介绍,提出了建议的方法,即通过选择参考机型进行比较。

首先选择参考机型(经过适航认证的)作为比较参照的对象,然后根据 25 部附录 D 中的相关准则确定一系列飞行任务场景。在确定任务场景后,选择适当的被试飞行员在参考机型和新研制飞机或其模拟器上进行飞行试验,通过对被试飞行员工作负荷(workload)的测量与参考机型进行对比,说明对 25.1523 条的符合性。

在上述过程中,有两方面的主要问题需要解决。一是参考机型的选择原则;二是任务场景(scenario)的选择原则。选择参考机型要解决的问题是所选机型与研制机型的相似程度,只有两者具有足够的相似性才能确保其可比性,比较的结果才有实际意义。任务场景的选择必须覆盖 25 部附录 D 中所有涉及的机组工作职能和工作量因素。

在对机组工作负荷的验证方法中,FAR 的 AC 25.2523 - 1(1993)提到了参考机型(reference flight and airplane),而在 AC 23.1523(2005)中并没有明确提出参考机型的说法,而是提出了直接比较、间接比较和独立评估 3 种方法。其中,比较法的对象也只是"相似系统",而非"相似飞机"。

3) 符合性方法

通常可接受的符合性方法包括但不限于设计说明、模拟器试验、地面试验和飞行试验。

对于新机型或改型飞机,需进行系统评估并制订试验大纲。最小机组工作负荷需通过严谨的分析、测量和验证等程序来进行有效评估,在设计过程的早期应予以合理的分析。特定分析方法的选取原则应满足特定飞机驾驶舱构型的有效性、可靠性和适用性。

（1）分析方法。

a. 对工作负荷进行评估可采用任务时间线分析法。该方法适用于对与飞行员任务明显相关的（如操作运动和数据输入）驾驶舱更改进行评估，需对有限的飞行场景和代表运行要求范畴（包括正常、非正常和应急程序）的时间段进行选择。该方法的关键是对可用时间的准确判定。由于驾驶舱更改对飞行任务造成了影响，因此必须对应急或非正常程序的计划编制和执行进行专门的评估。

b. 评估新颖设计的最有效方法是通过与以往经批准的设计进行比较。通过在设计场景下对新颖设计特性进行专门评估，并将结果与已知基准进行比较，以确定新的设计更改可实现预期的结果。当新颖设计在参照的驾驶舱基础上进行了重大变革，而没有对机组工作负荷的主要系统增加影响时，可采用直接比较法。应对来自参照的驾驶舱运行经验及与新设计具有相似系统的飞机进行评审，以确保解决所有存在的问题，且不会增加由新设计带来的不必要的问题。

c. 如果审查组通过初步分析识别出潜在的问题区域，则应对这些区域投入更多的评估和相关数据的收集。当提交给局方时，这些关注的问题应在制造商试验或审查计划中予以充分说明。

d. 如果新颖设计是对自动化水平或飞行员职责的一次重大更改，那么分析比较法可能无法提供更多有用的数据，这时可能需要采用真实模拟和/或飞行试验来予以确认。

（2）试验。

a. 具有相关经验和资质的飞行员受训后对飞机进行实际运行后方可最终决定最小飞行机组。做出评估的飞行员不应仅限于制造商的试飞员，还应包括局方试飞员。强烈建议由航线飞行员来进行一些评估，因为他们定期飞相似机型，能依据运行经验判断。25 部附录 D 包含了根据 25.1523 条决定最小飞行机组的相关标准（基本工作职能和工作负荷因素）。

b. 试验大纲应包括 25.1523 条和附录 D 中列出的所有工作职能和工作负荷因素。例如，对工作负荷进行评估时应包括在预期环境下为正确运行飞机所需的通信任务。目的是评估在真实运行条件下的工作负荷，包括具有代表性的空中交通、天气、航线运行职责、适当的团队和客舱交流。

c. 评估飞行员应确保在可能的运行场景下对新系统和驾驶舱构型的重新布局进行评价。虽然可提供足够数量的机组工作负荷数据，但目前仍需依赖于结构化的主观评价方法。在同样的或非常相似的场景下,通过与来自参照的驾驶舱的运行经验相比较,对机组任务执行的简易程度进行评估。

4.2.2.13　CCAR - 25.1357(d)

1) 条款原文

第 25.1357 条　电路保护装置

(d) 如果飞行安全要求必须有使某一断路器复位或更换某一熔断器的能力,则这种断路器或熔断器的位置和标识必须使其在飞行中易被复位或更换。在使用熔断器的地方,必须有备用熔断器供飞行中使用,其数量至少应为保护整个电路所需的每种额定熔断器数量的 50%。

2) 条款解析

对于为飞行安全而需复位的断路器或可更换的熔断器,应当有明显的位置标志或指示,即应能立即识别这类断路器是处于断开位置还是接通位置;熔断器应采用带有断开指示灯或其他易于识别其通、断状态的熔断器,使其在飞行中易于复位或更换。

如采用熔断器,则必须有备用熔断器供飞行中使用,其每种规格的备用数量至少为所需量的 50%。在设计飞机时,要考虑到备用熔断器安放的位置,各规格备用熔断器应取用方便,以便于飞行时更换断开的熔断器。

根据 AC 25.1357 - 1A,如果在飞行中具有重置或替换电路保护装置的能力对飞行安全是重要的,那么电路保护装置必须容易接近。在定义一个安全设计时,必须考虑到单个失效或组合失效,包括自动电路保护装置断开。对于任意单一电路保护装置,如果其用于传导持续电力(包括用于保护汇流条或电源的电路保护装置)且对飞行安全至关重要,则必须能够让飞行机组在不离开座位的情况下进行操作。

3) 符合性方法

对 25.1357(d)款的验证要确定飞行安全需要复位的断路器和熔断器,查证断路器板和熔断器板安装图,验证这些电路保护装置是否安装在空勤人员易于观察和易于复位更换的位置。此外,需证实这些电路保护装置在接通和断开位置时具有明显不同的标志。

4.2.2.14　小结

上述这些条款不管是单独还是综合,都没有完全提出在所有预期运行条件下,或与飞行机组交互的所有设备和系统有关的飞行机组能力和飞行机组差错的设计要求,具体表现如下。

（1）25.771(a)款仅涉及避免不合理的集中和疲劳,不解决其他原因造成机组人员差错和性能下降的问题。

（2）25.771(c)款只要求控制飞机的方式必须在功能上与飞行员位置是等效的,不为这些方式设定标准。

（3）25.777条仅定义对控制方式的要求,只针对其控制位置和某些物理属性,并没有全面解决影响飞行机组差错和性能的所有方面的控制特性。

（4）25.779条定义了动作和控制效果的要求,并没有全面地解决影响飞行机组差错和性能的所有方面的控制特性。

（5）25.1301条非常宽泛,并不一致适用于解决25.1302条所涉及的安全问题。

（6）25.1309(c)款定义了仅在设备故障时适用的要求,而25.1302条适用于所有预期的操作情况。

（7）25.1523条和附录D仅关于建立最小飞行机组人员的工作量,与包含工作量的拟议规则相反,可能不足以影响最小飞行机组人员的规模或组成。

符合上述要求的条目遵循了FAA AC 20-88A、25-7A、25-11的参照和AC中关于处理特定类型的设备和系统的说明,或者遵循了JAA咨询通告ACJ 25.1329。没有具体、全面的指导意见来界定上述规则的可接受的符合性方法。此外,很少或根本不存在指南表明申请人如何解决可能的飞行机组限制和与设计相关的差错。因此,需要制定明确的要求,从设计相关/诱导的机组差错的维度来解决驾驶舱的人为因素问题。第5章将对与机组差错管理适航相关的25.1302条进行详细介绍。

5 民用飞机驾驶舱差错管理适航要求

本章首先介绍国外局方关于民用飞机驾驶舱人机界面的研究,总结与主流机型驾驶舱人机界面相关的航空事故,透过机组差错,认识到诱发机组差错的影响因素的重要性,识别现阶段航空系统中存在的缺陷,提出解决问题的建议及推荐的方法,尤其是建议 FAA 在飞机型号认证过程中对驾驶舱设计进行评估,以确定其对设计诱导的机组差错的敏感性,以及这些错误的后果,进而建议发布一份新的规章来解决驾驶舱的人为因素问题,即提出了与差错管理适航相关的25.1302 条的草案。然后介绍 FAA 和 EASA 发布的 25.1302 条及其与其他驾驶舱人为因素相关适航条款的关系。最后详细解析对应条款。

5.1 国外局方的相关研究工作

5.1.1 飞行机组/驾驶舱人机界面的研究

针对 20 世纪八九十年代一系列航空事故表明的机组与驾驶舱自动化交互的困难,FAA 发起了一项研究来评估现代运输类飞机机组/驾驶舱自动化界面。评估对象主要包括以下机型。

(1) 波音:型号为波音 737/757/767/747 - 400/777。

(2) 空客:型号为 A300 - 600/A310/A320/A330/A340。

(3) 麦道:型号为 MD - 80/MD - 90/MD - 11。

(4) 福克:型号为 F28 - 0100/- 0070。

FAA 组建了人为因素团队来解决这些人为因素问题,包括确定设计、培训、机组资质和运行方面的特定或总体问题,并提出解决这些问题的合适方法。此外,人为因素团队被特别要求负责制定新的 FAR 或修订原有的 FAR、制定咨询通告或政策等工作。

　　FAA 的人为因素团队通过包括事故报告、航空安全报告系统的报告、研究报告、行业和科学期刊在内的渠道获取信息资源；此外，他们也与运营商、制造商、飞行员协会、研究人员和行业组织者共同讨论，以征求其意见。

　　在对机组差错展开研究时，团队认识到必须越过机组差错的表象，理解差错为何发生。他们需要从设计、培训和机组资质、运行和监管过程方面来寻找影响因素。尽管这支队伍组建的初衷是研究机组与驾驶舱系统之间的交互过程，但团队内很快便产生了仅考虑界面设计并不足以解决所有相关的安全问题的共识，人为因素团队需要从更广泛的角度统筹考虑包括底层系统功能在内的问题。

　　根据所提供的证据，人为因素团队确认了机组在自动化管理和情景意识方面存在一些漏洞。这些问题主要与飞行员对自动化能力、限制、模式、操作原则和技术的理解程度有关。

　　在调查中，团队频繁听到机组对自动化系统表现出“惊讶”，这意味着飞行员可能对自动化系统的行为方式并不完全了解，或者自动化系统的行为不符合机组预期。

　　当机组处于非正常状态时，机组在选择合适的自动化或是否打开自动化的决策方面可能会有所差异。这种差异可能会导致与制造商关于机组如何使用自动化的假设不匹配。

　　调查结果暴露出机组在情景意识方面存在一些问题，主要包括以下两个方面。

　　（1）自动化/模式意识：普遍的反馈意见表明，机组人员可能对自动化系统的系统行为和模式存在误解或错误操作。

　　（2）航路意识：主要是在地形意识和能量意识方面存在不足。特别是在低能量状态下，机组人员可能缺乏对飞机能量状态的充分认识，无法做出正确的决策和操作。

　　这些问题广泛存在于被调研的这批运输类飞机中，虽然严重程度不一，但问题的存在与飞机制造商、运营商，以及飞机本身是否发生过事故没有明显的相关性。虽然人为因素团队总结出了一些与特定的设计、操作和培训理念有关的具体原因，但情景意识问题普遍存在，且对飞行过程的安全性造成了较大的威胁，是一个重要且解决难度均较大的问题。

　　为理解这一普遍存在的问题，人为因素团队认为，检查这些问题存在的原因非常重要。经过调研，团队认为问题是由现阶段航空系统中以下几个方面的缺陷而产生的。

（1）通信和协调的不充分。具体案例可能表现为，组织之间的通信效率低下或交流方式不足，空管系统和飞机能力之间存在配合问题，研究机构、设计者、管理方和运营方之间缺少必要的关于研究需求和结果的协调。

（2）用于设计、培训、监管功能的过程不足以使培训对象获得足够的能力。因此，用户才会对部分系统的行为感到惊讶，或是被操作系统的复杂度压垮。解决这类缺陷需要建立一致的系统原则和应用框架，同时需要建立方法以消除设计、培训和运行中的漏洞。

（3）用于设计、培训和评估的标准、方法和技术不充分。现有的方法、数据和技术不足以用来评估和解决很多重要的人为因素问题。针对自动化必须以人为中心，以及必须避免可能的灾难状况等的理念，业内已经达成一致，而达成上述目标的实施路径尚不清晰。

（4）不充分的知识和技能。设计人员、飞行员、运营商、监管者和研究人员并不一定拥有充分的与人为因素相关的知识和技能。团队对那个年代发生的事故进行了调研，指出由于经济压力，航空公司对机组人员的专业技能方面的投资不足的问题普遍存在。

（5）在设计、培训、运行和评估方面对文化差异未能进行充分理解和考虑。航空业对文化和语言对机组/自动化交互的影响没有充分理解。文化差异可能表现为国家地区、监管者理念、组织理念或其他因素的差异。

人为因素团队通过调研发现，这些问题表达的不仅是一系列单个的、独立的涉及单独的人或机器的差错，而是高度相关的，同属于一个航空系统的不足。因此，需要用系统的方法综合考虑整个系统。如果只是单独地解决各个问题，则无法从根本上提高飞机运行的安全性，甚至可能降低安全性。

人为因素团队对每一漏洞和缺陷进行了详细讨论，以期提出解决问题的建议及推荐的方法。讨论认为，遵守以下原则至关重要。

（1）工作目标应是尽量减少人为差错，而非完全防止人为差错。在不消除人的适应性与灵活性的前提下，不可能防止所有的人为差错，然而人的灵活性和适应性本身就对安全有重大贡献。此外，需要防止的对象是差错的消极后果，不一定是差错本身。同时，在减少人为差错的同时，设计或系统引起的差错同样值得注意。

（2）提高容错性。系统应该被设计成可以帮助机组人员在发生差错时检测差错。此外，系统应该被设计成尽可能使差错的不良影响保持在可控范围内。

（3）避免用户感知的过度复杂性。系统应该被设计成在支持机组人员完成机组任务的基础上,避免操作程序不必要的复杂。

（4）提高系统的可观察性,尤其是通过改善系统的反馈设计实现。

（5）评估引入的驾驶舱新技术或操作上的变化对人的绩效的影响。

（6）对相关人员的专业知识加以投入,包括机组人员、设计师、运营商、监管机构和研究人员。希望各环节的人员以积极主动而非被动的方式参与到巩固和加强飞行安全性的工作中。

人为因素团队建议 FAA 应建立法规和相关的咨询资料,要求使用一个考虑人的表现因素的驾驶舱审定流程。根据当前的标准,潜在的机组差错及其后果并没有像机组人员工作负荷一样得到充分的评估。人为因素工作组认为机组差错分析(即寻找和消除为机组设计的可预测的、诱发差错陷阱的过程,并识别机组差错的后果)对于成功的驾驶舱评估与工作负荷分析一样重要。在设计和审定过程的早期识别能够引起机组人员差错并导致不良后果的设计,将允许在成本和进度压力较小的阶段采取适当的纠正措施。人为因素工作组建议 FAA 应要求在飞机型号审定过程中对驾驶舱设计进行评估,以确定其对设计诱导的机组差错的敏感性,以及这些错误的后果。

5.1.2　人为因素协调工作组

1999 年,FAA 和 JAA 联合组成驾驶舱验证协调小组(Flight Deck Certification Harmonization Group),并成立了人为因素协调组(Human Factor Harmonization Work Group, HFHWG),研究造成机组差错的人机界面因素,提出改进的措施,特别是在驾驶舱的设计和审定方面。工作组一方面通过自下而上的方法,调查和分析事故数据,来确定机组的差错和造成差错的原因;另一方面采用自上而下的方法,从理论上采用人的信息加工模型进行研究,使飞行员在信息加工中的职责与航空系统和设备更紧密地结合,如图 5-1 所示。驾驶舱的显示为机组信息加工提供输入,其信息处理和决策能力一方面受到信息输入的影响,另一方面也与飞行员自身的能力与特性有关。通过驾驶舱的控制设备执行决策后的行为。驾驶舱人机交互界面和驾驶舱环境都会影响飞行员的输入、输出和信息加工决策能力。通过这种方法审查规章政策和咨询通告等材料,来确保考虑到所有的人为因素问题。

工作组于 2004 年形成总结报告。报告指出,大多数事故与一系列机组人员的差错有关,有时与系统故障结合,从而导致严重的安全后果。对影响因素的分析表明,在某些情况下,设备设计不足,无法以能够持续安全飞行的方式来支持

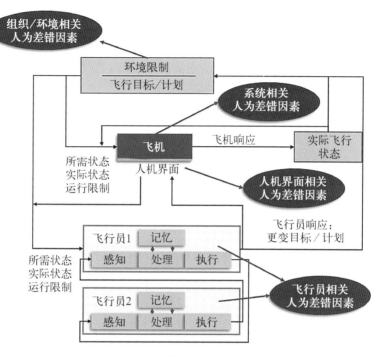

图 5-1 人的信息加工模型

飞行机组的绩效。设计缺陷可能导致机组人员产生差错、未能检测到差错或从可能有严重安全后果的差错中恢复过晚。

在当时,对于飞机设计,行业要求以特定方式处理特定的驾驶舱设备的各种设计特征,以确保飞行机组能够安全地操作该特定设备;然而,没有能够将驾驶舱内各部件综合纳入考量来解决飞行机组差错的预防和管理。过去使用逐个案例分析的方法应对安全问题,但这是一种被动的方法。为了解决新技术和新操作环境带来的新问题,需要采取更加主动的方法,因为监管者和行业都不能预测未来会出现什么。因此,工作组建议发布一份新的规章来解决驾驶舱的人为因素问题,并提出了 FAR 25.1302 草案,具体见附录 A。

5.1.3 差错管理适航条款发布前的调研

FAA 在其颁布 FAR 25.1302 草案的相关指南中指出:FAA 要求航空规章咨询委员会(Aviation Rulemaking Advisory Committee,ARAC)让人为因素协调组去讨论已经有的法律法规,并且对解决由运输类飞机驾驶舱的设计和审定而导致的飞行机组差错问题提出改进措施。ARAC 把这些意见整理成一份报告提交给了 FAA，即人为因素协调组的最终报告，报告的提交时间是 2004 年 6 月 15 日。最终这份规章采纳了这些建议。

HFHWG 认为现有的规章是为了解决飞行机组人员操作水平的不同而设计的，并且飞行机组的能力是依据以下信息确定的：

(1) 用于飞机型号证书签发适航标准(14 CFR part 25)。

(2) 飞机操作要求(14 CFR part 121)。

(3) 审定和操作要求(14 CFR part 119)。

(4) 颁发飞行员执照和等级的要求(14 CFR part 61)。

总之，这些要求提供了一种操作上高度安全的空中运输系统，考虑了设备的设计、培训、飞行员资质、飞机操控和规程，以及人、机、环境间的相互作用，还有如何通过风险管理来保证操作安全。

然而，HFHWG 指出某些设计会导致飞行机组较易犯错。他们建议，一些更明确的、有管理属性的和能避免飞行机组犯错的设计要被添加到现有的相关法规中。这些要求被编入新的 25.1302 草案之中。

基于与 ARAC 相似的建议，EASA 将这些建议纳入了 2006 年的规定。目前，新的 FAR 25.1302 草案的要求与 EASA CS 25.1302(修订 25/3)保持一致。因此，这一条款的制定消除了美国和欧洲之间监管的差异。

同时，FAA 收到来自空客公司、波音公司、Cessna 飞机公司、Garmin 公司、三菱公司和国际航空飞行员协会(Air Line Pilots Association，ALPA)关于以上条款的拟议规则制定通知(notice of proposed rulemaking，NPRM)的反馈。尽管没有评论者反对拟议的规定，但航空业界各方也对规定表达了自身的担忧与关注点，FAA 针对公众的意见也给出了相关的响应。

5.1.3.1　规定成本

对该规定的经济分析显示，如果运输类飞机制造商已经遵守或完全符合 EASA 标准，则不会产生额外费用。

Cessna 公司认为，表明对该规章的符合性将会导致大量的一次性成本。除了确保人为因素专家的服务成本以外，采用 AC 25.1302 草案中特别指定的"更多的方法论"也将花费大量的时间和成本。

FAA 指出，所有新的运输类飞机型号合格证的申请人(包括 Cessna 公司)，都期待 EASA 的审查。作为要求的回应，Cessna 公司明确声明在 NPRM 中是没有争议的，"这些拟议的标准的要求类似于当前 EASA CS 25.1302，这意味着符合性方法也是相同的"。如果 Cessna 公司像符合当前的 CS 25.1302

一样符合 FAA 的规定,那么 Cessna 公司所说的成本是不可避免的。由于标准本身的统一,这里没有增加成本。因此,这条建议没有导致 FAA 对规定做出更改。

Garmin 公司认为,"只有非常少的申请人能真正符合 EASA 的指南,许多制造商也已经注意到为表明符合性而增加的成本和审定负担"。此外,自 2006 年起,很少有全新的飞机审定,大多数审定项目通常涉及已取证飞机的型号设计更改(包括更新的航空电子系统、发动机、减阻等)。在这个过程中,申请人往往不需要遵守最新的审定规定。在 FAA 的 AC 25.1302 草案中明确提出该规定的适用范围不仅限于新的型号合格证(TC)的设计,STC 设计的变化也包括在内。Garmin 公司认为,FAA 可能没有考虑这些成本的影响。

对于设计更改,当且仅当如下两条都成立时才会增加成本:

(1) 该项目预计不寻求 EASA 的审查。

(2) 设计更改涉及审定基础的变化。

设计更改是否涉及审定基础的变化,应参照 21.101 条的要求。驾驶舱的简单设计变化并不会被认为是显著的产品级别的更改,也不需要在 21.101 要求下变更审定基础。重要的驾驶舱变化则需要更新审定基础;然而,由 21.101 条所要求的更新审定基础所产生的相关费用将会纳入规定的经济评价部分。

正如在关于改变产品的型号审定程序的利益问题的讨论中提到的(65FR36244《改型产品的型号合格审定程序》/*Type Certification Procedures for Changed Products*,2000 年 6 月 7 日),当表明符合性能够实质性地提高安全水平时,则要求对所有后续增加的规章要求进行符合性验证。

在下列情况下,FAR 21.101 条并不要求表明对后续增加规章要求的符合性:

(1) 该航空产品的变化不显著。

(2) 对于那些不受影响的产品的区域、系统、部件、设备或者机载设备。

(3) 这种符合性验证对改变产品的安全水平没有实质性的贡献。

(4) 在做最后的分析时,这样的符合性是不切实际的,即会造成与衍生的安全利益不相称的成本。

因此,由于改变产品设计而增加的成本已经由收益来判断,这些成本不是由本规章的制定而引起的。因此,针对该评论的问题,FAA 没有更改此规定。

5.1.3.2 适用范围

各飞机制造商同样对该规定的广泛适用性表示关切。

　　Cessna 公司对在申请人要在培训项目被接受之前寻求设计批准所需的文件表示关切。Cessna 公司表示，几乎在任何情况下，飞机制造商都将在培训项目获得批准之前首先寻求飞机型号合格审定。由于公司保密，供应商很少参与早期阶段的培训，甚至在某些情况下很少选择培训供应商，因此原始设备制造商将不得不预测大概需要的培训时间。

　　FAA 认为，申请人可以在参与一个培训项目的同时寻求批准其他设计。在这些不同的申请过程中，申请人只需要记录新颖的、复杂的、高度集成的设计特征，或任何有可能影响到训练时间或飞行机组程序的新的和不同的设计假设，无须记录设计更改对训练时间的影响。然而，设计要求、培训要求、型号许可证、操作和程序要求之间的密切关系是公认的，AC 25.1302 也明确指出。Cessna 公司提出，需要更具体的信息来解决在故障的情况下驾驶舱的显示信息冲突的可能性，并指出冲突可以由飞行机组成员通过适当的程序解决。AC 25 - 11A *Electronic Flight Displays* 和 AC 25.1302 提供了解决信息冲突的适航设计指导。例如，AC 25 - 11A 提供了逆转显示模式的指导。此外，AC 25.1302 中规定："申请人应说明，当面板上信息显示冲突或不冲突时，飞行机组应当分别采取什么样的行为。"这些问题也包括 FAR 25.1309 关于系统安全要求中的一部分。FAA 同意 Cessna 公司的意见，当飞行机组充分了解并理解信息冲突时，相应的程序可用来帮助飞行机组人员做出正确的选择。

　　Cessna 公司表示关于与其他设备的接口没有讨论，如电子飞行包（EFB）。AC 120 - 76a *Guidelines for the Certification, Airworthiness, and Operational Approval of Electronic Flight Bag Computing Devices* 提供了 3 类 EFB 的指导；然而，一般认为 1 类和 2 类 EFB 是便携式电子设备，并不是飞机型号设计的一部分。因此，这些设备的信息和安装系统之间的冲突不包括在 FAR 25.1302 的范围内。

　　Cessna 公司认为，按照 FAR 25.1302(a) 的要求，所有驾驶舱设备的所有可能的功能和特点信息都应包含在飞机飞行手册（aircraft flight manual，AFM）之中。Cessna 公司认为 FAR 25.1302 的意图应该是要求将"必要的信息"提供给飞行机组，使其能够通过相关设备的使用来妥善完成任务，但不应该要求对所有可能的功能或用法都有详尽的说明。Cessna 公司表示，识别和解决各种可能的功能或所有安装设备的使用，尤其是对一个具有广泛的功能和特点的飞行管理系统来说，将导致产生大量的书面材料，这对飞行机组来说不是一个好消息。

　　Cessna 公司建议在 AFM 中仅提供飞机在其运行环境中所需的必要信息。

其他更广泛的讨论,如"所有的特性和功能",可以由设备制造商提供(如飞行员的指南)。

Cessna 公司是正确的,这样做的目的是只为飞行机组提供所有"必要的信息"。然而,FAA 不认同在 FAR 25.1302(a)中要求所有信息都要在 AFM 之中。FAR 25.1302 的一个主要目的是要求安装的系统,而不是 AFM,为机组提供需要的信息。FAR 25.1302 并没有要求对所有的系统和功能都要有一个详尽的说明,但确实需要开展与咨询通告中特别提到的与预期功能相关的任务的讨论。咨询通告中包含了关于设备预期功能的指南,以及表明条款符合性所需的文档类型。

ALPA 表示,包含在 NPRM 和 AC 中的规定应适用于正常和非正常运行。这些规定要求设备的设计能使飞行机组在正常和非正常的运行中都安全地操作设备,并完成与预期功能相关的任务。ALPA 指出,AC 包含了这一要求,但 NPRM 中不包含。ALPA 还建议,下列文字应该被添加到 FAR 25.1302(a)引言段:"申请人必须证明这些系统和安装的设备在被独立使用时或是与其他类似的系统和设备结合使用时,培训合格的飞行机组成员在正常和非正常的条件下都能够使用相关的系统和设备安全地完成所有的任务"。

FAA 指出,这个问题将在 NPRM 序言中的"适用范围"部分被解决。FAA 预计设备的设计将使飞行机组可以安全地执行与该设备的预期功能相关的任务。本要求适用于正常和非正常的操作条件。FAR 25.1302 的要求也是普遍适用的,不限于特定的条件。因此,FAA 并没有改变规定。

5.1.3.3 指南中的模糊性

Cessna 公司建议,"FAA 和外国监管机构在依据对规定所述的高度主观的标准进行符合性确认方面经验很少,这可能导致各监管机构和办公室内部不同部门之间产生不一致的理解和意见分歧"。

FAA 指出,该规定与其附带的指导性材料,以及与 EASA 规定的一致性,将可以提供更多条理性,并减少不确定性,同时帮助解决意见的分歧。AC 25.1302 建立的符合性验证方法为申请人提供了可接受的方法以解决规定中关注的问题。FAA 预计,随着 FAA 从 FAR 25.1302 实践的过程中获得经验,这些符合性验证性方法将得到进一步完善,并消除由于缺少标准而导致的分歧。FAA 没有因为上述反馈而改变规定的语言表达。

5.1.3.4 授权与监督

Cessna 公司和 Garmin 公司都对拟议的 FAR 25.1302 条款的授权与监管

表达了关切。Cessna 公司对 FAR 25.1302 授权个人或组织参与审查的问题表示疑惑。因为没有委任单位或工程委任代表（DER）作为人为因素专家，所以 Cessna 公司假定某个地区缺少委任代表或者是否可以通过借用其他系统的委任代表来替代。Cessna 公司表示，"FAA 一直不愿意对之前的人为因素专家们进行授权"，并建议："FAA 在为了与 EASA 一致而简单地采用这个规定之前，需要一个关于人为因素专家问题的考虑周全的方法。"

Cessna 公司在后续的讨论中提出 FAA 拟议的 FAR 25.1302 的要求和指导与 EASA 类似，但不完全相同。Cessna 公司表示，EASA 有授权 FAA 或使用委任代表的程序，但 FAA 目前缺乏授权的规范化流程，这将导致"申请人必须在有限的 FAA 人为因素专家中寻找符合条件的专家，这个过程往往需要不断的等待"，从而产生额外的成本。Garmin 公司表示，这一过程中存在一个委任者监督和权力的问题。现在还不清楚哪些实体将被授权得出符合条款要求的结论。

FAA 确认需要规划委任和监督的方法，并承诺将努力与航空工业界合作探索在该领域发展委任代表的必要经验。这一过程可能在起步阶段会造成部分限制，即需要 FAA 在彻底授权之前对受推荐的委任代表进行审核。在 FAA 和委任代表获得在应用标准和符合性判定过程中的相关工作经验之前，都不能被授权独立开展工作。这是所有新制定的适航标准都需经历的过程。

FAA 正在确定在飞机审定过程中所有提供服务的人为因素专家的角色和职责。这些工作也将有助于确定技术角色和潜在的人为因素设计者的责任。当工作完成后，FAA 打算建立一个确定人为因素委任代表的计划。预计通过确定委任代表的知识、技能和完成人为因素任务的能力限制他们的批准权限。因此，FAA 并没有改变规定的语言表达。

如果申请人期望符合目前的 CS 25.1302 或者 AC 25.1302 规定的要求，那么培训委任代表的成本是不可避免的，无论最初委任代表数量有多少。需要一个委任程序的原因有很多，包括同时减少 FAA 和制造商认证的负担。然而，随着 FAA 标准和 EASA 标准的统一，委任程序将不会导致任何成本的增加或减少。

5.1.3.5　规定的冗余

Cessna 公司表示，拟议的规定对某些已经安装在驾驶舱的控制器件是多余的。该规定应在条款 FAR 25.777 和 FAR 25.779 中删除与 FAR 25.1302 存在重复的相关要求。

FAA 认为 FAR 25.1302 是普遍适用的，而不是用来取代更具体的规定。

FAR 25.777、FAR 25.779 与 FAR 25.1302 是一致的、相互支持的。FAA 不认为符合 FAR 25.777 或 FAR 25.779 的要求会以任何形式与 FAR 25.1302 的要求发生冲突。然而,表明这些特定条款的符合性就其本身而言不能充分地证明已妥善解决 FAR 25.1302 要求的飞行机组差错预防与管理的问题。因此,仍然必须表明对 FAR 25.1302 的符合性。

5.1.3.6　设备行为与飞行员背景

Cessna 公司认为,提案中似乎忽视了飞行员的背景。由于飞行背景不同,许多飞行员可能对同样设备表达不同的看法。Cessna 公司认为,这是一个影响飞行员对设备的功能和操作感知的重要因素。如果在 FAR 25.1302 中,"合格飞行机组"表述的意图是希望能够消除机组可能存在的、来自其他系统的早期训练或操作的偏见,那么这一描述是不明确的。同时,Cessna 公司也做了关于差错管理和先验训练的陈述,建议对预估训练水平说明清楚。

FAA 表示理解这种担忧,但是这条规定的本意并不是直接解决由以往的培训或对其他系统的操作经验而引起的偏见。正如在 AC 25.1302 中说明的,这个规定假设了对预期操作的最小飞行机组的要求。FAA 不打算让飞机的设计必须弥补飞行机组的培训或经验不足。考虑到资质假设,安装设备的系统行为必须是可预测,并且对飞行机组是明确的。在 AC 25.1302 中还提供了关于系统行为的附加建议。

5.1.3.7　故意的差错

Cessna 公司针对文件序言中的例子提出了一个问题,"以一个故意差错作为例子,在告警产生的情况下,由于飞行机组认为这是一个滋扰告警因而没有履行相关的程序。"在这种情况下,FAR 25.1302 要求申请人证明差错可以被检测。Cessna 公司认为,声明的含义是这种故意地忽略一些信息的行为是一种差错,因此申请人必须确保飞行员检测和管理正在故意忽略的东西。Cessna 公司建议,陈述的重点应该放在减少滋扰告警的数量上。三菱公司也谈到了同样的例子,建议删除该句并指向 FAR 25.1322(飞行机组告警)。

FAA 同意 Cessna 公司所说的一个有效的告警没有得到响应的例子是一个故意差错。在这个例子中,因为飞行机组认为它是无效的,所以忽略了该告警。FAA 也认可了 Cessna 公司表达的,设计人员必须提供一种手段允许飞行机组能管理诸如 25.1302 条里所表述的差错的诉求。作为对 Cessna 公司认为本规定应促进滋扰告警减少的诉求的回应,FAA 认为这个要求已经包含在 FAR 25.1322 中。FAA 不同意三菱公司的建议。三菱公司的建议是"因为这是一个故意差错的经典实例，所以 FAR 25.1302 中的‘要求申请人证明差错可以被检测’的表述应该被删除"，以及"把现存的规定，以及来自 FAR 25.1322 中的叙述替代掉并移到拟议的规定中去"。在序言中已经讨论的故意忽视有效的告警的行为是一种差错，飞行机组误将一个有效提醒作为一个滋扰告警（即它是无效的），可能是由于设计缺陷导致滋扰告警过于频繁。这是 FAR 25.1302 试图解决的一个潜在的设计缺陷。虽然这个特定的例子涉及滋扰告警，但也有其他的设计特点使飞行机组犯了其他类型的故意差错。

出于如上考虑，规定没有进行修改。

5.1.3.8　飞行机组参与的类型

ALPA 认为，规定应有利于促进飞行机组积极参与设计，而不是让飞行机组被动地参与，如只监视系统的行为。ALPA 建议飞行机组保持积极参与到所有飞机系统、设备控制和飞机本身设计的过程中，这有助于使机组更好地了解情况。积极的设计参与可以使飞行机组更好地检测故障并在飞机运行中更快地干预。虽然鼓励飞行机组"积极参与"到一些系统的设计过程中有一定的可取之处，但 FAA 认为不宜要求"积极参与"到所有系统和设备的设计中。因为把参与列入规定可能会对飞行机组造成显著的工作量增加。然而，FAA 同意设计过程中需要让飞行机组了解情况、检测故障，并了解如何及时干预。FAA 重新阐明了关于控制和信息的意图："驾驶舱必须安装完成任务所需要的驾驶舱控制器，并且提供完成任务所必需的信息。"这一措辞变化在提供清晰描述的同时保持了与 EASA CS 25.1302 语言的统一。

5.1.3.9　系统和设备显示的可见性

ALPA 建议，可以参考 AC 25.1302，要求说明系统及设备显示在所有的照明条件下可见。ALPA 建议将条款按如下方式修改："提供一个清晰、明确的方式使得在所有的照明条件下和在所有飞行阶段中都能保持适当的分辨率和任务精度。"

FAA 认同 ALPA 的建议。然而，规定已经要求在所有的飞行阶段都有一个"清楚和明确的方式实现分辨率和精度来适应任务的要求"，这就说明飞行机组需要足够的照明使控制和信息是清晰和明确的。这个要求也已经包含在 AC 25.1302 里。出于如上考虑，规定没有进行修改。

5.1.3.10　调研小结

综合考虑了各方意见和建议（见表 5 - 1），FAA 修改了 14 CFR Part 25，增加了 FAR 25.1302 条款。

表 5 - 1 FAA 对业界关于 25.1302 条款的答复总结

序号		业界反馈意见	FAA 答复
1	规定成本	增加大量时间和经济成本	如果申请方期望获得 EASA 认证,而 FAA 与 EASA 标准统一,则不会增加额外的成本
		设计更改需要符合新条款而增加成本	改变产品设计而增加的成本已经由收益来判断,不是由增加 FAR 1302 而引起新的成本
2	适用范围	与其他设备的接口问题,如 EFB	3 级 EFB 指导在 AC 120 - 76a 中,1 级和 2 级 EFB 属于便携式电子设备,不是型号设计的一部分,不包括在 FAR 1302 内
		条款要求所有驾驶舱设备的功能和特点要包含在飞行手册里,建议在手册里只提供对机组在操作环境内有用的信息;为飞行成员提供所有"必要的信息"	解读有误,FAR 1302 要求的是安装的系统为机组提供必需的信息,而不是由手册提供
		建议"保证培训合格的飞行机组人员'在正常和非正常的条件下'都能够使用相关的系统和设备安全地完成所有的任务"	FAR 1302 的要求适用于在正常和非正常的运行条件下,是普遍适用的,不限于特定的条件
3	指南中的模糊性	符合性方面经验很少,可能导致各个机构不一致的理解和分歧	条款及指南与 EASA 一致,减少不确定和分歧;AC 建立的符合性验证方法为申请人提供了可接受的方法;具体的方法会在实施过程中进一步完善
4	授权与监督	没有委任代表作为人为因素专家存在,需要人为因素专家	在彻底授权之前,要求 FAA 对委任代表推荐意见进行审核
5	规定的冗余	与现有条款冗余,如 FAR 25.777 和 FAR 25.779	FAR 1302 是普遍适用的,与 FAR 25.777 和 FAR 25.779 是一致的、相互支持的,他们之间的符合性不会发生冲突,但表明这些特定条款的符合性就其本身而言不能充分地证明已解决 FAR 1302 要求的关于飞行机组差错预防和管理的问题;因此,仍然必须表明对 FAR 1302 的符合性

序号		业界反馈意见	FAA 答复
6	设备行为与飞行员背景	忽视了飞行员背景,不同的背景可能影响对同样设备的看法;如果在条款中要求通过合格的飞行机组来消除早期训练或操作的偏见,则是不明确的	FAR 1302 本意并不是为了直接解决由以往的培训或其他系统的操作经验而引起的偏见;对机组的背景和资质是最小飞行机组的要求,并非让设计必须弥补飞行机组的培训或经验不足
7	故意的差错	对于机组认为是滋扰告警而没有执行相关程序,这种故意忽略的行为是机组差错的表现,申请人必须确保飞行员检测和管理其他故意忽略的信息;建议将陈述的重点放在减少滋扰告警数量上	减少滋扰告警的要求已包含在 FAR 1302 中
		忽略告警是故意差错,不应包含在 FAR 1302 中	机组人员误以为告警是滋扰告警可能是由于导致频繁滋扰告警的设计缺陷,这是 FAR 1302 意图强调解决的一种潜在的设计缺陷
8	飞行机组参与的类型	建议机组积极参与所有系统、设备控制和飞机的设计过程,积极地参与使得机组更好地检测故障并更快地干预	积极参与所有系统和设备会造成工作量的显著增加;同意设计过程中让飞行机组了解情况、检测故障,并了解如何及时干预
9	系统和设备显示的可见性	提供一个清晰、不含糊的方式使得在所有照明条件下和在所有飞行阶段中都能保持适当的分辨率和任务精度	认同这个建议;但是,条款已经要求"以清晰和明确的形式、以与任务相适应的分辨率和精度",这说明机组需要足够的照明让信息和控制清晰、明确

5.2　差错管理适航条款

5.2.1　FAA 的条款

　　FAA 针对"为飞行机组使用而安装的系统和设备"的条款为 FAR 25.1302,条款原文如下。

　　FAR 1302　Installed systems and equipment for use by the flightcrew

　　This section applies to installed systems and equipment intended for flightcrew members' use in operating the airplane from their normally seated positions on the flight deck. The applicant must show that these systems and installed equipment, individually and in combination with other such systems and equipment, are designed so that qualified flightcrew members trained in their use can safely perform all of the tasks associated with the systems' and equipment's intended functions. Such installed equipment and systems must meet the following requirements:

(a) Flight deck controls must be installed to allow accomplishment of all the tasks required to safely perform the equipment's intended function, and information must be provided to the flightcrew that is necessary to accomplish the defined tasks.

(b) Flight deck controls and information intended for the flightcrew's use must:

(1) Be provided in a clear and unambiguous manner at a resolution and precision appropriate to the task;

(2) Be accessible and usable by the flightcrew in a manner consistent with the urgency, frequency, and duration of their tasks; and

(3) Enable flightcrew awareness, if awareness is required for safe operation, of the effects on the airplane or systems resulting from flightcrew actions.

(c) Operationally-relevant behavior of the installed equipment must be:

(1) Predictable and unambiguous; and

(2) Designed to enable the flightcrew to intervene in a manner appropriate to the task.

(d) To the extent practicable, installed equipment must incorporate means to enable the flightcrew to manage errors resulting from the kinds of flightcrew interactions with the equipment that can be reasonably expected in service. This paragraph does not apply to any of the following:

(1) Skill-related errors associated with manual control of the airplane;

(2) Errors that result from decisions, actions, or omissions committed with malicious intent;

(3) Errors arising from a crewmember's reckless decisions, actions, or omissions reflecting a substantial disregard for safety; and

(4) Errors resulting from acts or threats of violence, including actions taken under duress.

FAR 25.1302 相应的译文如下。

FAR 25.1302　为飞行机组使用而安装的系统和设备

本节适用于机组成员在驾驶舱工作位置上操纵飞机时所使用的安装系统和设备。申请人必须证明这些系统和设备,不论是单独使用还是与其他设备组合,都要设计成保证培训合格的飞行员能够安全地执行与系统和设备预定功能相关的所有任务。这些安装设备和系统必须满足如下要求:

(a) 驾驶舱安装的操纵器件必须能允许机组安全地执行设备预期功能,完成要求的所有任务,且必须向飞行机组提供完成任务所必需的信息。

(b) 供飞行机组使用的驾驶舱信息和操纵器件必须满足:

(1) 以清晰和明确的形式、以与任务相适应的分辨率和精度提供;

(2) 与任务的紧急性、频率和持续时间一致的方式对飞行机组是可达的和可使用的;

(3) 如果意识对安全操作是必须的,则应能够使飞行机组意识到他们的行为对飞机或系统的影响。

(c) 操作上相关安装设备的行为必须是:

(1) 可预测的且无歧义的;

(2) 使机组能够以适合任务和预期功能的方式进行干预。

(d) 在切实可行的范围内,安装设备必须提供方法使机组能够管理在运行中能合理预期的机组与设备交互导致的各种差错。这一要求并不适用于以下任何一项:

(1) 与手动操纵飞机有关的技巧型差错;

(2) 由恶意的决定、行动或疏忽导致的差错;

(3) 由机组严重忽视安全的鲁莽决定、行为或疏忽导致的差错;

(4) 由暴力行为或威胁造成的错误,包括在胁迫下采取的行动。

5.2.2　EASA 的条款

EASA 针对"为飞行机组使用而安装的系统和设备"的条款为 CS 25.1302,条款原文如下。

CS 25.1302　Installed systems and equipment for use by the flight crew

This paragraph applies to installed equipment intended for flight-crew members' use in the operation of the aeroplane from their normally seated positions on the flight deck. This installed equipment must be shown, individually and in combination with other such equipment, to be designed so that qualified flight-crew members trained in its use can safely perform their tasks associated with its intended function by meeting the following requirements:

(a) Flight deck controls must be installed to allow accomplishment of these tasks and information necessary to accomplish these tasks must be provided.

(b) Flight deck controls and information intended for flight crew use must:

(1) Be presented in a clear and unambiguous form, at resolution and precision appropriate to the task.

(2) Be accessible and usable by the flight crew in a manner consistent with the urgency, frequency, and duration of their tasks, and

(3) Enable flight crew awareness, if awareness is required for safe operation, of the effects on the aeroplane or systems resulting from flight crew actions.

(c) Operationally-relevant behaviour of the installed equipment must be:

(1) Predictable and unambiguous, and

(2) Designed to enable the flight crew to intervene in a manner appropriate to the task.

(d) To the extent practicable, installed equipment must enable the flight crew to manage errors resulting from the kinds of flight crew interactions with the equipment that can be reasonably expected in service, assuming the flight crew is acting in good faith. This subparagraph (d) does not apply to skill-related errors associated with manual control of the aeroplane.

CS 25.1302 相应的译文如下。

CS 25.1302　为飞行机组使用而安装的系统和设备

本节适用于机组成员在驾驶舱工作位置上操纵飞机时所使用的安装系统和设备。申请人必须证明这些系统和设备,不论是单独使用还是与其他设备组合,都要设计成保证培训合格的飞行员能够安全地执行与系统和设备预定功能相关的所有任务。这些安装设备和系统必须满足如下要求：

（a）驾驶舱安装的操纵器件必须能允许机组安全地执行设备预期功能，完成要求的所有任务，且必须向飞行机组提供完成任务所必需的信息。

（b）供飞行机组使用的驾驶舱信息和操纵器件必须满足：

（1）以清晰和明确的形式、以与任务相适应的分辨率和精度呈现；

（2）与任务的紧急性、频率和持续时间一致的方式对飞行机组是可达的和可使用的；

（3）如果意识对安全操作是必须的，则应能够使飞行机组意识到他们的行为对飞机或系统的影响。

（c）操作上相关的安装设备的行为必须是：

（1）可预测的且无歧义的；

（2）使机组能够以适合任务和预期功能的方式进行干预。

（d）在切实可行的范围内，假设飞行机组不违规操作，安装设备必须提供方法使机组能够管理在运行中能合理预期的机组与设备交互导致的各种差错。本条款不适用于与飞机手动操纵相关的技能性差错。

5.2.3 与驾驶舱人为因素相关适航条款的关系

早期有关人为因素的相关条款分布在各部分中，最终通过最小飞行机组条款 25.1523 集中体现。FAR 25/CS 25 包含系统特定的飞机驾驶舱设备设计规章（如 25.777、1321、1329、1543 等）、一般适用规章［如 25.1301（a）、1309（c）、771（a）］，以及 25.1523 条和附录 D 的确定最小飞行机组人员的规章。

25.1302 条加入了对避免和管理与机组人员差错相关的设计要素更加精确的要求，从而扩增了普遍适用的 25 部要求。避免和管理与机组人员差错的其他方式是通过 FAR 中管理飞行机组及飞机运行许可和资格的要求来监管的。同时，实施这些互补的要求保证了一定程度的安全和审定。

这一补充方法对避免和管理机组人员差错是重要的，认识到设备设计、培训、资格许可、制订正确的操作和流程都会通过降低或避免风险来提高安全性，需要以一个合适的方式将以上环节进行综合统筹考虑。有一部分在某些情况下会造成的机组人员差错设计特性在过去曾被认为可以接受，因为被认为可以通过培训或流程规范降低这种风险（HFHWG 报告），现在这种做法被认为是不恰当的。同时，要求设备设计能完全避免或缓解风险也是不可行的，因为在某些情况下这是不现实的，甚至会造成新的风险。

5.3 条款解析

5.3.1 序言

FAR 25.1302 和 CS 25.1302 在序言部分均定义了条款的适用范围,即 25.1302 条款适用于飞行机组成员在驾驶舱正常就座位置操纵飞机时使用的每个已安装的设备和系统。"飞行机组成员"是指包括符合 25.1523 条确定的最小飞行机组组成中的任何人或所有人。"单独地和与其他此类设备结合"是指当设备和其他设备一起安装在飞机驾驶舱上时必须满足本条款的要求,并且不得使其他设备不满足这些要求。

序言的重点是与系统的预期功能相关的所有任务,包括操作设备所需的任务,以及由设备功能提供支持的任务。这里的所有任务包括正常条件下的任务和非正常条件下的应急任务。尤其是当设备故障或失效时,或遇到不正常状态时,机组的任务怎么完成?需要什么样的操作程序?需要什么信息和控制?是否需要额外的技能?这些都是需要在 25.1302 条款的适航审查过程中重点关注的。同时,支持机组完成任务还强调了 25.1302 条款的适航符合性不是孤立的审查系统和设备,必须是基于任务来验证系统和设备的符合性,确定系统和设备能支持飞行员完成任务。

5.3.2 25.1302(a)款

FAR 25.1302 和 CS 25.1302 在 25.1302(a)款均要求对于拟议规则的首条款中确定的任何驾驶舱设备,必须安装适当的控制装置,并提供必要的信息。此外,控制和信息显示必须足以完成飞行机组的任务。

25.1302(a)款是对完成任务所需的信息和控制的要求,是机组进行交互完成任务所需要的信息和控制。申请人需要表明为人机界面提供信息和控制对于完成任务是足够的。25.1302(a)款是通过规定信息和控制的完备性来减少差错的发生。

5.3.3 25.1302(b)款

FAR 25.1302 和 CS 25.1302 均在 25.1302(b)款上为驾驶舱操纵系统和信息列出了必要和适当的要求,其目的是在有信息和控制的前提下,即满足 25.1302(a)款,确保信息呈现和控制的设计可由飞行机组使用,能支持机组完成其预期的任务。特别地,本节试图通过对飞机驾驶舱信息表示和控制施加设计要求,来减少设计引起的飞行机组差错。第(1)~(3)项规定了这些设计要求。

具体来说,25.1302(b)(1)项要求以与任务相适应的分辨率和精确度、以清晰和明确的形式提供信息和控制。对于信息,"清晰和明确的"意味着它可以被正确地感知(如是易读的),可以在飞行机组的任务情景中正确地被理解,并且支持飞行机组人员执行这些任务。对于控制,"清晰和明确的"意味着机组人员必须能够适当地使用它们以实现设备的预期功能,而不会导致机组的混乱或可能降低安全操作的差错。

25.1302(b)(1)项要求信息和控制能让机组正确感知,能为飞行机组的计划决策提供恰当的支持,其总体目的是增强设备控制设计的直观性、与参数或状态影响的一致性、与驾驶舱中的其他控制的操作兼容。"与任务相适应的分辨率和精度"意味着信息或控制必须以与完成飞行机组预期任务的精确度相适应的细节和精度水平来提供或操作。不充分的分辨率或准确性意味着飞行机组人员不能充分地执行任务。如果分辨率和精度不足,则导致机组不能正确地感知信息;而过度的分辨率可能使任务由于可读性问题而变得困难,或者暗示任务必须比实际更准确地完成,从而使得机组分配过多的注意力资源,增加机组工作负荷。

25.1302(b)(2)项要求信息和控制能让机组恰当、有效地完成计划决策。具体要求飞行机组人员根据其任务的紧急性、频率和持续时间相一致的方式获得和使用信息和控制。这意味着更频繁或紧急使用的控制必须容易访问,如采取更少的步骤或动作来执行控制功能。较不频繁或较不紧急的控制如果不易接近,则是可接受的。这也意味着不太频繁或不大紧急使用的控制不应干扰更紧急或频繁使用的控制。必须注意到,任务是动态的,通过驾驶舱静态评估的方法难以准确获得信息和控制的可达性和可使用性,必须是基于任务的动态环境的评价。

25.1302(b)(3)项要求设备提供信息,在安全操作需要这种认识的情况下,以便飞行机组能够意识到飞行机组人员行动对飞机或系统的影响。此要求的目的是确保飞机驾驶舱设备向飞行机组提供关于由飞行机组人员动作导致的系统或飞行器状态的反馈,以便飞行机组人员可以检测他们自己的差错。

需要指出的是,这里所要求的反馈作为一种传递给飞行机组的信息形式,同样需要满足25.1302(b)(1)项和25.1302(b)(2)项的要求。

5.3.4　25.1302(c)款

FAR 25.1302 和 CS 25.1302 均在 25.1302(c)款要求设备必须设计成使得

与飞行机组任务在操作上相关的已安装设备行为如下：① 可预测的且无歧义的；② 设计成使飞行机组能对适用于任务（和预期功能）的方式进行干预。它旨在定义可能导致或促成飞行机组差错或其他妨碍机组人员正确执行其任务的系统行为要求。

系统行为来源于两方面：一是系统本身的逻辑和功能；二是用户界面。系统向用户提供反馈显示，用户通过人机界面做出响应并将输入传递给系统。术语"操作上相关安装设备的相关行为"是从飞行机组的角度和观点传递设备的活动，这是规划活动或操作系统所必需的。这是为了将其与系统设计中的逻辑区分开来，系统设计中大部分是飞行机组不知道或不需要知道的。

条款所要求的系统行为更多的是针对自动化系统的行为。自动化系统的复杂性降低了机组的情境意识。不理解系统在做什么，不了解飞机当下的状态和未来可能的状态，也就意味着一旦发生不正常情况，飞行员就很难接手。

25.1302(c)(1)项旨在要求系统提供飞行机组足够的情境意识，描述系统行为使飞行机组知道系统正在做什么，以及为什么要这么做。"可预测的且无歧义的"意味着合格的飞行机组可以保留足够的信息，即在可预见的情况下系统对机组行动或环境改变的反应，以保证其能安全地操作系统。这种行为必须是不含糊的，因为飞行员的行动可能对飞机在不同状态或不同情况下，有不同的影响。

25.1302(c)(2)项要求设计提供用户干预的方式，使飞行机组能够采取某些行动，或者以适合于任务的方式改变系统输入。正常情况下飞行机组很少会去干预自动化系统的行为，因此，重点要关注在不正常条件下，存在什么样的干预方式（操作程序），机组是否知道该怎么做；进行程序重构时，飞行机组的工作负荷如何？时间压力如何？是否需要飞行机组有额外的技能？如何需要，这个技能如何获得，是否需要额外的培训？

另外，机组对系统进行干预后，人机界面是否提供反馈使得机组意识到其行为对系统的影响？这应该与25.1302(b)(3)项的要求相结合。

5.3.5　25.1302(d)款

25.1302(d)款是对差错管理的要求。航空业界意识到，即使训练有素、经验丰富的飞行机组人员使用设计良好的系统也会出错，因此设备必须设计成使飞行机组能够管理的形式。由于飞行机组与设备的交互而导致的差错可以以某种方式归因于与控制、信息或设备行为的设计相关（例如，复杂的、彼此不一致的或与驾驶舱内其他系统不一致的指示和控制,或与设备的设计不一致的程序),因此被认为在本监管和咨询材料的范围内。

"管理差错"意味着设备的设计必须使飞行机组能够检测/恢复飞行机组与设备的交互所导致的差错、确保飞行机组差错对飞机功能或能力不产生过大的影响,并证明该影响仍能够令机组成员继续安全飞行和着陆,或者通过使用开关保护装置、互锁、确认动作或其他有效手段来阻止这种飞行机组差错,或通过系统逻辑、冗余、稳健或容错系统设计来排除差错的影响。

"管理差错"的要求适用于合格的飞行机组在使用中合理预期的那些差错。术语"在使用中合理预期"是指在使用类似或可比较设备时出现的差错,或者可以根据一般经验和人员绩效能力的知识,以及使用控制、信息、被评估类型的系统逻辑。

本条款不适用于与飞机的手动操纵相关的技能差错,旨在排除由于飞行机组熟练掌握滚转、俯仰、偏航和推力控制的飞行路径和姿态动作,以及飞行控制系统与设计相关的差错。这些问题被认为可以通过诸如 FAR 25 B 分部和 25.671(a)款的现有规则充分解决。

设计不要求补偿飞行机组训练或经验不足的缺陷,这就假定了前面讨论的预期操作的最小机组要求。

25.1302(d)款排除由于飞行机组恶意的决定、行为或遗漏而导致的差错。这种排除是为了避免对设计施加规定,使这些设计容纳恶意或者有意犯下的差错。同样地,25.1302(d)款不要求申请人考虑由暴力行为或暴力威胁造成的差错。

5.3.6　条款解析总结

条款解析总结在表 5-2 中。

表 5-2　条款解析总结

条　　款	解　　析
适用于机组成员在驾驶舱工作位置上操纵飞机时所使用的安装系统和设备。申请人必须证明这些系统和设备,不论是单独使用还是与其他设备组合,都要设计成保证培训合格的飞行员能够安全地执行与系统和设备预定功能相关的所有任务。这些安装设备和系统必须满足如下要求:	条款适用范围: 操作该设备所需的任务;由设备预期功能提供支持的任务;正常条件下的任务、应急任务

（续表）

条　款	解　析
a. 驾驶舱安装的操纵器件必须能允许机组安全地执行设备预期功能，完成要求的所有任务，且必须向飞行机组提供完成任务所必需的信息	完成任务所需的信息和控制的完备性
b. 供飞行机组使用的驾驶舱信息和操纵器件必须满足：	确保信息和控制是可用的、支持飞行机组完成任务的；规定信息和控制的设计要求，减少差错、任务环境的影响
（1）以清晰和明确的形式、以与任务相适应的分辨率和精度提供	正确感知，为计划决策提供适当的支持
（2）与任务的紧急性、频率和持续时间一致的方式对飞行机组是可达的和可使用的	机组能够恰当、有效地完成计划决策；信息与控制的可达性、可使用性不是静态的，而是与任务性质相匹配
（3）如果意识对安全操作是必须的，则应能够使飞行机组意识到他们的行为对飞机或系统响应的影响	提供反馈，检测差错
c. 操作上相关的安装设备的行为必须是：	系统的逻辑与功能；人机交互界面
（1）可预测的且无歧义的	机组人员知道系统正在做什么，以及为什么这么做（情境意识）
（2）使机组能够以适合任务和预期功能的方式进行干预	重点：不正常条件下，机组的干预；方式：工作负荷问题，需要的额外技能
d. 在切实可行的范围内，安装设备必须提供方法使机组能够管理在运行中能合理预期的机组与设备交互导致的各种差错。这一要求并不适用于以下任何一项： （1）与手动操纵飞机有关的技巧型差错； （2）由恶意的决定、行动或疏忽导致的差错； （3）由机组严重忽视安全的鲁莽决定、行为或疏忽导致的差错； （4）由暴力行为或威胁造成的错误，包括在胁迫下采取的行动	防止或管理差错： 可能的差错；差错的原因（条款 a、b、c）；差错后果；差错的预防和/或恢复措施（条款 a、b、c）

综上所述，25.1302 条款与现有规章中人为因素的主要条款 25.1523 相结合，通过要求驾驶舱系统及其使用者必须具备的能力及航空任务的特点，保障航空运输系统的基本安全水平，具体落实到航空器操控系统的设计和飞行员的能力水平层面。

（1）25.1523 基于飞行员状态与作业能力的关联性原理,规定了关于机组工作负荷的限制性要求。该条款将飞行机组繁多的工作内容、复杂的工作过程、多样的影响因素映射到综合的工作负荷参数体系,使得人为因素对安全性影响的评估具备可操作性。工作负荷的限制性要求可以被认为是对驾驶舱人机交互的必要性要求。

（2）25.1302 条供机组人员使用而安装的系统和设备,基于飞行员认知活动的需求与航空作业中信息流及控制方式的关联关系,规定了驾驶舱系统通过人机界面为飞行机组提供的信息显示及控制手段的要求。该条款将飞行机组任务过程中的认知特性与飞机功能特性对应起来,进而可以将人为因素的安全性要求落实到系统设备的设计特征中。可以认为该条款是对驾驶舱人机交互的充分性要求。

5.3.7　FAR 与 CS 的差异分析

5.3.7.1　条款差异性

EASA 在 CS 25.1302(d)款中规定,允许申请者假设飞行机组不违规操作("带有良好初衷操作"),这样的表述相对比较模糊。

FAA 在 FAR 25.1302(d)款中列举了更加详细的例子来替代这一术语,即其中的:

b)"由恶意的决定、行动或疏忽导致的差错"。

c)"由机组严重忽视安全的鲁莽决定、行为或疏忽导致的差错"。

d)"由暴力行为或威胁造成的错误,包括在胁迫下采取的行动"。

这是条款中最主要的差别。但是,两者均考虑了预期动作导致非预期的结果这样的差错。两者意图相同,适航规则的影响可以认为能够相协调。

5.3.7.2　咨询通告的差异性

AC 25.1302 和 AMC 25.1302 在行文和要求上存在以下方面的不同。

1) 审定计划部分

AC 25.1302 关于审定计划的内容包括:

（1）确认新飞机、系统、控制、信息或特征。

（2）确认被评估的设计特征,以及特征是否新颖或不寻常。

（3）对新特征的集成性或复杂性的说明。

（4）受新特征影响的飞行机组任务或引入的任意新任务的列表。

（5）任意机组程序的更改。

（6）根据 25.1 条必须遵守的具体要求。

（7）用于表明符合性的（一个或多个）方法。

（8）如何将此数据提供给局方审定机构。

（9）对预期功能的描述。

AMC 25.1302 中关于审定计划的内容要求为：

（1）新飞机、系统、操纵系统、信息或特征。

（2）被评估的设计功能，以及这些功能是否新颖。

（3）新功能的集成度和复杂性。

（4）受影响的飞行机组任务或者任意引进的新任务。

（5）任意新的飞行机组程序。

（6）必须遵守的具体要求。

（7）符合适航性的验证方法（一种或多种）。

（8）提交数据到审定机构的方法。

两者的区别在于 AC 中多了最后一条"对预期功能的描述"。AMC 25.1302 尽管在该部分没有关于这一条的要求，但是在"5.2 预期功能和相关的机组任务（Intended Function and Associated Flight Crew Tasks）"中要求为了表明符合 CS-25.1302 的要求，必须了解系统的预定功能以及预期的机组任务。申请人关于预定功能的描述必须足够具体和详细，以便局方可以评估该系统是否与预定功能及相应的机组任务相适应，即要求申请人对系统预期功能进行足够详细、具体的描述，但并未明确要求在审定计划（certification plan, CP）中体现。因此，AC 25.1302 和 AMC 25.1302 在关于预期功能描述方面的要求是一致的。

2）控制-显示兼容性部分

在 AMC 25.1302 的 5.3.5(b)(2)项中控制与显示的兼容性部分，要求"当控件用于移动在其移动范围内的致动装置（actuator）时，在执行相关任务所需的时间内，设备应该提供致动装置（actuator）在其范围内足够的反馈"。在 AC 25.1302 的 5.4(e)(2)项控制-显示兼容性部分中，缺少这一部分描述。AC 25.1302 将这部分内容调整到"5.4(f)充足的反馈"中。

尽管 AC 25.1302 和 AMC 25.1302 在内容行文上有所差异，但对控制器件的显示反馈一致性要求是一致的。

3）信息表达的一致性要求

AMC 25.1302 的 5.4.2(b)款提到了信息表达的一致性要求："如果在多个地方或者通过多种方式（如视觉和听觉）提供相似的信息，那么信息报告的一致性是需要的。系统内信息报告的一致性能减少机组人员的差错。"

AC 25.1302 在该部分没有这一要求,关于一致性的要求都放在 5.8(b)款中。在 5.8(b)款中对系统内和整个驾驶舱在信息显示方面的一致性提出了要求。

因此,AMC 25.1302 和 AC 25.1302 在关于驾驶舱内相同或相似信息一致性的要求上并没有差异性,是一致的。

4) 系统功能行为部分

AC 25.1302 的 5.6(c)(3)项中系统行为可预期、无歧义中可用于操作相关的系统行为,以及系统运行模式的设计注意事项如下。

(1) 设计应该简洁。

(2) 模式公告应清楚不含糊。例如,机组的模式使用或配置选择应有充分的公告、指示或显示反馈,以使机组意识到他们操作的效果。除此之外,任何由飞机运行模式的改变带来的模式改变应该被清晰且无歧义地通告并反馈给机组人员。

(3) 模式配置、使用,以及取消方法的可达性和可用性。例如,系统模式不应该依赖于配置、使用、解除配置或解除使用自动飞行模式必需的机组操作。要求每个模式都需要不同操作可能导致的差错。对飞行制导系统模式的具体指导请查看 AC 25.1329 - 1B。

(4) 对于非指令的模式转换和逆转应该有充分的公告、指示或显示信息,以提醒系统使用的或配置的模式发生了非指令的变化,如 25.1302(b)(3)项。

(5) 当前工作模式应始终可识别和显示。

但是,在 AMC 25.1302 中关于此段的描述没有最后一条"当前工作模式应始终可识别与显示"的要求。

结合波音 737MAX 的事故,系统行为或系统模式不清楚导致在不正常状态下飞行员不清楚系统行为,进而发生与飞机系统对抗的问题。研究认为,AC 25.1302 中"当前工作模式应始终可识别与显示"这一条要求是合理且必需的。这一要求保证了正常或非正常(紧急)情况下,飞行机组对系统当前行为/模式的清晰明确性,从而保证了飞行员良好的情境意识。

5) 关于系统功能逻辑的可见性

在 AC 25.1302 的 5.2(7)(d)项中,有一句描述"The specific functional logic is normally transparent to the flightcrew",而 AMC 25.1302 中没有。

按照字面翻译,具体的功能逻辑对飞行机组通常是透明的(或清楚易懂的),

似乎要求飞行机组理解系统功能逻辑。但是,结合上下文来看,短语"操作相关的行为"区分了机组人员感知的系统行为和机组人员操作的系统功能逻辑。具体的功能逻辑通常对机组人员来说是透明的。例如,在一个软件操作的控制系统中,机组需要了解如何使用系统,明白系统的局限性在哪里,但是不需要知道使系统工作的实际计算机代码。按照上下文的要求,以及 AC 25.1302 的 5.6 关于系统行为的要求,系统的设计要求机组理解系统的行为,理解如何使用系统、系统正在做什么、将要做什么,但并不要求机组理解系统设计内部的功能逻辑。在 AC 25.1302 的 5.6 中明确指出"大多数的功能逻辑是机组不知道或不需要知道的"。因此,结合上下文及关于系统行为的要求部分来综合判断,此处的"transparent"的含义不应该是"清楚易懂",而应该是"透明、不可见"。

6 民用飞机驾驶舱差错管理适航符合性验证

本章详细介绍了民用飞机驾驶舱差错管理的适航符合性相关验证工作,包括符合性验证思路、符合性方法的制定、涉及的相关方法论及相关的设计考虑和指导。

6.1 符合性验证思路

AC 25.1302 和 CS 25 amendment 27 及之前的版本中均在 AMC 25.1302 的章节中提供了确定审定计划范围的方法。申请人应当考虑驾驶舱控制器件、信息显示和系统行为与机组人员的相互作用,申请人应当把系统功能、组件和特征与机组人员的任务联系起来。当引入新的系统、组件和特征时,应当理解机组成员的任务是怎么被更改或变化的。审定计划可能受设计特征的新颖性、复杂性和集成度影响,申请人应当与审查机构在驾驶舱控制器件的使用范围、信息显示和系统行为之间取得一致意见,这些在审查过程中会得到额外的仔细审查。申请人应当注意到新特征的作用会受到它的复杂性以及驾驶舱其他设备集成度的影响。关于人为因素设计审定计划的条理性方法如图 6-1 所示。

AC 25.1302 和 AMC 25.1302 都提供了制定符合性验证方法的思路,可以分为三部分。

1) 确定系统、组件和特征,即确定审定程序的范围

按照 AC 25.1302 的要求,申请人必须证明这些系统(供飞行机组使用的安装系统和设备)和所提出的设备设计,单独地及与其他同样系统和设备的组合能使合格的飞行机组安全地执行与所安装的系统和设备预期功能相关的所有任务。合格的飞行机组是指对适用系统和设备的使用是经过训练和检验的机组。申请人应当分析和考虑涉及飞行机组交互的驾驶舱的控制器件、信息显示和系统行为;应当分析并把系统、组件和特征的预期功能与飞行机组的任务联系起

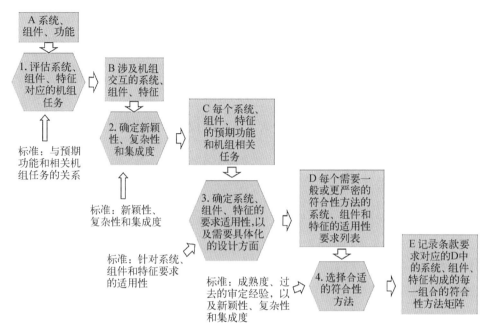

图 6-1　关于人为因素设计审定计划的条理性方法

来。此分析的目的是提高对所提出的系统、组件和功能如何影响飞行机组任务的理解。咨询通告中提供了关于飞行机组交互、功能和任务的指导。

审定程序可能受到设计特征的新颖性、复杂性和集成度影响。考虑到新颖性、复杂性和集成度水平，申请人应当就审定过程中需要额外严格审查的驾驶舱控制器件、信息显示和系统行为与局方达成共识。新特征的作用可能受其复杂性，以及与驾驶舱的其他元件的集成程度影响。与新颖、复杂并存的特征相比，一个新颖但简单的特征可能不需要严格的审查。

申请人应当通过新颖性、复杂性和集成度来表征设计特征。更加新颖的特征通常在审查过程中需要额外的审查。被认为较不新颖的特征仍然应该符合25.1302 条的要求。

2）系统的功能和特征，即适用性要求

按照 AC 25.1302 要求，申请人应当确定适用于每个系统、组件和特征的设计要求。这些设计要求的实现在某种程度上可以通过确定可能对飞行机组工作情况产生不利影响的设计特性，以及确定用于避免和管理机组错误的设计特性。

本部分的预期结果是申请人输出设计中预期符合的监管要求清单。设计特征也将根据此清单进行仔细审查,确定每项要求提出的符合性方法构成的符合性矩阵的基础。

3) 选择合适的符合性方法

在确定应当向适航当局提交哪些内容以表明符合性后,申请人应当了解如何选择适合于设计特征的一种符合性方法或多种符合性方法。一般来说,适航当局期望符合性方法所展现的审查或严格程度将随着设计特征的新颖性、复杂性和集成度的增加而增加。

一旦确定了飞行机组的工作表现问题,并且向适航当局提出合适的符合性方法,作为审定计划流程的一部分,适航当局就可能同意将对人为因素问题的具体评估、分析或评价作为符合性证据的一部分。当成功地证明人为因素问题得到有效解决并满足最终标准时,设计特征即被认为符合规章的要求。

在新发布的 CS 25 修正案中,新修订的 AMC 25.1302 更加详细地描述了具体的符合性验证流程,如图 6-2 所示,大体上可以分为两个阶段:

(1) 第一阶段:确定符合性方法矩阵(compliance matrix)的过程(每个设计项拟采用的符合性方法)。

(2) 第二阶段:按照确定的符合性方法,实施活动,表明符合性的过程。

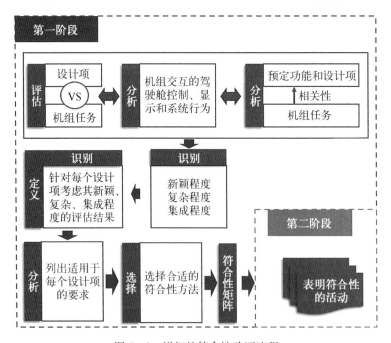

图 6-2　详细的符合性验证流程

具体的每一个步骤如下。

（1）识别涉及机组交互的驾驶舱控制器件、信息显示、系统及设备。

a. 作为初始步骤，申请人应当考虑机组成员使用的所有设计项，以识别涉及机组人员交互的控制器件、信息显示、系统和设备行为。

b. 如果（限制/补充）型号合格证发生变更，则待分析的功能范围仅限于受变更及其集成影响的设计项。

c. 目的是分析和记录要执行的机组成员的任务，或者由引入新的设计项导致的任务改变或变化。

（2）分析系统和设备的预期功能，以及相关的机组成员任务。

a. CS 25.1301(a)款要求"每一项已安装的设备的种类和设计必须与其预期功能相适应"。CS 25.1302规定了确保设计能够支持机组成员执行其任务的要求。为了表明符合CS 25.1302，必须明确系统或设备的预期功能和机组成员预期要执行的任务。

b. 申请人对预期功能的描述应当足够具体和详细，以便能够评估该系统或设备是否适合于预期功能和相关的机组成员任务。例如，一个新的显示系统旨在"增强情境意识"的声明应当被进一步解释。不同类别的显示以不同的方式增强情境意识，如地形感知、垂直剖面图，甚至是主要的飞行显示器。申请人可能需要为更加新颖、复杂或集成的设计项提供更详细的描述。

c. 申请人应当说明以下项目的预期功能和相关任务。

a）每个设计项及其集成性。

b）针对该系统或设备对应的供机组成员使用的指示和控制器件。

c）指示和控制器件的显著特征。

d）描述指示和控制器件及机组成员程序的信息。

d. 申请人可以通过以下问题来评估对预期功能和相关任务的描述是否足够具体和详细：

a）每个设计项是否都有一个明确的意图？

b）是否描述了与功能相关的机组成员任务？

c）机组成员需要进行哪些评估和活动？机组成员需要根据系统或设备提供的信息做出哪些决策？

d）其他哪些信息与系统或设备结合使用？

e）该系统或设备的安装或使用是否会干扰机组成员操作其他驾驶舱系统或设备？

f) 是否对将使用该系统或设备的运行环境提出任何假设？

g) 除了操作、培训或资格的要求外，是否对机组成员的属性或能力提出假设？

e. 此步骤的输出是设计项列表，包括与机组成员任务相关的每个预期功能。

（3）确定审查的详细程度。

a. 为表明符合 CS 25.1302 的要求而进行的人为因素审查的深度和广度是由审查的详细程度驱动的。审查的详细程度是通过使用以下描述的要求进行确定的。

a) 集成度：系统集成的水平是指影响机组成员操作的系统之间相互依赖的程度。申请人应当描述系统之间的集成程度，因为这可能影响到适航符合性验证方法。AMC/AC 中涉及的集成度被定义为特定系统如何与驾驶舱融为一体，以及集成度如何影响符合性验证方法的确定。

b) 复杂性：飞行机组成员预期使用的系统和设备的复杂性是影响适航符合性验证方法的重要因素。复杂性可以从多个维度进行考虑，例如：

（a）机组成员必须使用的信息的数量、可访问性和整合程度（如显示器上的信息项目的数量、颜色的数量、告警或语音信息的数量，可能是复杂性的指示）。

（b）与每个系统相关的驾驶舱控制器件的数量、位置和设计，以及与每个控制器件相关的逻辑。

（c）执行任务所需的步骤数，以及工作流的复杂性。

c) 新颖性：新颖性也是影响适航符合性验证方法的重要因素。申请人可以根据对以下问题的回答来确定设计项的新颖程度：

（a）在驾驶舱的设计中是否引入任何新的功能？

（b）设计是否为现有或新设计项引入新的预期功能？

（c）是否有什么新技术会影响机组成员与系统的交互方式？

（d）是否在飞机级引入了任何影响机组成员任务的新设计项？

（e）引入新的设计项是否需要不寻常的程序？

（f）设计项是否为机组成员引入了与系统交互的新方式？

在回答上述问题时，针对每个否定的回答，申请人应当确定参考的成熟产品。这些成熟产品可以是航空电子设备套件，或之前由同一申请人取证的整个驾驶舱。新颖性的程度应与对上述问题的正面回答的数量成比例。

b. 所有受影响的设计项都将被详细审查。如果不满足上述集成度、复杂性和新颖性中的任意标准，则所讨论的设计项可以进行较少程度的审查。所采取的审查程度应当与每个设计项所满足的上述要求的数量成比例。申请人应当意识到，复杂设计项的影响也可能受到其新颖性和与驾驶舱其他元素的集成程度的影响。例如，一个既复杂又新颖的设计项可能比一个复杂但不新颖的设计项需要更高程度的审查。此外，即使其他问题的答案都是"否"，一个全新的、"未知的"的功能可能会触发高程度的审查。如果要求的数量与审查程度之间没有直接的关系，则申请人应当提供充分的理由。申请人应当在审定计划中包含所有经过分析确定审查程度的设计项。

c. 申请人可对审查程度较低的设计项使用较简单的验证方法。

（4）确定审查的程度——适航局方对项目的熟悉程度。

对申请人提出的审查程度进行的分类评估要求适航当局的飞行员和人为因素专家熟悉该项目，并能够利用现有的材料和工具。

（5）适用的人为因素设计需求。

a. 申请人应当确定适用于每个设计项的人为因素设计需求。这可以通过识别可能对机组成员的行为产生不利影响的设计项的设计特征，或与避免和管理机组成员差错有关的设计特征来实现。在 AMC/AC 中介绍了涉及机组成员行为要求的具体设计考虑事项。

b. 该步骤的预期输出是一个符合性矩阵，它将设计项和被认为相关和适用的人为因素设计需求联系起来，以便从每个设计项和人为因素设计需求中得出详细的评估目标。然后，必须使用最适当的符合性方法或符合性方法的组合来验证这一目标。附录 B 提供了这个矩阵的示例。

（6）选择合适的符合性方法。

a. 申请人应参阅 AMC/AC 相关内容，以获得关于选择适合该设计项的符合性方法或多种符合性方法的指导。一般来说，预期的审查程度应当随着设计的新颖性、复杂性或集成程度的增加而增加。此外，为表明符合性而付出的努力的验证工作应随着更高程度的审查而增加，如对同一设计项使用多种符合性方法和/或多个人为因素评估。

b. 此步骤的输出将包括用于验证人为因素目标的符合性方法清单。

（7）审定计划。

申请人应当记录审查过程、审查结果和在上述段落中描述的内容，这可以列入一个单独的计划，或并入一个更高级的审定计划中完成。

6.2 适航验证的相关考虑

人为因素的适航审定针对为机组使用而安装的系统和设备。人为因素的审定基于两个必要的互补过程：① "研制和分析"过程，需要相关的审查方专家的早期参与；② "基于模拟场景的演示"过程，要求用户通过在设计和审定过程中使用模拟器和/或飞行场景进行早期参与。

EASA AMC 25.1302 定义了几种可接受的符合性验证方法，包括相似性声明、设计描述、分析、评估、试验等方法，以表明人机交互相关系统、设备设计的可接受性，其中部分符合性方法是基于场景的演示。本节将对应的符合性验证考虑进行详细阐述。

人机界面相关系统和设备的设计和确认应当是一个迭代的过程。因此，在型号的研发过程中，与人为因素相关的风险和问题需要在项目过程中被反复评估。

6.2.1 与驾驶舱人为因素审定相关的过程和定义

1）设计项的新颖、复杂、集成特性描述

EASA AMC 25.1302 中指出，需要关注整个驾驶舱设计项的三类特征，即新颖性、复杂性和集成度。尽管只有部分驾驶舱设备可能被认为是新的或新颖的，但这些设备通常需要与其他现有设备共同使用。应当基于整个驾驶舱环境来考虑机组工作负荷、设备的可用性和潜在的机组差错，而不仅仅是这些新的/新颖的设备本身。因此，必须进行完整的驾驶舱评估，以保证新的/新颖设备没有引入潜在的问题。如果一个已取证的系统在驾驶舱内与其他系统的交互方式有差异（相对于已取证机型），也应当给予特别关注。

2）机组差错

EASA AMC 25.1302 提出：对于差错管理要求，适用于合格且经过培训的机组成员在服役中可以合理预期的差错。"服役中合理预期的差错"是指这些差错在相似或具有可比性的设备的服役过程中已经出现过，或是基于对被评估机型上控制器件、信息显示和系统逻辑对应的相关使用者的行为能力和限制的总体经验和知识，预测会发生的差错。服役经验可用于识别正在进行评估的驾驶舱中可能出现的潜在机组差错。一旦潜在的差错被识别，申请人就必须表明当前的驾驶舱提供了足够的手段管理这些差错（差错预防、机组对差错的识别、差错纠正）。但是，对于特定功能、系统或设计项，即使服役中未曾出现过机组差错，也不能直接作为表明 CS 25.1302 中适航要求的可接受符合性方法。

3）详细程度

（1）在审查活动的初期，申请人应当给出需要额外详细评估的设计要素、功能和系统范围的建议，并与审查组达成一致。除了系统描述之外，审查组可能还需要熟悉早期的设计原型，以确认建议的详细程度是否可接受。

（2）建议的详细程度与符合性方法密切相关。详细程度低的设计项，可能仍需要包含在试验项目中以验证初期筛选的有效性。任何仅基于符合性声明（MC0）、设计说明（MC1）或分析/计算（MC2）的符合性方法而得到的符合性结论，通常是不可接受的。

（3）一旦识别出需要详细评估的人为因素关注问题，就应当将这些人为因素问题转化为相应的人为因素试验目标。

6.2.2　交付物

（1）建议在审查活动初期向审查组提交人为因素审定计划。

（2）需要详细评估的项目，应当有相应的文件说明选取的过程和结果。

（3）申请人必须编制并提交人为因素试验计划，该计划应当包含所有详细的人为因素评估目标。同时，应提供审查活动计划，详细说明系统描述、系统级和飞机级的评估工作。这些信息将作为审查组确定介入程度的基础。

（4）人为因素试验大纲应当在每次评估前尽早提交给审查组。试验大纲应描述试验方法（场景的数量、机组的数量和介绍、评估的组织等），将被评估的人为因素目标，预期的机组表现，需要实施的试验场景等。审查组将通过这些信息评估试验大纲对于人为因素目标和机组预期表现要求的充分性和合理性。在开始试验评估前，试验大纲需要根据审查组的意见进行修订并得到审查组认可。

（5）每次人为因素评估都应当提交试验报告，报告应至少包含下述内容：

a. 试验平台构型。

b. 试验平台的限制。

c. 详细的人为因素试验目标。

d. 试验程序，包括任务数量，机组数量，机组类型（如申请人试飞员、局方飞行员、航线飞行员等），场景的描述，试验的组织（培训、试验前交流、评估、试验后讲评），观察员。

e. 针对每一人为因素目标所采集的数据描述（包括正面和负面的观察结果、飞行员正面和负面的表述）。

f. 对观察到的人为因素问题的深入分析。

g. 对相关人为因素目标的评估结论。

h. 如适用,应提出针对观察到人为因素问题的改进方法建议(设计更改、程序改进、训练等)。

6.2.3　飞行试验/模拟器试验

(1) 申请人应根据所评估的人为因素目标的特性来选取合适的试验平台和符合性方法。特别地,申请人应综合考虑所评估的人为因素目标、人为因素模拟器平台的代表性和局限性、飞行试验的可行性等方面,选取采用飞行试验(MC6),还是采用模拟器试验(MC8)进行符合性演示。

(2) 当运行环境和系统代表性影响人为因素数据的有效性时,采用 MC6 的方法是合适的。

6.2.4　试验规划

(1) 人机界面的研制和确认通常是一个迭代的过程。因此,根据审定计划的定义,对于同一系统,会有多个周期的系统级评估和飞机级评估。

(2) 审查组认为仅仅依靠最终确认的方式是不可接受的,即没有审查组在早期的介入,仅仅在最后通过 1～2 次的飞行试验表明符合性,通常是不可接受的。相反,审查组要求根据审查早期达成一致的介入范围,通过熟悉性环节、对所关注的人为因素系统级评估和飞机级评估的定期目击、对评估大纲和评估结果的审阅等方式,对研制过程进行监控。通过这样的方式,审查组可以在持续地对人为因素评估过程和驾驶舱设计符合性方面获得经验和信心。申请人可以获取部分早期的审定信用,以降低适航审定的风险,在预期的取证时间前应规划充分的时间供审查组介入审查。

(3) 在型号研制初期,只要系统和仿真的限制不影响采集数据的有效性,系统和仿真的代表性就并非最关键要素,不应影响审查组介入。

(4) 基于场景演示的目标是证实上述活动的结果并表明人机交互的可接受性,该活动可以与研制和分析过程同步开展。这个活动应当邀请不同背景的飞行员代表未来用户,在模拟器或飞机上开展能够代表真实运行条件的评估工作。这些评估条件应保证申请人和审查组的人为因素专家观察机组行为,记录机组使用困难、无意识差错和机组误解等。

(5) 申请人应当提出在飞机或模拟器(具有足够代表性和逼真度)上进行的飞机级评估场景,以在"飞机级"表明对人为因素适航要求的符合性。在系统级也应采用同样的方式来表明符合性。

（6）申请人应当向审查组介绍开展场景评估的飞行员清单,包括他们的背景和经验,并就人员清单与审查组达成一致。

（7）对于模拟器试验和飞行试验,应当进行观察,并详细记录机组行为。除了最终的报告外,申请人应对观察记录和评论进行初步分析,并在试验结束后尽快提交给审查组。

除了对研制过程的介入外,审查组可能会参与到系统级和飞机级基于场景的评估工作中,以确认运行场景的定义和数据采集方法的可接受性;确保"基于模拟场景的演示"工作是按照基于达成一致的方法开展的。

审查组的专家可能要求进行基于场景的评估飞行,或是观察由航线机组或申请人机组(模拟未来用户飞行员)开展的模拟器试验。按照人为因素审定计划的建议,申请人试飞员、局方试飞员和具有代表性的航线飞行员应参与到"基于模拟场景的演示"评估中,参与的结果可以被记录为人为因素数据。

虽然分析/计算(MC2)的方法可用于初步分析设计相关人为差错的潜在可能,以及评估预防差错手段理论的有效性,但相关结论通常需要通过飞行试验(MC6)和/或模拟器试验(MC8)来补充演示和证实。

人为因素评估计划因遵从人为因素审定计划的要求,应及时、定期提交给审查组。评估计划应与审查组讨论并视情况调整,以确保审查组可以按需参与;应保证局方飞行员和人为因素观察员能够尽早参加评估工作,以确认场景的正确性并给出可能的改进建议。

对于任何模拟器试验或飞行试验,都应有基于问卷的航后讲评。在讲评中,飞行员可以给出他们认为有用的主观评述。当审查组参与试验时,局方飞行员和人为因素观察员可向申请人和相关的审查组专家发布航后讲评记录,以追踪需要关注的重点问题;要求提供关于系统逻辑和人机界面的补充信息。

航后讲评的记录不应发布给后续需要执行评估工作的飞行员,或与之进行交流,以确保按照试验方法实施的结果不存在偏差。

审查组的系统专家、人为因素专家和飞行员可能会作为观察员参与评估工作。他们应向申请人告知他们的参与,以组织相关评估活动,并减少驾驶舱内观察员的数量。观察员不应在试验过程中,或是航后讲评中干涉飞行员。观察员可在试验结束后进行提问。

由于个体行为的多样性,采用单个机组进行人为因素评估是不可接受的。对于一次人为因素评估,包含审查组的机组在内,可接受的机组数量通常为3～5个。但是,如果人为因素试验目标只关注2个机组成员中的一个飞行员的职责,则可以在整个任务中使用同一个执行飞行或监视的申请方飞行员(该飞行员不产生人为因素数据)。

飞行机组在试验前应当接受适当的培训(针对将要评估的系统和功能),这样在对观察到的人为因素问题进行原因分析时,就可以排除缺乏培训这一因素。因此,为了代表实际的运行状态,在评估中应遵从真实的机组任务分配、正常/非正常工作流和检查单来进行。申请人应尽早提供 AFM/飞行机组操作手册(flight crew operating manual, FCOM)等运行手册、试验程序和检查单,以供机组提前准备。

应当广泛应用基于场景的评估方法。场景用来发现预期的机组行为与被观察到的机组行为之间的偏离。场景的设计者应当利用触发事件,如系统失效、空中交通管制(ATC)请求、天气事件等,来观察机组的反应。

场景的设计应覆盖所有详细的人为因素试验目标的子集。场景与试验目标之间的关系应清晰地呈现给审查组。这个关系应在试验大纲或其他相关文件中呈现,可供审查组审阅。

当采用模拟器演示时,应最大化飞行员的沉浸感,以保证数据的有效性和可信度。推荐使用“无干扰的模拟环境”,即没有外界的噪声和视觉干扰,没有观察员的干涉、没有场景中断(除非评估目标特性要求的)、真实的空中交通管制(ATC)通信模拟、飞行员佩戴耳机等。

人为因素数据采集包含下述注意事项。

(1) 观察项目应不限于人为差错,还应该包括可能暴露设计相关问题的飞行员的言语和行为指示,如犹豫、非最优或意外的策略、用语不当、紧张、机组资源管理(CRM)缺失、机长角色转移等。

(2) 主要的数据采集方法应为直接观察。问卷和等级判定等其他工具应仅作为补充方法。在任何情况下仅依赖问卷都是不够的。

(3) 应当重视人为因素评估后的航后讲评。航后讲评使人为因素观察员可以收集所有后续人为因素分析中可能需要的理论基础。应使用相关访谈技巧。

(4) 人为因素观察员应具备相当的观察和访谈技巧经验,并接受过充分的培训。

试验前应有航前讲评会,包含下述信息。

(1) 后勤详细信息(评估任务时长,以及航后讲评的组织、休息等)。

(2) 试验平台描述:构型和限制、特殊约束等。

(3) 对机组的期望:必须明确说明,评估的目的不是评价飞行员的表现,而是评价驾驶舱设计。

(4) 建立模拟器(或真机驾驶舱)乘员规定、人员数量和职责:谁在模拟器/

驾驶舱内,以及谁在控制室(或远程观察台)。

（5）当申请人机组参与"基于模拟场景的演示"时,必须意识到他们的角色与之前在研制阶段时作为飞行专家的角色有显著不同。为了使评估过程有效且不存在显著的偏差或机组补偿,机组应尽可能像拥有平均经验的航线飞行员一样反应和表现。

注意事项如下。

（1）参与试验的飞行员不应被提前告知场景中的故障或状况,如飞行员失能、风切变、交通事件、空中交通管制(ATC)、通信等。

（2）参与试验的飞行员不应在评估飞行之前或当时被问及对场景的观点和意见。场景应当提前进行充分协调。建议在开展人为因素评估活动前进行内部预评估,以确认场景运行的适当性。

航后讲评时应注意不要向飞行员提出引导性问题,无论是口头还是书面;当提出与评估目标不直接相关的人为因素关注问题时,也应当在试验报告中进行记录,并进行充分的调查和分析。

每一个被观察到的或报告的与设计相关的人为因素问题都应当在评估后进行分析。如果是人为差错问题,则分析应包括但不限于以下内容:

（1）差错类型。

（2）观察到的使用和安全影响。

（3）运行环境的描述。

（4）根原因分析。

（5）在其他场景下的安全影响推断。

（6）何人、何时,如何发现差错?

（7）何人、何时,如何改正差错?

（8）现有的减缓措施。

（9）模拟器的局限性可能对观察的影响。

人为因素问题分析必须有合适的结论(不需要做什么、运行建议、程序改进、训练),或设计更改建议。对于评估中发现的人为因素问题的任何改进建议,如果申请人最终没有实施,则需要向审查组提供充分的理由。

6.3　方法论

6.3.1　新颖、复杂、集成设计特征判断

AMC 25.1302强调了审定程序受到系统集成水平、复杂性和设计特征的新

颖性的影响,申请人应当根据集成度、复杂性和新颖性水平,就需要额外审查的驾驶舱控制器件、信息显示和系统行为与审查方达成共识。因此,这涉及如何对驾驶舱内系统的新颖性、复杂性和集成度进行有效评价,进而确定所需的符合性验证方法。

6.3.1.1　新颖独特设计特征判断

1) 航空业内关于新颖性的评价方法

在咨询通告中提到了关于新颖性判定的 4 个方面。

(1) 是否引入新技术,以新颖的方式操作已经建立的或新建立的驾驶舱设计? 这些技术包括硬件和软件方面。

(2) 采用新技术是否需要不同的或额外的操作程序?

(3) 设计是否为飞行机组与使用传统或创新技术的系统进行交互引入了新的方法?

(4) 设计是否在现有系统的基础上引入了新的用途而改变飞行机组任务或职责?

基于上述原则,申请人应当对设计特征的新颖性进行描述,大多数的新颖性特征可能在审定过程中要求额外的仔细检查。极少部分的新颖性特征仍然必须证明符合相关的条款,但通常会遵循典型的审定过程。

此外,在 SAE ARP 5056 中提供了一种新颖性的主观评价方法,从任务初始化事件、使用的控制、用于监控的显示、程序、任务结果等方面来进行评价。在新颖性量表上评分为 0 的任务被认为是与已知任务完全一致的,如表 6 - 1 所示。

表 6 - 1　新颖性评价量表(相对于已知任务)

描　　　述	评　分[①]
触发任务的原始数据格式/事件	
任务所用的控制器件	
任务监视所用的显示形式	
执行任务的驾驶舱流程	
任务执行结果	
总计	

注: ① 0=完全一致;1=非常相似;2=有点相似;3=不相似。按总分计算,5～9 分为低新颖性;7～12 分为中等新颖性;11～15 分为高新颖性。

但必须意识到,主观评价非常依赖飞行员以往的经验,通常是与他/她经常使用的系统进行对比,所以得出的结果往往是相对于他/她以往使用系统的新颖性。因此,需慎重选择参与评价的飞行员。

在衡量新颖性时,以往的用法(惯例)肯定是重要的。如果某一任务在以往以相同的方式多次出现,则通常在新的任务中不新颖。与其他任务的相似性也是衡量新颖性的一个因素。如果该任务与其他已知任务非常相似,则在新颖程度的评价上被认为较低。

2) 产品新颖性的评价方法

产品的新颖性评价是关于产品创新性评价的主要方面之一。因此,在工程领域,研究者提出了众多关于产品新颖性的评价方法。新颖性是相对于参考物的,可以是相对于所关注个体早先的创意,可以是相对于整个人类的历史。前者是心理学上的新颖性,后者是历史上的新颖性。评价产品新颖性的方法之一是将产品特性与其他满足同样需求的产品特性进行比较。

Sarkar 等提出了一种基于 SAPPhIRE 模型(见图 6-3)的产品新颖性评价方法。其中,SAPPhIRE 的因果模型用来描述产品的功能性。

(1) 部件子集:构成系统和环境的物理元素和界面。

(2) 器官:交互所需的系统和环境的性能和状态。

(3) 输入:来自系统边界以外的物理量(材料、能源或信息),对交互是必需的。

(4) 物理影响:管理交互的准则。

(5) 物理现象:系统和环境的交互。

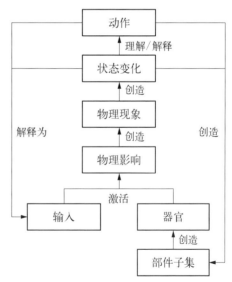

图 6-3 SAPPhIRE 模型结构

(6) 状态变化:交互中的系统(和环境)性能的变化。

(7) 动作:交互的抽象描述或高水平解释。

模型中各部分的关系如下。部件子集对于创造器官是必需的。器官和输入对于激活物理影响是必需的。物理影响的激活对于创造物理现象和状态变化是必需的。状态变化可以理解为动作或输入、创建或激活组件。本质上,这些结构之间存在 3 种关系:激活、创造,以及理解/解释。如果一个产品在状态变化、物理现象、物理影响方面(高阶)不同于其他现有产品,那么它们在器官和部件子集方面(低阶)也是不同的。

基于 SAPPhIRE 模型的新颖性评价流程如图 6-4 所示。

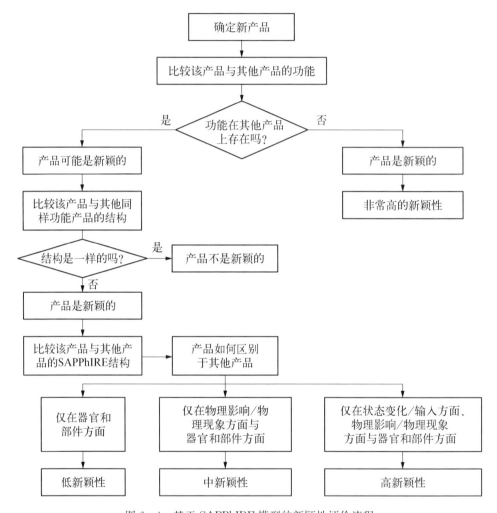

图 6-4　基于 SAPPhIRE 模型的新颖性评价流程

由图 6-4 可知,该方法为产品新颖性的评价提供了一种分级定量的且执行性较好的技术手段。

6.3.1.2　复杂设计特征判断

由 Guy Boy 起草的一份报告中介绍了民用飞机驾驶舱安装设备复杂性的分析方法。该研究是由欧洲认知科学和工程所(European Institute of Cognitive

Sciences and Engineering)及空客共同发起的,其目的正是针对 AMC 25.1302 咨询通告中所强调的系统复杂性问题。该研究将复杂性分为任务复杂性、工件复杂性、用户配置复杂性、情境复杂性和组织复杂性。

1) 方法论及准则

(1) 任务复杂性分析。

任务由一系列子任务构成。我们可以分析每一子任务和一组子任务的因素,如一致性、时间维度、诱导的风险、可逆性、难度等。任务涉及不同类型的模式、授权、管理和程序支持。驾驶舱设备复杂性分析中任务复杂度的分析准则包括如下几方面。

a. 任务、子任务数量。

b. 每一任务难度。

c. 每一任务诱导的风险。

d. 时间维度。

e. 一致性(词、句、语义等)。

f. 恰当的程序。

g. 恰当的空地耦合。

h. 快速重新规划。

i. 运行成熟度管理。

j. 授权。

k. 模式管理。

(2) 工件复杂性分析。

工件复杂性分析可以根据其可用性和有效性进行,涉及一致性、反馈、可视性、人的可靠性、信息密度、合适的内容和工效规则等原则。

驾驶舱内设备的工件复杂性分析准则包括如下几方面。

a. 内部复杂性:系统成熟度;与其他交互复杂性的解释程度;灵活性;自动化,包括操作辅助水平、职责授权、自动化文化;技术文档,包括文档管理、操作文档;颗粒度。

b. 界面复杂性:操作文档;内容管理,包括冲突和分歧信息、信息关联、告警管理;信息密度,包括显示内容管理、显著性、整理操作、信息形式、多样性、屏幕(屏幕尺寸和变焦等);工效规则,包括清楚及可理解的语言、一致性、客制化、可视性、反馈、功能可见性、人的可靠性;标准化。

(3) 用户配置复杂性分析。

用户配置被描述为用户经验，包括训练水平、文化、信任、工作负荷、疲劳、警觉性、情境意识和预期等。

用户配置复杂性分析准则包括如下几方面。

a. 人为因素：缺乏知识；工作负荷；文化；黏附力；信任；混淆的风险；培训。

b. 认知功能：情境意识；决策；动作；学习。

（4）情境复杂性分析。

分析的情境应该包括不确定、不精确、不可预测、时间压力、异常、紧急和常规等情境。

情境复杂性分析准则包括如下几方面。

a. 中断。

b. 高工作负荷情境辅助。

c. 安全。

d. 飞行阶段。

e. 不确定性。

f. 缺少预测。

g. 异常情境。

（5）组织复杂性分析。

分析设备涉及设备所安装的组织，涉及分析与其他代理的交互。

组织复杂性分析准则包括如下几方面。

a. 社会的认知。

b. 空管的复杂性。

c. 多智能体管理：代理的活动；代理活动的历史；代理活动的基本原理；代理活动的意图。

2）感知到的复杂性分析方法

上述准则和方法论提供了框架和方向，以设计合适的方法评估感知到的复杂性。本部分提供分析方法以评估感知到的复杂性。

（1）工件的内部复杂性。

a. 系统是否有足够灵活的次数。

b. 自动化无用的次数（自动化文化问题）。

（2）界面和交互复杂性。

a. 使用到的指令和其他对象的数量。

b. 用户从主任务分心的次数。

（3）任务复杂性。

a. 某一任务与系统前期对等任务的操作步骤数量比值。

b. 任务是否存在风险。

（4）人因复杂性。

a. Cooper‐Harper 量表分值。

b. 用户表达明确挫折或压力的次数。

（5）认知功能复杂性。

a. 飞行员使用工件做出错误决策的次数。

b. 动作（预期、交互确认）。

（6）情境复杂性。

a. 飞行员被中断，以及不能从中断情境中恢复的次数。

b. 飞行员在高负荷情境下由工件进行有效辅助的次数。

c. 飞行员在高负荷情境下不能由工件进行有效辅助的次数。

（7）组织复杂性。

a. 在合作活动中工件不能使用的次数。

b. 工件需要其他人帮助执行给定任务的次数。

6.3.1.3　集成设计特征判断

在咨询通告中，集成性被定义为影响机组操作飞机系统之间存在交互或依赖性的程度。它定义了特定的系统如何与驾驶舱中其他系统和设备相结合，以及耦合的数量和复杂性如何影响符合性方法。

Christopher 等提出了一个框架用于管理复杂系统的集成性。该框架从集成性的两个维度形成 4 个象限模块，建立了"功能‐组织的系统集成模型"，对集成性水平进行描述，如图 6‐5 所示。

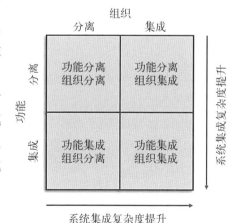

图 6‐5　系统集成性框架

6.3.2　符合性方法确定

6.3.2.1　符合性方法

在型号合格审查过程中，为了获得所需的证据资料以表明对适航条款的符合性，申请人通常需要采用不同的方法，这些方法统称为符合性验证方法(简称符合性方法)。为了统一审查双方的认识,以便信息交流,在整理以前的审查经验和借鉴国外的管理成果的基础上,将符合性方法汇总为 10 种,审查中根据适航条款的具体要求选取其中的一种或多种组合的方式表明满足条款的要求。

另外,为了便于编制审定计划和文件,每种符合性方法被赋予相应的代码。符合性方法的代码、名称、使用说明和相关符合性文件如表 6‑2 所示。

表 6‑2　符合性方法

符合性类型	符合性方法	使用说明	相关符合性文件
工程评估	MC0: 符合性说明; 引用型号设计文件; 选择方法、系数等定义	通常在符合性记录文件中直接给出	型号设计文件; 记录的声明
	MC1: 设计评审	如技术说明、安装图纸、计算方法、航空器飞行手册等	说明; 图纸
	MC2: 分析/计算	如载荷、静强度和疲劳强度、性能、统计数据分析、与以往型号的相似性等	分析/计算验证报告
	MC3: 安全评估	如功能危害性评估(FHA)、系统安全性分析(SSA)等用于规定安全目标和表明已经达到这些安全目标的文件	安全分析
试验	MC4: 实验室试验	如静力和疲劳试验、环境试验等;试验可能在零部件、分组件和完整组件上进行	试验大纲; 试验报告; 试验分析
	MC5: 相关产品上的地面试验	如旋翼和减速器的耐久性试验、环境试验等	
	MC6: 飞行试验	规章明确要求时,或用其他方法无法完全表明符合性时采用	
	MC8: 模拟器试验	如潜在危险的失效情况评估、驾驶舱评估等	

符合性类型	符合性方法	使 用 说 明	相关符合性文件
检查	MC7：工程符合性检查	如系统的隔离检查、维修规定的检查等	检查报告
设备鉴定	MC9：设备鉴定	设备的鉴定是一种过程,可能包含上述所有的符合性方法	—

上述符合性方法及其说明供审查时参考,可根据具体型号合格审定项目的需要进行必要的注释,如申请人有更为明确、完整的符合性方法的定义和说明,亦可作为符合性审定计划的一部分,附在该计划中。

6.3.2.2 符合性方法制定流程

对于民用飞机驾驶舱差错管理适航的符合性验证工作,在咨询通告建议的基础上,更进一步细化了符合性验证方法的制定流程。这一流程与驾驶舱设计不同阶段的工作相一致。必须意识到,驾驶舱设计研制、适航审定工作应并行实施、相互印证与支撑。驾驶舱人为因素的适航审定应当从设计过程的早期介入,贯穿整个生命周期,从而保证驾驶舱的设计兼顾适航审定的需求,保证适航审定工作的顺利实施及最终的取证。

第1步:确定覆盖运行环境的使命/任务。

AMC 25.1302 条款要求:"……保证培训合格的飞行员能够安全地执行与系统和设备预定功能相关的所有任务……"。能够执行所有任务是 AMC 25.1302 规定中很重要的一部分,因此首先应根据机型确定所需的使命。该步骤应在概念设计阶段完成,通过确定覆盖机型运行环境的典型任务场景,定义和验证飞机的运行需求。同时,此文件需作为提交给审定局方的驾驶舱人为因素工作的第一份交付物。

第2步:功能分配。

在确定使命的基础上,进行功能分析和分配,明确自动化的功能、机组的任务、机组与自动化交互的界面,即分配哪些功能由系统实现,哪些功能(任务)由飞行员来执行,飞行员执行任务的人机界面是什么。然而,其中"人机界面"这一项正是 AMC 25.1302 条款关注的重点。

此外,功能分配还规定了机组成员的工作负荷和重要的人员配备、培训,以及程序等要求。功能分配的工作应该在驾驶舱系统总体设计阶段完成。

第3步：构建典型场景。

典型的任务场景源于第一步的任务分析，从最早定义的预期飞行场景中选取。

第4步：确定系统功能、特性和机组任务。

通过对典型任务场景进行分析，获得任务时间线，就可以对系统预期功能和特性、人机界面的信息和控制、机组所需执行的任务及所需技能进行详细分析。AMC 25.1302中适航符合性方法的制定，需要从以下几个方面进行考虑。

1）系统功能

系统功能的描述，包括对系统特性、系统预期功能的描述。AMC 25.1302条款的适航审定应当与其他条款的审定相协调。因此，条款中关于系统功能的描述可从 AMC 25.1301 和 AMC 25.1309 条款中审定所需的飞机级功能和功能危害性分析文件中获得输入。这两份文件应包括飞机所有功能（所有工作状态和模式下可能的功能）；所有功能的失效模式；每一功能的工作状态，包括在不正常情况下的工作；实现功能的系统和设备；功能与其他系统和设备的相互关系，包括功能故障对其他系统和设备、飞机和人的影响；警告指示和纠正措施；功能失效影响等级。

AMC 25.1302 条款及其咨询通告强调了预期功能应支持所有的任务，包括正常和非正常状态；咨询通告强调了针对系统失效等紧急情况应采用安全评估的符合性方法来验证。同时，在人为因素的审定计划中，强调了在进行系统安全性分析时，分析系统失效情况下的人为因素应考虑机组的应对程序、机组所需的行为和能力。因此，功能危害性分析文件是 AMC 25.1302 条款符合性验证的重要输入。

2）机组任务

机组任务针对机长和副驾驶，在执行正常和非正常任务时，根据使用系统的时间顺序排列，包括紧急事件处理。

审定范围内的每一个系统和设备的界面将基于任务进行评估。因此，高等级的任务需要细化到机组的动作，并根据任务时间轴对子任务或动作进行排序，并分配给机长/副驾驶。

机组高等级任务列示如下。

（1）飞行——控制飞行路径。控制飞机保持飞行状态（空速、高度、姿态）；监测飞行参数（空速、高度、姿态）；设定飞机飞行界面；设定控制飞机的飞行导引系统（自动驾驶仪）；监测控制飞机的飞行导引系统（自动驾驶仪）。

（2）导航——从起点到终点的引导。根据飞行计划控制飞机飞行时的方向；控制飞机在地面上的方向；设定飞机的飞行导引系统和/或飞行管理系统中的导航功能；监测飞机的飞行导引系统和/或飞行管理系统中的导航功能。

（3）通信——为空中交通管制，航空公司（调度人员、操作人员、维修人员、地勤人员），飞行机组，以及空勤人员之间提供数据和要求，并接收指令和信息的系统，包括设定通信系统、控制（启动和响应）通信系统、监控通信系统。

（4）管理飞行和系统——计划并监管飞行，管理并监控系统和资源，包括制订和修改飞行计划；监测飞行航迹、耗油率、航管间距符合性；设定系统；监测系统；管理系统（包括故障）；监测燃料；管理燃料；监测天气；监测交通、地形和障碍；监测有害的大气条件；管理飞行（优先排序并整合资源和系统，以及制订和修改飞行计划）。

应当注意，有离散的任务类型（有明确的起点和终点），也有连续的任务类型，像监测和手动飞行控制等。

3）人机界面

人机界面是完成任务需要使用的与机组程序相关的安装系统，每一项任务都有特定的关于信息、响应和反馈（意识）的要求。

针对每一机组子任务，进行任务信息收集和任务描述，确定任务的相关特点、任务所需的安装系统及要求，以及差错分析。

因此，定义和分析飞行机组任务的特点应考虑如下几点。

（1）紧迫程度：紧急任务需要特别的可达性和简单的操作。

（2）使用频率：使用频率高的系统需要方便的可达性和反馈。

（3）持续时间：持续时间长的任务需要针对干扰和差错进行防护。

第5步：待审核的文档设计需求和人的行为问题。

咨询通告指出，为了表明符合性，申请人应确保设计需求适用于每一个系统、部件和装置。这一步的实现可以通过逐步找出可能对机组行为产生不利影响的设计特性，或是指出与避免和管理飞行机组的差错相关的问题。

因此，每一个系统的初步要求列表或矩阵，加上飞行机组任务分析时间轴，将作为驾驶舱人为因素审查的输入元素。

第6步：执行驾驶舱人为因素审查。

进行驾驶舱人为因素整体审查（采用原型样机，以及经局方认可的全动模拟器）的目的在于，评估其系统界面关于所声明的预期功能，是否符合人体工程学的基本特点，以及能否胜任与操纵与飞机相关的高水平机组任务。

第7步：生成需求矩阵与建议符合性方法（MC）列表。

驾驶舱审查结果将用于产生经局方批准的 MC 列表，同意最终的意见和问题（若有的话）并批准最终的测试列表。

在咨询通告中提供了多种符合性方法，有很多的符合性验证可以通过符合性说明、设计评审和分析/计算来完成，尤其是简单的、非新颖的、机组熟悉的设备和流程。

但在咨询通告中，针对以下问题指出了需要采用评估和试验的符合性方法。

（1）控制器件的可达性：应在系统故障、机组成员失能和最低设备清单放行情况下表明可达性。

（2）新颖的控制器件：对于新颖的控制器件类型，需要进行测试来确定技术或现有控制器件的创新用法能够在不利环境下合适地工作。

（3）新颖显示的信息可达性：仅以分析方法作为新的或新颖的显示管理方案的符合性方法是不够的。申请人应采用在典型运行场景下进行模拟器试验和飞行试验的方式验证机组管理可用信息的能力。

（4）差错恢复：为了确定机组成员能够使用控制和指示来及时完成纠正动作，非常有效的方法就是在仿真驾驶舱环境下评估机组流程。该评估应当包括对告警信息、控制器件或指示中命名方式的检查。同时，这个评价也应该包括操作步骤的逻辑流程图，以及进行这个流程对其他系统的影响。

（5）差错的影响：通过在飞机或模拟器中的试验评估确定差错出现后机组能否持续安全飞行和着陆是有意义的。评估和/或分析应能用以表明在出现某些差错之后，机组成员能够有效地获得信息且能够控制飞行状态，以保证持续安全飞行和着陆。

（6）与工作负荷和差错相关的集成性：每一个集成到驾驶舱的新系统都可能对工作负荷带来有利或不利的影响。因此，每个新系统都必须进行单独评估，并与其他系统进行联合评估，以符合 AMC 25.1523 条款要求。这是为了保证总体工作负荷在可接受的范围之内，即集成的系统不会对飞行任务的执行造成不良影响，以及机组成员对信息检测和理解的时间在可接受的范围之内。

6.3.3　基于场景的评估

在人为因素符合性验证活动中，基于场景的评估是申请人表明符合性的重要手段之一，包括潜在人为因素问题的识别、人为因素评估试验目标的制订、触发事件的确定、场景的设计，以及评估活动的实施。

6.3.3.1　潜在人为因素问题的识别

潜在人为因素问题是指在机组与驾驶舱人机界面进行交互的过程中,由设计的因素导致的可能存在的机组操作困难或差错。例如,两个开关相邻且外形相似,可能引起机组的误操作;控制器件布置不当,导致控制器件之间存在干涉,机组不能全行程无阻挡地操作等。

潜在人为因素问题的主要来源包括如下几方面:

(1) 驾驶舱研发评估过程中飞行员提出的评估意见。

(2) 工程人员通过人为因素分析识别出的潜在人为因素问题。

(3) 试验、试飞过程中飞行员提出的与人为因素相关的意见。

通过对上述原始意见进行工程分析,基于原始意见涉及的设计项对应的审查程度,确定是否需要开展基于场景的评估试验。一般来说,对于审查程度高的设计项的人为因素问题,需要开展基于场景的评估试验,以确认基于相关解决措施,这些潜在的人为因素问题不会对飞行机组执行任务带来不可接受的安全影响;对于审查程度低的设计项的人为因素问题,可通过按需开展传统的评估活动(如图文评估、物理工效评估等)或工程分析等方式说明潜在人为因素问题可接受。

本部分工作的输入是原始评估意见,主要由驾驶舱人为因素专业人员、飞行员参与,系统设计工程师按需支持,输出是潜在人为因素问题清单。

6.3.3.2　人为因素评估试验目标的制订

人为因素评估试验目标(human factors test objectives,HFTO)将潜在人为因素问题分解成可进行评估的维度。针对这些维度进行试验设计能够科学地评估人为因素问题及其造成的后果。

在制订评估试验目标时,应结合具体的评估对象,针对每个潜在的人为因素问题,考虑涉及的适航条款/人为因素设计要求,确定相应的人为因素评估试验目标。以"AT 按钮"的潜在人为因素问题"右座飞行员操作 AT 开关存在困难"为例,其人为因素评估试验目标可以是"AT 按钮位于飞行管理控制面板(flight management control panel,FMCP)的最左侧,对右座机组来说,可达性是否可接受。"

本部分工作的输入是潜在人为因素问题清单,主要由驾驶舱人为因素专业人员、飞行员参与,系统设计工程师按需支持,输出是人为因素评估试验目标。

在制订人为因素评估试验目标时可使用的特定人为因素用语包括但不限于

以下几方面。

1) 与控制器件相关的

(1) 可达性,用于描述飞行员在其正常就座位置处,方便地触及并使用某一控制器或设备的容易程度。

(2) 可用性,用于描述飞行员使用某一控制器或设备完成特定任务的有效性、效率和满意度。

(3) 与任务的适应性,用于描述某一控制器或设备的预定功能与相应机组任务的适应性。

(4) 一致性,用于描述某一控制器或设备的标记与其功能是一致的。

2) 与信息相关的

(1) 可见性,用于描述飞行员无遮挡、不受影响地看到显示器或控制板某一信息的能力,关注的可以是数值、图标、标记、颜色等。

(2) 可读性,用于描述飞行员识别、读出某一信息的容易程度,关注的可以是数值、图标、标记等,但不包括颜色。

(3) 可达性,用于描述在飞行员需要时,是否能够读取并处理某一信息。

(4) 判读,用于描述处理某些信息、推论可能缺少的信息时的容易程度。

(5) 理解,用于描述处理/分析某一信息或情况时的容易程度。

(6) 一致性,用于描述呈现在驾驶舱不同位置的信息、数据或系统状态是否以一致的、与任务相适应的形式呈现。

3) 其他用语

(1) 意识,用于描述感知、理解并预测某一情况的未来状态,向机组提供针对系统工作状态的反馈,对机组来说是否可预知和明确。

(2) 效率,用于描述在有效完成某一特定机组任务时,飞行员付出的努力尽可能少。

(3) 有效性,用于描述在完成某一特定机组任务时,达成期望目标的程度。

6.3.3.3　触发事件的确定

触发事件是指为验证具体人为因素试验目标而有意识地诱发飞行员操作的场景事件。一个触发事件可以用于多个试验目标的验证。

触发事件的基本类型包括正常操作、系统故障、运行事件、自然环境、故意引入的机组行为等,具体定义如下。

1) 正常操作

在正常情况下,机组进行的常规或特殊操作,例如:

（1）标准操作程序（SOP）中的某个阶段的任务。

（2）特殊运行涉及的程序，不是由系统故障、运行环境、特殊气象条件等导致的（如补充程序-非增压飞行、地面气源起动发动机）。

2）系统故障

由于系统故障，机组为处置故障状态而进行的操作，例如：

（1）由于系统故障导致的非正常程序（如 APU 火警）。

（2）由于系统故障导致的补充程序（如 V1 后发动机失效继续起飞）。

3）运行事件

由于运行环境的变化，机组进行响应的操作，例如：

（1）ATC 指令导致的运行变化（如雷达引导）。

（2）航空公司运行控制中心（AOC）通信导致的运行变化（如需要备降）。

（3）自动终端情报服务（automatic terminal information services，ATIS）通告的运行变化（如更换着陆跑道）。

（4）空中交通冲突（如下降过程中出现 TCAS 告警）。

4）自然环境

由于自然环境（如特殊气象条件、地形），机组需要应对而进行的操作，例如：

（1）预定航路上的雷雨区，需要进行绕飞。

（2）进近时出现风切变，触发风切变告警。

（3）进近时出现地形告警。

5）故意引入的机组行为

根据试验程序，一个机组故意做出非正常或非预期的行为（如误操作、遗漏等），以观察另一个机组是否能够通过驾驶舱人机界面的设计察觉到其影响，并进行相应的处置；除非必要，否则作为观察对象的机组通常在试验前不知情，例如：

（1）执行程序时，故意打开或关闭错误的开关。

（2）PM 故意操纵侧杆，触发双输入告警。

在定义触发事件时，应结合潜在的人为因素问题和具体的人为因素试验目标，考虑以下方面，并进行描述：

（1）事件的类型。

（2）事件发生的飞行阶段。

（3）事件发生时的外界环境（如必要）。

（4）事件发生时的飞机本体状态（如系统/设备工作状态等，如必要）。

（5）预定的机组操作程序。

触发事件的定义还应考虑其严苛性和合理性：

（1）严苛性包括需要机组付出更多努力的情况、机组更容易发生差错的情况，以及可能导致较严重后果的情况等。

（2）合理性是指触发事件应尽可能考虑航线运行过程中实际可能发生的情况。

本部分工作的输入是人为因素评估试验目标，主要由驾驶舱人为因素专业人员、飞行员参与，系统设计工程师按需支持，输出是对应人为因素评估试验目标的触发事件矩阵。

6.3.3.4　场景的设计

根据人为因素试验目标和触发事件，结合预期使用的试验平台的状态，设计试验场景，定义试验场景的基本运行信息并将触发事件合理地分布在一个试验场景中。在完成试验场景的初步设计后，应在预期使用的试验平台上确认场景的合理性和可操作性，并按需对场景进行修改，形成最终的场景。

为了在评估和验证具体的人为因素试验目标时，尽可能使用代表未来可能的航线运行条件的试验场景，应对飞行计划、初始构型、性能、气象条件等进行定义。如有必要，试验场景应至少包含对以下基本运行信息的定义。

（1）飞行计划：初始位置、速度/航向/高度、起飞/目的地/备降机场、进/离场程序、飞行距离、预计飞行时间、巡航高度等。

（2）初始构型：襟/缝翼位置、起落架状态、自动驾驶和自动油门状态等。

（3）性能：飞机全重（GW）、零油重量（ZFW）、燃油重量、储备油、飞机重心、起飞速度（V1/VR/V2）、起飞配平、起飞推力等级、灵活温度、成本指数等。

（4）气象条件：风向和风速、温度/露点、修正海平面气压、能见度、跑道视程、云量和云高、天气现象（如白天/夜晚及雨/雪/雷暴）、跑道状况（干/湿/污染）等。

（5）通信/交流：航空气象广播（如 ATIS）、空中交通管制（ATC）、航空公司运行控制中心（AOC）、飞行机组/乘务组。

（6）航行资料：机组操作程序、航图、舱单、天气报告等。

如果以上信息的缺失不影响试验的正常进行和人为因素试验目标的评估和验证，则可以不在场景中进行具体定义，必要参数可在试验实施时由试验平台操作人员按需设置。

在设计人为因素试验场景时，应遵循以下几个原则。

（1）为尽可能地代表未来可能的航线运行条件，一个试验场景通常模拟航线运行的整个飞行剖面；如果模拟整个飞行剖面对试验目标的验证是没有必要的,则试验场景可以是其中的某个飞行阶段,例如,上海浦东—北京首都,或是在该航线上的巡航阶段。

(2) 在一个试验场景中,可以包含多个触发事件,但应尽可能合理地将触发事件置于一个试验场景中。

(3) 为确保模拟的场景尽可能接近真实的运行条件,一个试验场景中模拟的系统故障数量应控制在 3 个或以下。

(4) 应确保人为因素试验场景涵盖所有人为因素试验目标,并可以通过包含的触发事件对这些试验目标进行验证。

(5) 除了触发事件以外的正常操作应尽可能遵循标准操作程序,并在试验场景描述中进行必要的说明以确保场景的流畅性。

(6) 应考虑预期使用的试验平台的构型、功能和限制对实现试验场景的影响,以尽量避免出于这些因素而无法验证某些试验目标或导致场景修改。

在描述试验场景时,一个试验场景应包含以下内容:

(1) 试验场景与其验证的人为因素试验目标的对应关系。

(2) 基本运行信息。

(3) 对试验程序的描述。

(4) 试验场景的示意图(可选),如有必要,则除了对试验场景的文字描述外,还可以通过简单的示意图对试验场景进行更直观的说明,以时间线的形式,按设计的触发事件顺序进行说明;示意图一般包含以下元素。具体试验场景示例如图 6 - 6 所示。

以下是试验场景的示例。

1) 试验场景与其验证的人为因素试验目标的对应关系(见表 6 - 3)

表 6 - 3　试验场景与其验证的人为因素试验目标的对应关系

试验目标编号	人为因素试验目标	触发事件标题
HF - 08	当前水平安定面配平显示方案对机组来说是否能够理解,是否可以支持机组完成起飞安定面调定制的正确设置	起飞安定面配平
HF - 17	自动油门(AT)按钮位于 FMCP 的最左侧,对右座机组来说,可达性是否可接受	预位 AT
……	……	……

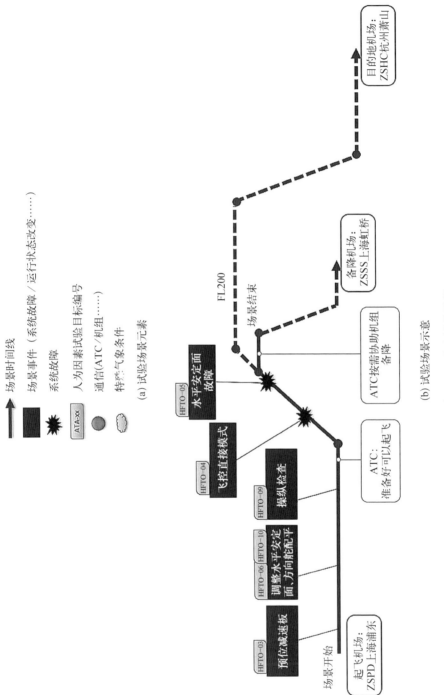

图 6-6　试验场景示例

2）基本运行信息

（1）初始位置和构型。

初始位置：	上海浦东(ZSPD)35R 起飞位
速度/航向/高度：	N/A
襟翼：	2
起落架：	放下
自动驾驶和自动油门：	AP、AT 断开
应答机：	1200

（2）航路。

出发地：	上海浦东(ZSPD)/RWY 35R/PIKAS 01D
目的地：	上海浦东(ZSPD)/RWY 35R/SASAN 01A
初始飞行计划：	PIKAS‑01D
备降机场：	N/A

（3）性能。

飞机全重(GW)：	65 000 kg
燃油：	3 200 kg(左机翼油箱)　7 600 kg(中央油箱)　3 200 kg(右机翼油箱)
零油重量(ZFW)：	51 000 kg
全重重心(GWCG)：	25.0%平均气动弦长(MAC)
灵活温度：	N/A
起飞推力等级：	TO
成本指数(CI)：	25
起飞配平：	−0.3°
起飞速度：	按模拟机计算的起飞速度设置
	参考：V_1＝126 kn/V_R＝128 kn/V_2＝134 kn

（4）天气（见表 6‑4）。

表 6‑4　天气参数

参　数	起飞机场	着陆机场
风向/风速	360°/5 kn	360°/5 kn
温度/露点	15 ℃/10 ℃	15 ℃/10 ℃

（续表）

参　数	起飞机场	着陆机场
修正海平面气压（QNH）	1 015 h・Pa	1 015 h・Pa
能见度或跑道视程	CAVOK①	CAVOK
云量和云高	SKC②	SKC
天气现象/跑道状况	白天/干	白天/干

（5）航图（见表 6 - 5）。

表 6 - 5　航图信息

机场	编号	类　型	发布日期
ZSPD	7F	SID RWY34L/34R/35L/35R(ODULO,PIKAS)	2020 - 12 - 01
	9B	STAR RWY34L/34R/35L/35R	
	10H	LAC CAT - Ⅰ/Ⅱ ILS y RWY35R	

3）试验程序描述

试验程序描述如表 6 - 6 所示。

表 6 - 6　试验程序描述

步骤	飞行阶段	触发事件标题	平台操作员/ATC/人因专家任务	机组任务	验证的 HF试验目标
			场景 A.1		
1	—	—	平台操作员：完成初始设置；35R 起飞位,双发起动；场景开始	机组：初始飞行计划输入	—
2	推出或起动前	起飞安定面配平	HF：向机组提供一份舱单,其中包含与该场景初始起飞重心相对应的安定面调定值（平尾偏度＝－0.3°）,请机组完成推出或起动前 SOP	机组：执行推出或起动前 SOP,包括起飞安定面调定值的设置	HF - 08

① CAVOK(ceiling and visibility okay)，在航空气象中用来描述没有显著的云层和天气现象,能见度良好。

② SKC(sky clear)，在航空气象中用来描述几乎没有云层的天空状况。

步骤	飞行阶段	触发事件标题	平台操作员/ATC/人因专家任务	机组任务	验证的 HF 试验目标
3	起动后	预位 AT	HF：请机组执行起动后 SOP	机组：执行起动后 SOP，右座 PM 预位 AT	HF-17
4	起飞	—	ATC：跑道 35R，PIKAS-01D 离场，可以起飞	—	—
5	……	……	……	……	……

6.3.4　评估试验方法

评估试验前需编制评估试验大纲，对评估试验具体工作进行规划，应包含试验目的和目标、试验对象、试验场景、试验要求、试验程序、试验数据记录及处理方法、试验判据及试验异常情况处理方法。

试验目的和目标是需要验证的适航条款/人为因素设计要求和人为因素评估试验目标；试验对象和试验场景是人为因素评估试验目标对应设计项和对应的场景。在描述试验目的和目标、试验对象、试验场景时，需要一一对应，如表 6-7 所示。

表 6-7　试验目的和目标、试验对象、试验场景描述示例

试验目标编号	人为因素试验目标	试验目的	试验场景	试验对象
HF-17	AT 按钮位于 FMCP 的最左侧，对右座机组来说，可达性是否可接受	验证 AT 按钮的布置符合 25.777(a)〔25.777(a)：驾驶舱每个操纵器件的位置必须保证操作方便并防止混淆和误动〕	场景 A.1（注：具体内容详见表 6-6）	AT 按钮

试验要求包括试验平台构型要求和试验人员选用要求。

用于评估试验的民用飞机驾驶舱人为因素试验应在具备所评估的设计特征代表性的试验平台上开展，应表明所用试验平台的人机界面、功能逻辑能够支持所评估的设计特征及人为因素评估试验目标。此外，试验平台应支持对飞机参

数、位置、气象条件、故障、特殊运行条件等进行设置。在进行平台构型描述时，应从以下几方面进行说明：

（1）平台上与此次试验相关的设备、软件和模型的构型。

（2）平台上相关的软硬件及模型、布置构型与最新设计构型或预期取证构型的差异。

（3）构型差异对飞行员任务造成的影响。

（4）构型差异或平台限制对此次评估造成的影响。

构型状态说明应按照表 6‑8 进行描述。

表 6‑8　×××系统××平台构型与预期取证构型状态差异说明

序号	设备（软件/模型）名称	平台构型（件号/版本）	预期取证构型（件号/版本）	功能及逻辑差异	控制和指示差异	告警差异	构型差异对飞行员任务的影响
1	×××	×××	×××	描述需飞行员知晓的系统功能和逻辑差异	描述相应的控制面位置和布局、控制开关、简图页/PFD显示位置、内容和形式的差异	描述告警信息的触发条件、级别、显示的内容差异	描述左边三列差异对飞行员操作造成的影响

试验人员选用要求包括对参试飞行员、观察员、人为因素专业人员和平台操作员的要求。

1）参试飞行员选用要求

参与评估试验的飞行员应满足以下要求。

（1）评估试验一般邀请 3～5 组飞行员参与。

（2）参与试验的飞行员的资质应满足以下要求：

a. 接受过培训，熟悉评估对象的工作原理、设计特点及相关操作。

b. 具有相似机型的机长经历。

如评估试验目标中含有操作设备的可达性，则参试飞行员身高要满足 CCAR‑25.777(c)的规定。

2）观察员选用要求

每场试验应配备 2 名观察员，在试验过程中观察并记录机组的行为和表现，以及模拟 ATC 通信。观察员应满足以下要求：

（1）接受过培训，熟悉评估对象的工作原理、设计特点及相关操作。

（2）接受过观察员培训。

3）人为因素专业人员选用要求

应为每场试验配备 1 名人为因素专业人员，在每个场景完成后，根据问卷的填写情况和观察员的记录，视情况对参试飞行员进行访谈。人为因素专业人员应具备丰富的工作经验。

4）平台操作员选用要求

应为每场试验配备 1 名平台操作员，负责在试验过程中按照试验场景的定义进行相应的平台设置。平台操作员应熟悉平台的设置。

试验程序描述整个评估试验应分为两个阶段开展，第一阶段为试验前准备及预试验，第二阶段为正式评估试验。

（1）第一阶段主要工作内容如下。

a. 准备好飞行员信息采集表、试验观察记录表和访谈大纲。

b. 准备好与试验场景相关的航行资料，包括飞行计划、航图、天气报告、机组操作手册等。

c. 按照事先定义的场景开展预试验，以确认试验场景的合理性及试验平台的可实施性，并使参与试验的观察员、人为因素专业人员及平台操作员熟悉各自的任务。如有必要，应根据预试验发现的问题，按需调整试验场景。预试验应由飞行员参加，但应确保参加预试验的飞行员不作为后续正式试验的参试飞行员。

d. 向将要参与试验的观察员介绍此次试验的目的、试验对象、试验流程和时间安排、试验任务、试验平台的构型和限制，以及针对每个人为因素试验目标的观察要点。通过介绍和预试验，使观察员熟悉试验场景和预期的机组操作，以支持他们在试验过程中能够做出与观察要点相关的观察并进行记录。

（2）第二阶段流程如下。

a. 试验介绍：在试验开始之前，向参试飞行员介绍此次试验的目的、试验对象、试验流程和时间安排、试验任务，以及试验平台的构型和限制。通过演示的方式，向参试飞行员介绍所评估系统的功能和界面，并让飞行员自己熟悉相应的操作。

b. 试验过程：试验按照评估场景进行，要求飞行员尽可能独立完成场景定义的试验任务，相关负责人根据场景需要给出相应的提示，以帮助其完成任务。观察员依据记录表，观察和记录飞行员在试验过程中的表现。

c. 试验结束后问卷填写和访谈：每完成一个场景，请飞行员填写问卷，并视情况进行访谈。访谈过程如下：

（a）询问飞行员对整个场景设计的感受。

（b）针对试验过程中记录的兴趣点（飞行员操作困难点、迟疑、奇怪的姿势、差错、问卷负面选项问题）进行询问。

人为因素评估试验采用主、客观相结合的方式采集试验数据，包括通过飞行员填写的问卷和访谈收集的主观数据，以及观察员记录的客观数据。

1）问卷

每完成一个场景，由飞行员填写问卷；每名飞行员填写 1 份问卷，如图 6-7 所示。

1　场景 A.1

请结合场景，以及任务完成情况，选择符合您使用感受的选项

问题编号	触发事件	问 题 描 述
A1-1	起飞安定面配平	设置起飞安定面调定值时，请评价当前配平指示是否能够支持机组设置正确的调定值： □A　否，不能支持设置正确调定值 □B　设置易出错，但最终能够设置正确调定值 □C　是，能够支持设置正确调定值

图 6-7　人为因素评估问卷示例

2）访谈

在飞行员完成问卷填写后，应根据问卷的填写情况和观察记录的结果，视情况对参试飞行员进行访谈并记录，并在访谈时重点关注那些机组给出了负面评价的问题，以及观察到的非预期机组行为或异常表现，以获得背后的原因，识别驾驶舱人机界面可能存在的设计问题。访谈大纲根据评估试验目标进行编制，如图 6-8 所示。

场景编号	触发事件标题	人因试验目标	访谈原因	访谈内容
A.1	起飞安定面配平	HF-08	请选择	
			请选择	
			负面问题选项	
			负面观察要点选项	
			非预期机组行为	

图 6-8　人为因素评估试验访谈记录表示例

3) 观察记录

观察员在试验过程中观察飞行员在执行任务时的行为和表现(如非预期的机组行为、任务完成情况等),并在观察记录表上记录;如果有遗漏的观察要点,则可在试验后通过参考视频回放等方式补充完善;注意2名观察员应各负责观察1名飞行员。观察记录表示例如图6-9所示。

步骤	飞行阶段	触发事件标题	平台操作员/ATC/HF任务	机组任务	观察要点	非预期行为记录	HF试验目标
场景 A1							
1.			平台操作员:完成初始设置;35R起飞位,双发起动 [场景开始]	机组:初始飞行计划输入			
2.	推出或起动前	[起飞安定面配平]	HF:向机组提供一份舱单,其中包含与该场景初始起飞重心相对应的安定面调定值(平尾偏度=-0.3°),请机组完成推出或起动前SOP	机组:执行推出或起动前SOP,包括起飞安定面调定值的设置	最终是否设置了正确的起飞安定面调定值?(□是/□否)		HF-08
3.	起动后	[预位AT]	HF:请机组执行起动后SOP	机组:执行起动后SOP,右座PM预位AT	是否预位了AT?(□是/□否)		HF-17
4.		[接通AP(起飞后)]	ATC:跑道35R,PIKAS-01D离场,可以起飞				
5.	起飞			机组:执行起飞,在离地后按程序接通AP	是否接通了AP?(□是/□否)		HF-18
6.			ATC:联系离场120.3				
7.				机组:联系离场			

图6-9 人为因素评估试验观察记录表

在试验结束后,应根据以下原则,对试验数据有效性进行判断。

(1) 如果试验按照试验大纲开展,并采集到规定的试验数据,则认为试验数据是有效的,可以支持对人为因素试验目标进行判断和试验数据分析。

(2) 当试验的开展或采集的试验数据与试验大纲的规定存在偏离时,应对偏离项进行分析,以确认试验数据的有效性;如果分析认为试验数据无效,则应按需对试验进行调整,针对偏离项涉及的人为因素试验目标重新开展试验。

对于采集的试验数据,应根据问卷、观察记录表及访谈收集的原始信息进行整理,按试验机组形成整合的试验数据,如表 6 - 9 所示。

针对每个人为因素试验目标的判断,应全面考虑通过问卷、观察记录及访谈获得的所有试验数据,具体问题具体分析。

针对每个组的试验数据,应根据定义判据的原则,分析并判断每个组的人为因素试验目标是否通过。对于问卷和观察记录结果的正/负面,根据实际问卷、观察记录表的选项设计情况而定。

表 6 - 9　人为因素试验目标判据的参考原则(每组参试)示例

问卷的结果	观察记录的结果	访谈的结果	人为因素试验目标是否通过(本组)
正面	正面	—	通过
正面	负面	正面	通过
		负面	未通过
负面	正面	正面	通过
		负面	未通过
负面	负面		未通过

对人为因素试验目标的最终判断应基于每个组的判断结果:

(1) 当所有组的判断结果都为"通过"时,人为因素试验目标最终"通过"。

(2) 如果有至少一组的判断结果为"未通过",则认为人为因素试验目标最终"未通过"。

对于最终"未通过"的人为因素试验目标,应结合试验数据,分析并确定驾驶舱人机界面设计存在的人为因素问题,并根据问题对机组执行任务的影响程度,

进一步分析可能的解决措施,并给出合适的结论和建议的方案。分析的结论应为以下之一或组合:

(1) 无须采取措施。

(2) 运行建议。

(3) 程序改进。

(4) 训练。

(5) 设计更改建议。

对于在试验过程中观察到的与试验目标不直接相关的非预期机组行为,也应结合访谈获得的信息进行分析,并给出结论和建议的方案。

6.4 设计考虑和指导

AMC 25.1302 中描述了驾驶舱设计过程中的注意事项和指导,涵盖了控制、信息呈现、系统行为、机组差错管理和综合集成 5 个维度。在符合性验证过程中,可将本部分内容转化为相关设计项应符合的人为因素设计要求,以支持相关人为因素评估试验目标的制订。

6.4.1 控制相关设计考虑和指导

在咨询通告中,控制器件被定义为机组成员操纵的设备,这些设备是为了操纵、配置和管理飞机及其飞行控制面、系统和其他设备而设置。这可能包括驾驶舱中的如下设备:按钮、开关、键盘、小键盘、触摸屏、光标控制装置、图形用户接口(如提供控制功能的弹出窗口和下拉菜单)、语音激活控制系统。

在驾驶舱设计过程中,应确保控制的每一功能、控制操作模式、控制行为的结果与要求相符合,包括清楚、不含糊、适当的分辨率和精度、可接近、可用、能使机组人员感知(提供足够的反馈)。

对于这些要求的每一部分,提出的符合性方法应包括对以下单独控制或与其他控制器件相关的控制特性的考虑:

(1) 控制器件的物理位置。

(2) 控制器件的物理特性(如形状、尺寸、表面纹理、运动范围、颜色)。

(3) 控制器件直接影响的设备或系统。

(4) 控制器件如何被标记。

(5) 可行的控制器件设置。

(6) 对每一可能的行为或设置,作为初始控制器件设置或其他状态下的功能。

（7）是否还有其他产生同样影响（或影响相同的目标参数）的控制器件，还有在什么条件下会出现这种情况。

（8）控制器件行为反馈的位置和性质。

下文讨论为控制器件的设计提供附加的指导，同样提供了被业界公认的最佳做法。

6.4.1.1　清楚和没有歧义的控制相关信息

1）可区别和可预测的控制器件

每个机组人员应能够快速、准确地确定和选择控制器件的当前功能，使之与任务相符合。控制器件的功能应该是显而易见的，因而只需要很低的熟悉度，或者根本不需要。申请人应评估控制行为的后果，以证明它们对于机组成员是可预测和明显的。这包括对单一设备多种显示的控制，以及机组成员同单独的控制器件共享的显示区域。要使控制器件可区分和可预测，可通过形式、颜色、位置或标记上的差异来实现，仅仅把颜色标记作为区分特征通常是不够的。这适用于控制系统的物理性质，以及作为图形用户接口组成部分的控制器件。

2）标签

标签应该在所有照明和环境条件下都能使机组成员从他们的通常位置可读。如果控制执行一个以上的功能，则标签应该包括所有预期的功能，除非这些控制的功能是显而易见的。图形控制的标签由光标设备获得，如在图形显示中应该包括追踪球（trackball）。当菜单有附加的选项（子菜单）时，菜单应该对下一子菜单提供合理的描述。

申请人可以用文字或图标标签。标签文字和图标应该是独特的、有意义的。申请人应使用标准或不会模棱两可的缩写、术语或图标，以便在驾驶舱中与功能保持一致。ICAO 8400 提供了标准的缩写，这是一种可接受的选择标签的基准。

设计应避免隐藏一些功能（如点击显示器的空白区域使某些事件发生）。然而，如果有足够的备用手段满足访问功能，则这些隐藏的功能也是可接受的。为便于机组成员使用和理解，应该对设计进行评估。

当使用图标代替文字标签时，申请人应该标明机组成员只需要简单的图标来确定控制功能，以及它是如何运作的。根据设计经验，对于图标的准则，能够通向的可用设计如下：

（1）图标应类似于它所代表的对象。

（2）图标应在航空领域里通用，并对机组成员来说是熟悉的。

（3）图标应遵循既定的标准，以及它们在什么时候使用和传统的意义。

在所有情况下，申请人都应该表明在速度和错误率方面，使用图标与使用文字标签的场合至少是相当的。此外，申请人应该表明，增加的错误率和工作时间在安全性或者机组成员工作量方面没有不可接受的影响，也不会造成机组成员混淆。

3）多个控制器件的相互作用

如果机组人员的多个控制器件是为一个功能提供的，则申请人应该表明拥有足够的信息使机组成员知道当前运作的是哪一个控制器件。作为一个例子，当两个光标控制装置能够访问相同的显示器时，机组成员需要知道哪些输入具有优先权。当双重控制器件能够同时影响同一参数时，设计者应给予警告。

6.4.1.2 控制器件的可达性

申请人应该表明，最小飞行机组中的每一位机组成员都能够访问和操作所有必要的控制器件。在决定控制器件是否支持供机组成员使用的设备的预期功能时，可达性是其中的一个因素。在其他机组成员失能的情况下（正常和非正常情况下），任何为机组成员准备的控制器件必须表明是可视的、可达的，以及可供在座位上肩膀被束缚的机组成员操作的。如果肩膀束缚是可锁定的，则当肩膀束缚是开启时这一点也可能需要表明。

每一驾驶舱控制器件的位置安排要允许器件有充分和无限制的运动，且不能对驾驶舱中的其他控制系统、设备或者结构进行干预。

信息的分层，如菜单或者多显，不应该妨碍机组成员确定所需控制器件的位置。在这种情况下，位置和可达性不仅指用于访问它们的控制功能的物理位置（如显示设备）或者多功能控制（如光标控制系统），还包括这样的一些考虑：控制功能在不同菜单层可能的位置，以及机组成员怎么引导这些层来访问相应的功能；可达性应在系统发生故障（包括机组成员失能）和调度最低设备清单时体现。

控制器件的位置和运动方向应该定向于对机组成员有利的位置。控制器件/显示器的可达性应从这一方面维持。例如，在顶板的控制器件使得机组成员的头向后移动时，控制器件移动的方向也要考虑在内。

6.4.1.3 控制器件的使用

1）影响控制器件的环境问题

湍流或振动，以及照明水平下的极端情况不应该妨碍机组成员在任务和工作量可接受的情况下履行他们的职责。如果在寒冷天气下作业要使用手套，则设计应考虑使用手套对控制系统的尺寸和精度产生的影响。控制器件的灵敏度应具备足够的精度，在即使很恶劣的环境下执行任务时，仍然符合飞机操作手册的定义。将对环境问题的分析作为适航性验证的方式是必要的，但对新的控制类型或新技术或现有控制系统新的用途而言是不够的。

申请人应该表明恢复飞机或系统控制所要求的控制器件，以及在驾驶舱有浓烟或剧烈振动等情况下继续以一种安全的方式操纵飞机所要求的控制器件。后一种条件的例子是风扇叶片的损失。

2）控制与显示的兼容性

为确保控制是不含糊的，控制器件与和它相关的显示器双方的关系和相互作用应该是明显的、可理解的和合乎逻辑的。一个控制输入经常需要对显示器上的信息做出反应，或者改变在显示器上设置的参数。申请人应该明确所有旋钮没有明显的"增加"或"减少"机组成员预期的功能，且与驾驶舱其他的控制器件保持一致。SAE ARP 4102 对驾驶舱设备中使用的控制器件来说是一种可接受的符合性方法。

当控制器件用于其移动范围内致动装置的移动时，在执行相关任务所需的时间内，设备应该提供致动装置在其范围内足够的反馈，能够显示致动装置移动范围的信息，包括平衡系统的位置、目标速度，以及各种阀门系统的状态。

与显示相关的控制器件的位置应不能影响机组成员执行任务。针对特定的显示板的控制器件，应安装在受控的显示或功能附近。一般情况下更喜欢把控制器件安装在显示器下方。因为在多数情况下，控制器件安装在显示器上方会导致机组成员的手在操作控制系统时遮挡了部分显示器屏幕。不过，多功能显示板上的控制器件被认为是可接受的。

控制器件与显示之间的空间分离可能是必要的。这种情况是系统中的控制器件与同一系统的其他控制器件一起定位，或者是面板中几个控制器件为多功能显示准备。当控制器件与相关显示之间有很大的空间分离时，申请人应该表明与任务相关的控制器件的使用在差错类型、错误率和访问时间等方面是可接受的。

一般来说，控制器件的设计和布局应该避免信息能见度受阻的可能性。如果控制器件运动范围暂时阻止了机组成员对信息的观察，则申请人应表明该信息在那个时段不是必需的或者会在另一合适的位置中提供。

电子显示器上的显示/标签应该与驾驶舱其他位置开关和按钮相关的标签等同。如果标签与相关的控制器件不是等同的，则申请人应该表明机组成员能够迅速、方便、准确地确定相关的控制器件。

6.4.1.4 充分的反馈

控制输入的反馈是必要的，能使飞行机组成员认识到他们行为的影响。每个控制应提供反馈信息，以供机组成员进行菜单选择、数据输入、控制动作或其他的输入。当输入是不可接受或不跟随系统时，应该要有明确和没有歧义的指示。这种反馈可以是视觉、听觉、触觉。不管是何种形式，均应提供反馈以通知机组成员以下信息：

（1）控制已被激活（指挥状态/值）。

（2）功能正在执行（给予延长处理时间）。

（3）与控制相关的动作已经初始化（指挥状态不同时的实际状态/值）。

反馈的类型、期限和适应性，将取决于机组成员的任务和成功操作所需要的特定参考。例如，如果要求感知实际系统的响应或者该系统的状态，则作为某种行为的结果，反馈仅指出开关的位置是不够的。

当机组成员看着窗外或不相关的显示器时，被使用的控制器件应该提供触觉反馈。键盘应该为所有按键提供触觉反馈。当这些反馈被省去时，应该能被合适的视觉或其他反馈所替换，成为系统能够接收的预期输入和响应。

设备应该提供合适的视觉反馈，不光是旋钮、开关、按钮的位置，也包括图形化的控制模式，如下拉菜单和弹出窗口。当用户与图形化的控制相互作用时，应该接收到积极的指示，可能是一个分层菜单已被选中、一个图形按钮已被激活或者其他的输入已被接受。

申请人应该表明，在机组成员执行与设备预期功能相关的任务时，所有形式的反馈都是明显和没有歧义的。

6.4.2 信息呈现相关设计考虑和指导

申请人应该提交适航性验证方法，以表明该设计显示的信息对适航条款的符合性。拟议的方法应足够详细，以表明功能、控制操作方法和结果符合要求，即清楚、没有歧义、适当的分辨率和精度、可达性、可用性、使机组成员感知（提供足够的反馈）。

给机组成员的信息报告可以是视觉的[如在液晶显示（liquid crystal display，LCD）上]、听觉的（"会说话"清单）、触觉（如控制感觉）。在综合驾驶舱的信息报告时，不论是否使用语言，均应该符合上述所有要求。

6.4.2.1 清楚和没有歧义的信息呈现

1）定性和定量的显示格式

申请人应该表明显示格式包含机组成员执行任务所需要的信息类型，特别是读取的速度和精度要求。例如,信息的形式可以是文本、数值或者以图表代表状态或速率信息。状态信息标志了在特定时间下一个参数的具体数值,速率信息显示了该参数的变化率。

如果机组成员检测非正常数值的唯一方式是通过显示器监测提供数值,则该设备应提供定性的显示格式,定性的显示格式更好地表达了速率和趋势信息。如果这是不切合实际的,则申请人应该表明机组成员可以对使用的信息执行任务。定量的信息报告对任务要求精确值时更适合。

纳入定性显示的数字读数或者现值指示不应该使标记或刻度在通过现值指示时无法显示。

2) 一致性

如果在多个地方或者多种方式(如视觉和听觉)提供相似的信息,那么信息报告的一致性是需要的。系统内信息报告的一致性能减少机组成员的差错。如果信息在驾驶舱内不能保持一致,那么申请人应该表明其中的分歧不会增加错误率或者工作时间,不会导致重大安全事故或者增加机组成员的工作量,也不会导致机组成员在理解方面的混淆。

3) 符号、字体、线条和刻度

合适的机组成员,坐在他们的位置上正常地运动头部,应能看到和读取与显示格式相符的特征,如字体、符号、图标和标记。在某些情况下,可能需要跨驾驶舱的可读性。显示器故障或者交叉检查飞机仪器都是可能需要可读性的例子。必须保持在阳光读取条件和其他(如振动)的恶劣条件下的可读性。数字和字母测距应该不小于 SAE ARP 4102 – 7 在设计经常使用这些信息的机组成员的眼位定义时的视觉角度。

4) 颜色

避免使用许多不同的颜色来表达显示器上的意义。然而,明智地使用色彩可以非常有效地减少显示的整理工作量和响应时间。颜色可以用来组合逻辑电子显示功能或者数据类型。在整个驾驶舱使用相同的色彩理念是可取的,偏离可能以某种可接受的理由得到批准,但申请人应该表明不会因在显示器中使用不同颜色而造成混淆或者误解。不正确的颜色编码会增加显示项目识别和选择的响应时间,并且增加出现差错的可能性,在这种情况下执行任务的速度比精度更加重要。对作为预警职能或者潜在的不安全条件过多地使用红色或琥珀色是不可取的,因为这种使用削弱了真正警告和戒备的特征。

把使用颜色作为报告信息的唯一手段也是不可取的。然而,当它作为表明与任务相关的关键信息时是可接受的。当为重要资料使用颜色时,应该增加其他编码特点,如质地或者亮度差异。AMC 25 - 11 包含了为设置特定显示特征推荐的颜色。

申请人应该表明显示器上的分层信息没有因为使用的颜色标准和符号增加而混淆和杂乱,设计要求机组成员手动消除混淆,且显示器也应避免这种混淆。

5) 符号、文字和听觉信息

设计中电子显示格式的多种元素可以基于既定的标准和传统的意义。例如,ICAO 8400 提供了缩写,作为可以应用于驾驶舱文本的一个标准。SAE ARP 4102 - 7 的附录 A~C 和 SAE ARP 5289 对航空显示符号来说都是可接受的标准。

显示器上的消息或者符号的位置也会给机组成员传达信息的含义。如果电子显示屏特定区域没有一个统一或者可重复的符号位置,则解释差错和响应时间可能增加。申请人应该注意符号的优先级(优先显示一个符号,通过删除辅助符号或者覆盖其他的符号),来确保更高优先级的符号仍然可见。

新的符号(一个新的设计或者为已具有关联符号的功能准备的新符号)要经过测试,以便区分和便于机组成员理解和记忆。

申请人应该表明,显示的文字和听觉信息是清晰的且是有意义的。应评估信息是否传达了预期的含义。设备应该显示标准或者没有歧义的缩写和名称,与功能和整个驾驶舱一致。

6.4.2.2 信息的可达性和可用性

1) 信息的可达性

可能在某些时候机组成员要立即获得有些信息,而有些信息在整个飞行阶段中可能都不需要。申请人应该表明,机组成员可以访问和管理(配置)专用多功能显示器上所有必要的信息。申请人也应该表明,为继续安全飞行和着陆,在故障发生后的相关精简显示模式(正如在 CS 25.1309 中定义的)下,任何信息都是可访问的。申请人应该明确在这些条件下哪些信息是必须的,以及怎样将这些信息同时显示。申请人也应该表明,补充信息没有代替或者覆盖所需的信息。

把分析作为新颖显示管理计划的适航性验证的唯一方式是不够的。申请人应该使用典型场景模拟来验证机组成员管理可用信息的能力。

2) 混乱信号

混乱信号是以信息的形式干扰机组成员执行主要的任务。视觉或者听觉上的混杂信息是不可取的。为减少机组成员的反应时间,设备应该以简单、良好、有序的方式提供信息。申请人应该表明,一种信息传输模式(不论是视觉或者听觉)提供了机组成员执行手头任务实际需要的信息。

机组成员可以使用自己的辨别力来限制在任何时间点需要提交的信息量。比如说,某种设计可能允许机组成员规划一个系统,使它一直显示最重要的信息,而让不那么重要的信息处于请求中。当设计允许机组成员选择额外的信息时,基本的显示模式应该保持清楚明了。

自动去除杂乱的显示选项会隐藏机组成员所需的信息。申请人应该表明,在某些紧急情况下,设备可以自动选择取消一些数据,以提供机组成员必要的信息来增强机组成员的应急能力。辅助显示器的使用不仅取决于信息的去杂目标,也取决于显示的可用性和临界性。因此,当设计这些特征时,申请人应该遵循 AMC 25-11 的指导意见。

因为听觉信息的短暂性质,设计者应注意避免潜在的信息杂波,这些会相互冲突并妨碍反应。优先级和时序对避免这些潜在的问题可能是有用的。

信息的优先级取决于任务的关键性。优先级低的信息不应掩盖优先级高的信息,优先级高的信息应当是有效的、容易察觉的、容易区分的和可用的。但这也并非意味着要根据飞行阶段来改变显示格式。

3) 系统对控制输入的响应

控制输入和系统响应时间长或者变化的响应时间会对系统的可用性产生不利影响。申请人应该表明对控制输入的响应,比如设置数值、显示参数或者在一个图形显示上移动光标符号的速度足以让机组成员在可接受的性能水平下完成任务。要求重要的系统处理时间的行为,设备应该表明系统的响应正在进行当中。

6.4.3　系统行为相关设计考虑和指导

机组成员的任务需求因系统设计的特点而有所不同。系统对相关机组成员输入的反应有所不同。响应可以是直接的和独特的,如在机械系统中,也可以作为一个介入子系统的功能(如液压或电气)而变化。有些系统甚至会自动改变它们的响应,以捕获或维持所需的飞机或系统状态。

正如在适航条款中所描述的,为使安装设备与机组成员的任务相关联,设备必须设计成:① 明确且没有歧义的;② 能使飞行机组成员以一种合适的方式执行任务(和制订的功能)。

与操作相关的系统行为是明确和没有歧义的,这能使合格的机组成员明白系统正在做什么和为什么这样做。这意味着如果机组成员想安全操纵系统,则应该对系统在可预见的情况或不断变化的形势下会做什么获得足够的信息,这将系统行为与系统设计内部的逻辑功能相区别,很多系统内部功能是机组成员不知道或不需要知道的。

如果机组成员的介入是系统预期功能或非正常程序的一部分,那么机组成员可能需要采取某些行动,或者改变系统的输入。系统必须针对机组成员的干预能力规定进行设计。

改进的技术增强了安全性和性能,也要求机组成员与拥有复杂信息和控制功能的复杂系统之间有恰当的合作。如果机组成员没有很好地理解系统行为,则可能产生混淆。

一些涉及任务的自动系统要实现高效和安全的性能,要有机组成员的关注,比如飞行管理系统或飞行导航系统。另外,系统被设计成自主操作,从这个意义上讲,它们要求很少或者根本不需要与人交互,这样的系统称为自动系统。这样的系统由"开""关"切换状态或自动运行,如飞行控制系统、全权数字发动机控制装置以及偏航阻尼器,在本节中不讨论。有关自动化系统的详细具体指导可以在适航规章的相关章节中找到。

运行经验表明,自动化的系统行为过于复杂,依赖于逻辑状态或者模式转换不能被飞行机组成员所理解,从而导致混淆,这样的设计经常导致发生事故。

6.4.3.1　系统功能分配

申请人应该表明所提出的设计功能的分配,以便实现如下目标:

(1) 机组成员可以在正常和非正常情况下成功完成分配给他们的任务,工作量适度,不需要过度集中精力,不会造成不必要的疲劳。

(2) 机组成员与系统的交互能使他们了解情况,使他们及时检测故障并在必要的时候介入。

(3) 在正常和非正常操作下,机组成员与系统之间的任务分享和任务分配得以考虑。

6.4.3.2　系统功能行为

一个系统的行为产生于机组成员与自动化系统的相互作用,并且由以下因素决定:

(1) 系统的职能和操作逻辑。

(2) 用户界面包含控制器件和信息显示,使机组成员的输入与系统达成交流,并提供系统行为对机组成员的反馈。

设计反馈对这两种情况的综合考虑是很重要的,这可以避免设计功能化逻辑管理系统的行为对机组成员的行为有不可接受的影响。系统功能化逻辑和行为问题的例子可能与差错相关,机组成员的其他困难包括如下几方面:

(1) 对输入(输入数据)和输出而言,机组成员接口的复杂性。

(2) 机组成员在模式选择和转换时对系统行为没有足够的理解和准确的预期。

(3) 机组成员对系统的意图和行为没有足够的理解和正确的期望。

1) 可预测和没有歧义的系统行为

申请人应该提交方法来表明,在他们提交的将采用的设计中,使用的系统或者系统模式行为对机组成员来说是可预测和没有歧义。

人们已经发现系统或者系统模式的工作情况,机组成员不可预测或者含糊不清会引起或导致机组成员发生差错,它同样会降低机组成员在正常和非正常情况下执行任务的能力。某些设计特征已被用于最大限度地减少机组成员产生差错和其他的机组问题。

下面的设计考虑因素适用于与操作相关的系统或者系统模式行为。

(1) 设计的简洁性(如模式的数量、模式转换)。

(2) 模式显示应该明确和没有歧义。例如,机组成员对模式的配置、参与、选择要有显示或反馈指示,足以让机组成员感知他们行为的效果。

(3) 模式的配置、参与、取消选择方式的可达性和可用性。例如,为解除或脱离某种模式的控制行为,不应该依赖于正在配置或者使用的模式、设置一种或多种其他的控制行为、该系统或另一系统的状态。

(4) 可预测的、不受指挥的模式转变和返回。例如,应该有足够的显示信息提供系统中在配置或者使用的模式的非命令式转变的信息。

要注意到在模式的正式描述中,通常定义不同模式是相互排斥的,因此,在一个特定的时间里系统的模式不能超过一个。例如,显示可以在"向北"模式或者"前进跟踪"模式,但在相同的时间内这两种模式不能同时显示。

2) 机组成员的干预

申请人应该提交他们用于表明设计的系统行为允许机组成员干预系统运行且不会影响安全性的方式。这将会包含他们怎样确定职能,以及在何种情况下干预会得到彻底的解决的描述。

应从深度和广度定义可接受的标准,或者提出一种本质上就是完整的分析模式,这样就可以确定分析的完整性。此外,申请人提出的方式应该描述如何确定每一种干预方式所适用的任务。

3) 自动化系统的控制

自动化系统可以执行由机组成员选择或监督的各种任务。应该提供控制以管理这种系统的功能或者对系统进行设置。对这种"自动化指定"的控制的设计应该使机组成员能够实现如下目标。

(1) 系统安全地执行当前或者后续的任务。

(2) 准备的新任务(如新的飞行轨迹)不应该干预或者与自动化系统正在执行的任务相混淆。

(3) 根据机组成员的期望,在不会混淆当前的控制对象时,激活相应的系统功能。例如,机组成员在使用一个能设置垂直速度或者飞行路径角的垂直速度选择器时要胸有成竹。

(4) 在操作条件要求或者转换到手动操作时,能手动干预任何系统的功能。例如,在系统功能损失、系统异常或故障条件下可能就需要手动干预。

4) 自动化系统的显示

自动化系统可以在最小机组成员的监督下,在最小的机组干预下执行各种任务。为了确保有效监督和使机组成员感知系统的状态和系统的"意向"(未来状态),显示应该在以下方面提供可识别的反馈。

(1) 由机组成员输入到系统中,使机组成员能够发现和纠正差错的信息。

(2) 自动化系统或者运行模式的现状(在做什么)。

(3) 以达到或维持理想的状态时系统采取的行动(正在试图做什么)。

(4) 自动化系统的下个状态(下一步将做什么)。

(5) 系统状态之间的转换。

申请人应该考虑自动化系统设计的以下几个方面功能。

(1) 指挥和实际值的指示应使机组成员确定自动化系统是否在根据他们的预期执行任务。

(2) 如果自动化系统接近其操作权限极限,或在给定条件下运行异常,或无法在选定的级别上执行任务,则应该在适当的时机通知飞行机组。

(3) 自动化系统应支持机组成员的协调和合作,确保其有共享的系统状态及机组成员对系统的输入意识。

(4) 自动化系统应该使机组成员在命令被激活前检查和确认它的准确性。这对自动化系统尤其重要,因为它们可能需要复杂的输入任务。

6.4.4 机组差错管理相关设计考虑和指导

即使那些受过很好训练的，有经验的机组成员在使用设计精良的系统时也会犯错误。因此，适航条款要求"在切实可行的范围内，假设飞行机组秉持善意，安装设备必须提供方法，使机组能够管理在运行中能合理预期的机组与设备交互导致的各种差错。本条款不适用于与飞机手动操纵相关的技能性差错"。

为了符合适航条款的要求，设计需要满足下列标准中的至少一条。

（1）机组成员能够发现和排除差错。

（2）要确保由机组成员的差错造成的对飞机功能或性能的影响，对机组成员来说是明显可见的，使得后续的安全飞行和着陆是可能的。

（3）能够通过使用开关保护、连锁、确认操作或其他的方法来排除故障；或通过系统逻辑和冗余、鲁棒或容错系统设计来消除差错带来的影响。

上述目标：

（1）在一般情形下按照上述顺序。

（2）应该认识到机组差错并不能完全被阻止，也不存在绝对可靠的方法能够准确地预测差错发生的可能性以及这些差错产生的相关后果。

（3）需要符合性方法，这些方法应该是有条不紊的，而且是与系统安全评估等飞机系统分析方法互为补充的、分离的、不同的。

正如我们在 4.3.6 节讨论的，满足适航条款的要求并不需要考虑由暴力行为或暴力威胁引起的差错。规章只要求考虑那些与设计相关的差错。例如一个与设备设计不一致的程序，或者一些复杂的指示和控制间彼此不一致，或与飞机上的其他设备不一致。

在验证符合性时，申请人应该在正常和非正常条件下同时评价机组成员的任务，这考虑到了许多具有相同设计特点的任务在任何情况下都是关联的。例如，那些在正常条件下存在的飞行任务（如导航、通信和监视），在非正常条件下仍然存在，虽然在一些非正常条件下，完成这些任务比较困难。因此，那些在非正常条件下需要完成的任务应该被看作附加的任务。申请人不应该认为考虑到的差错与正常条件有什么不同，但是任何评估都应该解释要执行的任务的变化。

6.4.4.1 差错检测

申请人应该设计设备来提供信息，使得机组可以意识到差错或由系统行为引起的系统/飞机状态变化。申请人应表明这些信息对机组来说是可用的，可以充分检测的,而且是与差错密切相关的,这样机组可以及时地进行恢复。

用来检测差错的信息可能有下列 3 种基本形式。

(1) 在正常监视任务中提供给机组的显示。例如,如果使用了不正确的按钮,导致了意外的航向变化,则这种变化将通过目标值的显示被检测到。在接受飞行计划之前,给机组提供临时的飞行计划以供检查是另外一种让机组成员意识到差错的方法。在正常操作期间,如果显示自身包含常规信息,而且是以一种易于获取的形式提供,那么处于视野中的仪器上的仪表盘上的指示是足够的。这些指示包括飞行方式信号牌,例如海拔和航向等正常的飞机状态信息。其他位置的信息可能取决于机组的任务,如任务包含了处理飞行计划,则需要控制显示单元。6.4.2 节提供了关于信息呈现的额外指导,用于确定信息是否充分可检测。

(2) 提供差错信息或飞机系统状态的机组指示,如会给机组提供由意外关闭液压泵引起的系统状态变化的告警。如果显示了告警,那么它是与系统状态相关的,并不是直接与差错自身相关的。当告警与差错直接明显相关时,由机组成员的差错引起的告警对建立那些信息已经足够,而且这些差错可以充分被探测到。适航条款中对告警等级的定义对建立"告警的迫切性是合适的"理念是充分的。显示的内容应该与差错直接相关。差错间接影响的显示可能导致机组成员认为通告的状况并不是由差错导致的。

(3)"全局"告警包含了众多的可能差错,通告外部危险或飞机包线或操作条件,如监视系统中的 TAWS 和 TCAS。一个实例即在山区地形、固定的飞行模式下,由飞机转向错误的方向导致的近地告警。

申请人在判断信息的程度或种类对机组来说是否容易获得、是否可充分检测和是否与差错直接相关时,应该考虑以下几点。

(1) 一些差错的影响很容易且可靠地通过系统或设计确定,而有的差错则不是。对于那些不能够被系统感知的差错,机组成员监控和扫描信息的设计和布置有助于差错检测。一个例子就是在正常操作时发动机速度指针对准的应该是同一个方向。

(2) 飞机告警和指示系统可能不检测一个动作差错与否。因为在很多操作环境下系统不知道机组成员的意图。在这种情况下,可靠性取决于机组成员扫描和观察显示器的能力,一个动作的结果会导致显示指示的改变,比如选择了一个新的海拔或航向,或者在飞行管理系统中对飞行计划做了变更。对于这种性质的差错,检测取决于机组成员对现有信息的理解。如 TAWS 和 TCAS 等监视系统是在所有机组成员都没有检测到差错的情况下提高安全冗余水平的一些手段。

(3) 从设计的角度来说,当存在一些潜在的可能导致更严重后果的差错时,一些如航向、海拔和燃油状态的信息应该以一种容易获得的显示形式提供,而不是以一种告警的形式提供。

当有先例存在,或有一个合理的例子可能证明信息的内容与引起它的差错明确相关时,申请人可能通过设备描述来表明信息是可获得的,而且是与差错直接相关的。在一些情况下,可能需要有飞行员去评估提供的信息是否可充分获取和检测到。

6.4.4.2　差错恢复

假如机组成员检测到了差错或这些差错导致的影响,下一个逻辑步骤是确保这些差错可以逆转,或者是这些差错的影响可以通过某种方式得到缓解,从而飞机可以回到安全的状态。

一个可接受的表明差错可恢复的方法如下。

(1) 存在可用的控制和显示可以直接纠正这个差错的动作,使飞机或系统回到初始状态;或者可以减小影响,确保飞机或系统可以回到安全的状态。

(2) 机组可以被期望通过使用这些控制和显示及时地去完成纠正动作。

为了建立控制和显示信息帮助差错恢复的充分性,系统和机组界面的相似性声明或设计描述可能是足够的。对简单的或类型熟悉的系统,或对即使复杂但不是很新型的系统,机组界面及与显示相关的程序的相似性声明或设计描述是一个可接受的符合性方法。

为了表明机组成员可以预先、及时地使用控制和显示去完成纠正动作,在仿真模拟器环境中的机组评估是很有效的。这些评估应该包括对那些用在告警信息、控制或其他显示中的术语进行检查,也应该包括程序步骤的逻辑流和这些程序在其他系统上执行的效果。

6.4.4.3　差错影响

其他实现差错减少目标的方法是为了确保差错的影响或对飞机状态的相关影响包含如下两点:

(1) 对机组成员来说是明显的。

(2) 不要对飞机的安全性造成不良影响(不影响后续的飞行安全和着陆)。

如果机组绩效问题对于确定一个差错后的状态是否对后续的飞行安全和着陆造成影响值得讨论,则在飞机上或仿真中的预先评价可能是有意义的。评价或分析可能被用来表明,在差错发生后,机组成员拥有有效的信息,且飞机具备需要的性能,从而保障安全飞行和降落。

6.4.4.4　差错排除及其影响

对那些有潜在安全威胁的不可避免的差错,需要能够阻止差错的方法。可接受的阻止差错的方法包括开关保护、互锁或多重确认动作。例如,许多飞机上的发动机驱动控制有许多开关保护去排除错误的启动。因为一旦脱离,那么在飞行中或发动机运行过程中,发动机就不能重启。多重确认的例子是在接受飞行计划前,机组成员可以得到临时的飞行计划。

另外一种可以避免机组成员差错的方法是设计系统移除显示器上有误导或不准确的信息(如传感器错误)。一个例子就是当数据错误导致符号不正确时,系统可以从主飞行显示中移除飞行指引或从机场表面地图显示中移除"ownship"标志的位置。

申请人对一个给定的差错应该避免使用过多的保护措施。过多的保护措施可能引起没有预料到的安全结果。这可能妨碍机组成员在用自己的判断力处理某些申请人没有预料到的情形时,采取对飞机安全最有利的行动。如果保护措施成为日常操作中的妨碍因素时,机组成员可能会采取特殊的、创造性的方法去回避这些措施,这将会引起非预期的结果。

6.4.5　综合集成相关设计考虑和指导

许多系统,如飞行管理系统,在物理上与功能上都是与驾驶舱集成在一起的,而且可能与其他驾驶舱系统交互使用。在考虑一个设计时很重要的是不仅从单独的角度出发,还要综合考虑整个驾驶舱环境。集成包括了显示或控制器件在什么地方安装,它们怎么与其他系统交互,在多功能显示器内各个功能之间是否有内部一致性,还包含了它与其他驾驶舱设备的一致性。

适航条款要求安装的设备能够单独或与其他同类设备一起展示,它们的设计可以让训练有素的机组成员在这种使用环境下能够安全地完成与它应有的功能相关的任务。为了符合这个集成性要求,所有的驾驶舱设备必须能够让机组成员在试验中合理要求的条件下完成任务。驾驶舱设备包括飞行机组与飞机系统交互的界面,如控制器、显示器、指示器和信号器。

用于证明符合 CS 25.1302(a)～(b)中各项要求的数据包括分析、评估和测试结果及其他相关数据,应涵盖设计项的集成特性。此类数据的生成应该包含下列集成因素:

（1）一致性。

（2）一致性权衡。

（3）驾驶舱环境。

（4）与工作量和差错相关的集成性。

6.4.5.1　一致性

在一个给定的系统和驾驶舱内需要考虑一致性。不一致可能导致系统容易损坏，如增加工作量和差错，尤其是在紧张的情形下。例如，在一些飞行管理系统中，对于不同的显示页，输入纬度和经度的格式是不同的。这将导致机组成员发生差错，或至少增加机组成员的工作量。

另外，经度和纬度的显示格式与最常用的表格格式不相同也会导致差错。因此，在任何可能的时候最好使用与其他媒介相符的格式。尽管存在权衡，为了实现系统内或多个系统之间的一致性，以下设计属性需要考虑。

（1）字符，包括数据输入约定、格式、颜色理念、术语和标签。

（2）功能和逻辑，例如，当两个或多个系统处于激活状态且在执行相同功能时，在操作时需要满足一致性而且要使用相同的系统接口。

（3）与驾驶舱中使用的同类型其他信息一起显示的信息，例如，在开发用于电子地图显示器上的符号时，应该考虑用于其他飞机驾驶舱系统或其他常用的表格上的导航符号。

（4）操作环境，飞行管理系统与操作环境的一致性是很重要的，这样需要输入系统中的放行步骤的顺序应与在空中交通管理中给出的命令保持一致。

遵守飞机驾驶舱设计理念是一种在一个给定系统和驾驶舱全局实现一致性的方法。另一种实现一致性的方法是通过使用已出版的工业标准（如 ICAO Annex 8400/5）中推荐的标签和缩写来进行标准化设计。通过满足 SAE ARP 5289 中推荐的约定，申请人可以标准化那些用来描述辅助导航（如甚高频全向信标）的符号。但是，严格的不恰当的标准化可能会成为创新和产品升级的障碍。因此，这一节的指导促进一致性而不是死板的标准化。

6.4.5.2　一致性权衡

人们认为提供一致的机组界面并不总是可能的或必需的。尽管要与驾驶舱设计理念、一致性准则等相符，但是也有可能对机组成员的工作量有负面影响。例如，所有的听觉告警可能符合驾驶舱告警理念，但是告警的数量可能是让人不能接受的。面板的一致性要求使得在单个任务需求中的数据要以两种不同的格式显示时可能是无效的。一个例子是气象雷达显示按照显示环境区域的格式，而动态地图可以显示 360°全景图。在这种情况下,要求接口设计与飞行任务相匹配,在对系统或功能没有影响的情况下可以单独地或与其他接口联合工作。

(1)申请人应该提供一种分析方法来分辨每一条在多位置显示的信息或数据,而且要表明数据是以一致性的形式来显示的,或数据不正确时,要证实为什么数据是错误的。

(2)在信息不一致的地方,这种不一致应该是明显的或声明的,而且不应该导致信息解释的错误。

(3)应该有一个原则,例如系统的设计与驾驶舱的设计理念在什么地方不符。要考虑这种不相符的情况对工作量和差错的所有影响。

(4)当显示器的信息与驾驶舱上的其他信息冲突时,申请人应该描述机组成员期望得到什么结论和应该采取什么措施(无论失败与否)。

6.4.5.3 驾驶舱环境

驾驶舱环境受到系统集成到飞机的物理特性的影响,同时受到操作环境特性的影响。系统会遭遇如湍流、噪声、周围灯光、烟雾和振动(如由于冰或发动机风扇叶片损伤)等影响。系统设计人员应该意识到这些影响对可用性、工作量和机组任务表现的影响。

例如,湍流和周围灯光可能影响显示器的可读性。驾驶舱噪声可能影响听觉告警的可听性。对非正常环境来说,申请人也应该考虑驾驶舱环境的影响,如不正常的姿态恢复或重新获得对飞机或系统的控制。

驾驶舱环境包括布局或控制和显示的物理布置。布局应该考虑如下机组需求:

(1)(控制)可达性。

(2)显示和标签的可见性和可读性。

(3)人机交互元素面向任务的位置和编组。

一个不好的物理集成的例子是位于正常操作位置的控制装置遮挡了用户执行任务所需的信息。

6.4.5.4 与工作量和差错相关的集成性

当集成功能或设备时,设计者应意识到潜在的影响,包括正面的和负面的,以及集成可能对机组工作量和对差错管理的后续影响。系统必须在单独和与其他驾驶舱系统组合的情形下设计和评估,以确保机组成员可以发现、排除和从差错中恢复。当集成的系统应用了高度自动化技术或在其他驾驶舱系统上应用了高度互动性或依赖性时,这将更具挑战性。

申请人应该表明，在整个飞行状态情境中，集成设计没有对工作量或差错造成不利影响。这些影响的例子包括需要增加时间去实现如下目标：

（1）理解一个功能。

（2）做出决策。

（3）采取恰当的行动。

控制，尤其是多功能控制和新颖的控制类型，可能会影响差错辨识和增加响应时间的可能性。设计一般要通过隐藏功能来避免多功能控制，因为会增加人员的工作量和潜在的差错。

集成设计特征会或不会影响差错和工作量的两个例子如下。

用两种不同格式来显示相同信息。这会增加工作量，如海拔高度信息同时以带状和圆表盘的形式显示。不同的格式应该取决于设计和机组成员的任务。例如，一个发动机转速的模拟显示器可以帮助完成快速扫视，而数字显示器可以帮助完成精确的输入。申请人负责表明与适航条款的一致性，而且表明格式的不同不会导致不可接受的工作量水平。

显示出冲突信息。工作量和差错增加可能是由于两个显示器在驾驶舱中同时描述了相冲突的海拔高度信息。不管哪种格式，系统都可能会显示出每一个机组成员位置之间的微小差别，但是所有这些差别应该被分别评估，确保发生差错的潜在概率最低，或有现成的方法让机组成员发现不正确的信息，或可以消除这些差错的影响。

申请人应该表明所提出的功能不会使机组成员从其他驾驶舱信息和任务处转移注意力，从而降低机组成员表现和整体安全水平。一些案例对系统设计而言增加工作量是可接受的。例如，给驾驶舱增加一个显示器，机组成员花费额外时间去观察显示器增加了工作量，但是额外信息提供的安全收益可以让它成为一个可接受的权衡结果。

由于每一个集成到驾驶舱的新系统都可能会对工作量造成正面的或负面的影响，每一个新系统必须单独地或在与其他系统组合的情况下按照适航条款的要求评价。这为了确保整体的工作量是可接受的，也就是说飞行任务的表现没有受到不利影响，而且对信息的检测和理解不会导致不可接受的响应时间。应该对作为工作量要素所列出设备的符合性要求给予特别的关注，包括可达性、所有必要飞行动作的简化、电力和设备控制。

7　人为差错分析方法

随着现代飞机系统可靠性的提高,人为差错已成为飞行安全的重点。各种类型的人为差错通常被认为是导致不安全事件和事故的主要因素。航空公司的安全官员在通过安全报告和航班数据监控航空公司的安全绩效时,会观察到人为差错甚至违规行为的发生。仅依靠信息或培训不能使个人或组织免于差错。只有通过具体的措施才能实现改进,这些改进措施使发生差错的可能性降低,其后果不那么严重。本章的编写目的是减少飞行员面临的威胁的数量和严重性,而不是教授飞行员新的威胁和差错管理技术。

7.1　人为差错与违规

在日常用语中,"差错"一词的使用范围非常广。为了更详细地讨论该主题,需要更精确的定义。这里使用的分类符合 James Reason 的定义。

差错(error)是未能实现其预期结果的故意(不)行为。

差错只能与具有明确意图以实现特定预期结果的操作相关联。因此,不受控制的运动(如反射动作)不被视为差错。根据定义,差错本身不是故意的,但最初计划的行动必须是故意的。此外,上述定义假定结果不是由行为者无法控制的因素决定的。

需要注意,在航空安全领域的许多资料来源中,都在更广泛的意义上使用"差错"一词,既包括此处定义的差错,也包括违规行为。

差错可以进一步分为两类:一为失误和疏忽,二为错误。

失误(slip)和疏忽(lapse)是执行预期操作的失败。失误通常指不经意间的、瞬间的差错或失误。这可能是由注意力瞬间分散、意外的动作或行为等导致的。失误通常是无意识的,人们可能在事发后才意识到。疏忽则更多地强调由于遗忘或缺乏注意而发生的差错。它可能是由于注意力不集中、忘记了某个步骤或规则等引起的。例如,错误地操作襟翼杆而不是预期的变速杆是一种失误。

忘记清单项目是一种疏忽。错误(mistake)是行动计划的失败。即,即使计划执行正确,也不可能达到预期的结果。它可以是由错误的决策、缺乏知识或技能、误解等导致的。

违规(violation)是违反已知规则、程序或规范的故意(不)行为。

差错与违规之间的根本区别在于,违规是故意的,而差错不是。换句话说,违规是一种有意识的决定,而当一个人有意识地试图以无错的方式执行时,可能会产生差错(见图 7 - 1)。故意破坏的案例和无意违反的理论案例(因为操作者不知道规则而违反规则)不属于本书的讨论范围。

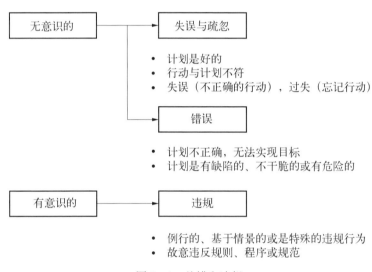

图 7 - 1　差错和违规

7.1.1　人的表现

不同的差错类型通常与所谓的人的表现相关联。一个人时常同时执行多项任务,例如,把杆飞行员在驾驶飞机(读取仪表数据、分析飞行情况并为飞行控制提供输入)的同时,浏览非把杆飞行员阅读的清单,并对无线电通信保持注意。尽管一个人的注意力资源是有限的,但为了能够同时处理多项任务,人类认知能力能够使我们分配最少的注意力来自动执行熟悉的任务。

这种能力可以用 Rasmussen 的模型,从基于技能、基于规则、基于知识的人的表现水平来建模以区分行为的难易程度。具体的模型如图 7 - 2 所示。

7.1.1.1　基于技能的人的表现

在手动驾驶飞机时,经验丰富的飞行员不需要将注意力集中在操纵驾驶盘/

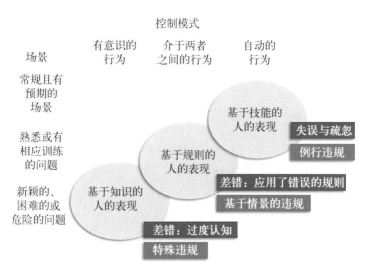

图 7 - 2 Rasmussen 模型区分行为难易程度

杆和操作油门杆的物理程序上。这样的行为已经成为自动的"程序"。飞行员可以在有意识地关注其他事情(通常是他想把飞机飞到哪里)时执行这些程序。

7.1.1.2 基于规则的人的表现

在人的表现的层次结构中,下一个级别是基于规则的人的表现。在基于规则的人的表现中,评价对象面临着必须集中精力做出决定或创建解决方案的情况。该对象已接受过相关的培训,因此,一旦确定了情况,该对象就可以轻松应用已知的解决方案继续进行原来的行为,通常会返回到基于技能的表现级别。"基于规则"的名称反映了学习解决方案,这些解决方案提供了可以适用的"规则"——不一定是传统意义上的规则,例如条例或规范。在空旷笔直的滑行道上滑行的例行程序可能会因观察到在飞机前方奔跑的侵入物而中断。在此场景下,需要飞行员立即注意、判断情况并决定要采取的行动。侵入物是什么?它有多远?它要去哪里?飞机有损坏的风险吗?飞机应该减速、停止还是可以继续正常滑行?

培训和经验允许人们构建一组规则,知道何时应用这些规则,并知道使用哪些线索来正确识别情况。例如,当航空业界对风切变和微下击爆流现象(一种局部的、强烈的下沉气流,通常与雷暴相关,并且在达到地面时会在水平方向上向外扩散,形成强烈的辐散风)仍然不甚了解时,许多被卷入以上场景的机组发现自己很难理解当下发生了什么,并且没有任何有效的解决方案可以应用,有时后果是灾难性的。但自从人们对这些现象有了更多了解，机组成员已经接受应对这两种天气的培训，因此他们可以快速、正确地识别情况，并做出正确的应对。

7.1.1.3　基于知识的人的表现

人最耗费注意力的表现是基于知识级别的。这是指在一种全新的情况下，没有任何现有解决方案的帮助，事件对象被迫仅基于系统知识得出现场解决方案的任务。当这种情况出现在复杂系统的背景下时，如果任务存在时间紧迫性，则事态的发展可能会很快超出人类认知的分析能力，顺利解决事态的可能性也会严重降低。防止机组成员进入此类情况是航空业的指导原则之一。在航空史上存在两个涉及液压系统完全丧失的事故案例，即1989年在美国艾奥瓦州苏城的 DC-10（不受控制的发动机故障）和2003年在巴格达附近的 A300（被导弹击中）均出现了基于知识的行为场景。两次事件中，机组成员均成功地完成几乎不可能完成的任务，即在完全丧失液压系统的时候，仅通过调节发动机功率来进行飞行和降落受损飞机。在这些情况下，机组成员只能依靠现场推理、试验以及对飞机和飞行的整体了解。

7.1.1.4　基于差错分类的人的表现

差错和违规在不同的表现水平中具有不同的形式。

如果我们从人的表现出发对差错进行原因分析，则失误和疏忽通常出现在基于技能的行为中。失误和疏忽背后有几种已知的机制，例如，众所周知，对人来说非常习惯的常用"程序"可能会在行动中取代计划中预定执行的、非常相似的程序。

以飞行前的例行检查为例，机长得知由于前序航班出现的损坏，飞机在飞行前进行了结构维修，因此决定在巡视期间查看一下。然而，当他开始巡视检查后，他很快就进入了正常例行巡视的"程序"中，完全忘记了他开始时检查损坏修复的打算，只在回到驾驶舱后才意识到自己的疏忽。

基于技能的违规行为是常规的违规行为，这类行为已成为我们自动例行程序的一部分，例如在驾驶时经常略微超过限速。

错误是有意识决策的结果，因此它们发生在基于规则和基于知识的行为中。在这两种情况下，可能导致问题的两个典型领域是：

（1）正确识别情况。

（2）了解要应用的正确解决方案（规则）。

在基于知识的行为中，问题在于处理大量信息，并以能够做出正确判断和适当决策的方式理解这些信息。相比之下，在基于规则的层面，信息量可能完全在处理范围内,但部分无意识的情况判断过程和先前学习过的解决方案(规则)的质量变得至关重要。

基于规则的违规行为通常是情境性的:对象在执行任务时进行了在其认知中认为必要或有用的"拐弯抹角"做法。基于知识的违规行为通常是所谓的特殊违规行为,有时这种行为的性质会相当严重。

7.1.2　人为差错和违规的后果

人为差错和违规行为共同构成了人类行为中的不可靠部分。从统计学的角度说,目前超过 70% 的航空事故是由"人为因素"造成的。虽然现实情况要复杂一些,但目前的事故通常包含重要的人类表现因素。差错和违规行为既可能直接导致事故,也可能使其他问题的后果更加严重。

在一个复杂的(至少是先验的)高风险系统(如商业航空)中,通常会对已知类型的事故准备多层防御。因此,一起事故会涉及几个促成因素,其中一些通常非常明显,而另一些则与实际事故的时间和地点相距更远。重要的是要认识到,在这样的系统中,差错的后果通常更多地取决于除差错本身的表观严重性以外的因素。决定结果的更多是发生的差错数量和系统控制差错的能力。

人为差错的后果的示例如下文所示。

人为差错(疏忽):忘记正确设置起飞襟翼。影响后果的因素包括如下几方面:

(1) 飞机类型和性能。

(2) 实际起飞重量。

(3) 跑道长度和前方障碍物。

(4) 起飞配置警告的功能。

人为差错(失误):导航差错。影响后果的因素包括如下几方面:

(1) 附近的其他飞机。

(2) 附近地势较高。

(3) TCAS 的功能。

(4) ATC 的警告。

(5) EGPWS 的功能。

需注意的是,根据所涉及的因素,相同的差错可能会产生完全不同的后果。但在同时,也存在某些差错类型往往比其他差错类型具有如下更严重的后果:

(1) 由于系统内置的保护功能,失误通常很容易快速检测,并且不会立即产生严重后果。

（2）疏忽可能更难检测，因此也更有可能产生后果。

（3）差错甚至更加危险，因为犯错的人相信他或她正在做正确的事情，因此往往不会去理睬越来越多表明事情进展不顺利的迹象而继续错误的行动。

（4）违规类似于差错，但偏离异常操作类型的可能性进一步增加，风险也更大。许多违规行为很诱人，因为它们通常带来好处而没有任何明显的弊端。潜在的风险可能并不明显，同时，因为违规是被禁止的，不会被经常讨论，因此人们很少有机会了解它们的后果。例如，违规者通常假定系统的其余部分是完全正常的（即没有发生其他差错或违规）。但具有讽刺意味的是，航线运营安全审计（line operations safety audit，LOSA）数据显示，违规行为会使飞行的剩余时间内再次出现差错或违规的概率几乎增加一倍。

一个常见的差错假设是差错和违规仅在飞行事件和事故中出现。来自飞行操作监控程序（如 LOSA）的最新数据表明，差错和违规行为非常普遍。根据得克萨斯大学 LOSA 数据库，在大约 60% 被研究的航班中，至少观察到一次差错或违规行为，平均每次飞行出现 1.5 次。

四分之一的差错和违规行为因为处理不当而造成了后果（不希望出现的飞机状态或额外差错）。该研究还表明，三分之一的差错是由机组人员发现并纠正的，4% 的差错被检测到反而使情况变得更糟，超过 60% 的差错仍未被发现。这些数据强调了一个事实，即差错是正常飞行操作的一部分，通常不会立即造成危险。

总体而言，当差错在高度安全保护的系统中产生严重后果时，通常更多地说明操作系统存在问题，而不仅仅是差错本身。航空等安全系统应该被设计成以不同的方式管理差错，以避免严重后果。

7.1.3　差错管理

身居管理职位的人往往发现很难处理人为差错。要求人们"更加小心"之类的简单反应很少能带来任何的改善。在文档中添加警告这种看似简单的解决方案通常效果非常有限。此外，自然的反应是试图更多地培训员工，寄希望于能避免差错。虽然各种技术和非技术技能可以通过培训来提高，从而对某些类型的差错产生积极影响，但培训在防止失误和疏忽方面却收效甚微。

管理者必须接受这样一个事实，即无论培训了多少人，在操作文档中发出了多少警告，都无法完全防止差错的发生。

成功的差错管理的第一步是了解所发生差错的性质及其背后的因果机制。

要真正解决人为差错问题，就必须从系统上改进工作。其中一种方法是改善工作条件、程序和知识，以减少出错的可能性并改进差错检测。另一种方法是在系统中增加容错性，即限制差错的后果。要实现这种系统性解决方案，首先需要将差错管理的重点放在组织上，而不是只关注犯错的个人。

然而，即使是最好的安全程序也无法防止所有差错。因此，采用的最佳策略是差错管理。本节首先关注一般有效的差错管理策略，然后讨论管理失误、疏忽和错误的细节。

7.1.3.1　差错管理策略

常见的差错管理手段包括差错预防、差错减少、差错检测、差错恢复与容错提升。

（1）差错预防旨在完全避免差错。只有在某些特定情况下才有可能实现，并且几乎无一例外地需要基于设计的解决方案。

（2）差错减少旨在最大限度地降低差错产生的可能性和严重程度。

（3）差错检测旨在使差错尽可能快、尽可能清晰地显示，从而实现恢复。差错可能由犯错者检测到（自我监控），或由环境提示（如由系统硬件和软件检测到），或被其他人检测到。

（4）差错恢复旨在使发生差错后轻松地将系统快速恢复到安全状态。

（5）容错提升旨在使系统在出错时能够更好地维持自身安全状态，即最大限度地减少差错的后果。

1）差错预防示例

在传统的人工发动机启动程序中，人为差错（如在错误的时间打开或切断燃油阀）可能导致发动机损坏。配备 FADEC 的飞机上的发动机自动启动顺序通过精确监控关键发动机启动参数、正确计时顺序中的每个步骤，以及在发生任意异常时发动机自动关闭来防止这些差错。

2）差错避免示例

在驾驶舱设计中应用良好的人体工程学设计可以减少差错的发生。襟翼、扰流板和起落架操作杆使用差异化的形状象征预期的功能，可产生视觉和触觉提示，并减少涉及使用操纵杆的差错失误。仪表和显示器应清晰而合乎逻辑地进行视觉设计，如在主飞行显示器上显示速度和高度，以减少阅读过程中的差错。

3）差错检测示例

（1）在某些输入值超出合理范围时，性能计算软件可以警告机组人员，使差错的结果立即可见。

(2) 起落架销上的红色飘带可以帮助检测留在原位的起落架销；当它们出现在错误的位置(在滑行过程中仍然在起落架上)，或者它们没有出现在正确的位置时，可以提醒机组成员。

(3) 交叉检查是一种将差错检测应用为差错管理策略(便于其他人检测)的方法。

(4) 强制功能是一种迫使人们在继续任务之前检测并纠正差错的设计特征，例如，如果机身下侧的燃料开关留在"地面"位置，则无法关闭飞机的加油面板。

4) 差错恢复示例

(1) 计算机软件中的"撤消"功能可能是差错恢复功能最著名的应用。

(2) 引入自动上拉功能作为 EGPWS 的扩展可能性。这样的功能将引入强制差错恢复。

5) 提升容错示例

在性能模型中设置保守的运行余量，确保飞机载荷和重量与平衡计算中合理的小误差不会危及起飞等关键阶段的飞行。

7.1.3.2　管理失误和疏忽

失误和疏忽很大程度上是人在没有全神贯注的情况下"自动"执行行动导致的，他们遵循习惯，"自动"地执行动作以节省注意力资源。导致失误和疏忽的机制在无意识的行为中起作用。因此，即使可以通过良好的工作界面、程序和环境设计来减少失误和疏忽，也不可能做到完全预防。常用应对失误和疏忽的管理方法包括以下几种。

1) 过失和失误的避免示例

(1) 控制已知的会导致差错的因素，如不必要的干扰。

(2) 标准化程序强化了正确的行动顺序，因此对避免发生失误和疏忽都有积极影响。

(3) 具有良好触觉反馈的器件设计可降低失误风险。

(4) 使用检查单可降低失误的风险。

(5) 一家航空公司对机组成员有几次未能将襟翼设置为正确的起飞襟翼构型的情况感到担忧，于是通过起飞构型告警进行提醒。航空公司修改了起飞前检查单，将襟翼检查放在滑行阶段之前，因为在滑行阶段很容易因注意力分散而出现疏忽。

以上的例子说明,有效的解决方案通常需要在组织级别进行业务变革。

2) 失误和疏忽的检测、恢复和容错提升示例

由于失误和疏忽的不可预测性,对于这两者的检测、恢复和容错提升是管理策略的重要组成部分。幸运的是,大多数失误和疏忽都是由犯错的人自己检测到的。此外,一旦失误或疏忽被检测到,通常很容易恢复。

(1) 在飞行过程中为了便于检测差错,飞机必须立即向机组成员提供有关其行动的高质量反馈,并且机组成员应接受培训以系统地使用该反馈来验证他们的指令(如自动驾驶模式更改)是否被考虑在内,并正确实施。

(2) 为了履行重要的差错检测责任,非把杆飞行员必须知道如何在不同飞行阶段有效地监控飞行。

(3) 操作襟翼和扰流板控制器件导致的解锁动作可能会延迟执行,以便操作者与其他人及时发现操作过程中的失误与过失。

(4) 在速度过低或攻角过大的情况下错误地收起襟翼时,空客飞机会启动保护装置,以尽量减轻偏离产生的后果。根据具体情况,襟翼将保持伸展,并可能施加 TOGA 推力。

(5) 未收回襟翼并接近设置好的速度限制将激活超速保护。在这种情况下,差错检测(超速警告)和容错(自动收回襟翼)协同提供了成功恢复差错的机会。

7.1.3.3　管理错误

如前所述,错误是由于采取了有缺陷的解决方案或决策而产生的,通常是由失败的情境判断或学习了低质量的解决方案引起的。

如果机组发现自己处于基于知识的问题场景中,则他们是否能成功恢复取决于其已经学习到的与当前关键问题相关的基本知识,以及能否运用在机组资源管理培训中学习到的技能,例如随时保持冷静,进行有效的沟通和合作。由于基于知识的错误实际上是不可避免且难以挽回的,因此航空业采用的原则是防止机组成员进入这种情况,而不是试图制订相关的差错管理策略。

统计数据表明,从基于技能的疏忽中恢复的概率是从基于规则的错误中恢复的概率的两倍,是从基于知识的错误中恢复的概率的三倍。

对于基于规则的错误,可用的错误管理策略是避免、检测和快速恢复,这些工作主要取决于三个要素:机组的知识、注意力和处理策略。

(1) 知识的作用反映在对情况的判断和所选择的解决方案的质量上。充分

的知识来自培训、经验和对当前最新信息的了解程度,如天气和跑道状况。

(2)注意力决定了获取与事件相关的信息的难易程度。在理想情况下,机组成员的注意力被引导到能够提供事件信息的最相关和最可靠的信息来源,并且信息的呈现方式也会影响机组成员是否能够迅速建立对环境的完整理解。

应避免信息的过载、干扰和无效信息。当可用信息能够满足信息需求,且所需求的注意力不超过机组能力时,机组能更容易地做出准确的判断,潜在的错误也更容易被发现。

(3)处理策略决定了处理当前情景中的多重目标的困难程度。在处理突发事件时,机组往往会有多个目标需要达成,其中一些目标往往部分冲突。有些目标是显而易见和标准的,而其他目标可能是潜在的、个人的甚至无意识的。策略因素在决策过程中最为明显。

1)处理策略示例

在飞行过程中,飞机出现系统故障后,机组人员在采取以下哪种飞行策略的决策过程中犹豫不决?

(1)降落在跑道较短且着陆辅助设备有限的最近机场。

(2)继续前往原定的目的机场,该目的地也是本航空公司的基地,拥有维护设施和良好的跑道条件。安全方面的考虑、运营方面的考虑和乘客舒适度方面的考虑目标彼此一致。

机组可能偏向于继续前往原定机场,因为这意味着回到公司基地。如果机组成员在"没有实际需要"的情况下将飞机降落在计划外的目的地,有可能会受到公司管理层施加的压力。

很明显,虽然一些处理策略的选择来自机组成员,但其中也存在许多由组织和外部代理人施加的因素。组织应努力确保避免出现严重的目标冲突,或者确保在目标发生冲突时,策略的选择不会危及安全。

此外,通过事故案例分析,我们可以发现很大一部分差错是由不正确的情况判断引起的,这对人类认知来说是一项棘手的任务。这种判断差错主要是由于人类认知在试图快速处理大量信息时出现的期望偏差和启发式方法。

2)期望偏差、可得性启发和确认偏差方法示例

(1)期望偏差。期望偏差指人们的判断和决策受到自己的期望或预期的影响。期望偏差有助于填补沟通中的空白与理解不完整的信息,但这种偏差也可能导致人们对信息的解释和评估产生偏差,使得他们更容易看到符合自己期望

的结果,而忽视或低估与期望不符的信息。期望偏差很难抵消。重要的是要强调信息回读的重要性并对信息仔细确认。

(2) 可得性启发。可得性启发是一种人们在进行判断和估计时,依据脑海中易于想起的相关信息或例子做出决策的倾向,即人们往往依据容易想到的例子或信息推断某个事件的发生频率或可能性。可得性启发有助于快速收集信息,但更偏向于最容易获得的信息源,而不是最可靠和相关的来源。可得性启发的影响可以通过可靠的设备、操作程序和培训设计来抵消,这些设备、程序和培训促使机组成员专注于环境中最相关的信息来源,同时也强调这些来源的局限性。

(3) 确认偏差。确认偏差指人们倾向于寻找、解释和记住那些支持自己已有观点或信念的信息,而忽视或淡化与之相矛盾的信息。确认偏差有助于快速创建关于情况的假设诊断,但该假设仅基于可用信息的子集,可能使人们更坚持自己的观点,而不太容易接受新的或不同的观点,即尽管相反的证据数量不断增加,但仍维持不正确的判断。

7.1.4   违规管理

违规管理的具体内容是了解违规的原因,然后尝试消除这些原因。以下一些已知因素会增加违规的可能性。

(1) 期望:对工作的过程存在必须不遵守规则才能完成的预期。

(2) 自满:感觉技能和经验证明偏离标准程序是合理的。

(3) 机会主义:希望能走捷径和/或采取其他看似更好的方式做事。

(4) 计划和准备不充分:使人处于没有程序和经验可参考,必须随机应变解决问题的场景。

通常,造成违规行为的原因是组织无法足够快地适应新情况。违规者可能是一个非常有动力的人,试图为公司"做得更好"。这解释了为什么管理试点通常更容易产生违规,尤其是在经营灵活性非常有限、业务压力很大的小公司中。

违规示例如下所示。

(1) 一家小型直升机运营商的首席执行官也担任机长,在没有副驾驶的情况下驾驶定期客运航班,有时让不合格的飞行员坐在副驾驶座位上以掩盖这一违规行为。这种特殊且完全不可接受的行为可能反映了运营压力、首席执行官本人高度的执行动机和自满。

（2）在一家处于上升期的航空公司中，机队的扩张、不断增长的航线导致飞行员短缺。这种短缺造成了管理压力，导致飞行员被要求突破工作时间限制。

（3）机组在飞行过程中将飞机飞往预定目的地的过度意图，加上对自己的飞行技能的高度自信，可能会导致飞行员尝试在不适宜的条件下强行降落。

与差错一样，在组织中寻找违规的根本原因非常重要。专注于根本原因层面的解决方案是最有效的。还必须认识到，惩罚违规者并不总是有成效的，因为违规行为可能是由其无法控制的外在因素推动的。

我们无意削弱个人对自己行为的责任的重要性，绝不应容忍危险和鲁莽的行为。但是，一些违规行为可能是由于组织或计划不足而强加给个人的，任何处于相同情况的个人都可能发现很难不实施违规行为。接受不合规的工作方式可能已经成为当地工作文化的一部分，这也意味着包括管理层在内的整个团队都应对违规行为负责，而不仅仅是实际实施违规行为的个人。

违规管理的最终目标是建立一种工作文化，在这种文化中，违规行为既不是必要的，也不是可接受的选择。像所有文化问题一样，这可能需要相当多的时间和精力。如果员工自己参与设定工作中可接受的限制，就会大大增加违规管理的成功机会。

在进行持续管理的基础上，违规管理可以采取四种不同的形式。

（1）建立沟通、讨论解决方案的渠道。这有助于使相关人员了解问题并相应地调整计划，以避免可能导致违规的压力。

（2）分析现有违规行为并评估未来违规行为的可能性。尝试了解当前违规行为的背景。使用导致违规的因素列表来评估未来违规的可能性。

（3）努力确保管理层通过良好的领导和规划以减少违规行为。

（4）确保管理层和员工都意识到他们的责任和与工作相关的主要风险，并了解违规行为如何降低重要的安全裕度。

差错和违规行为在飞行操作中比人们想象的更常见。通常航空系统的稳健性足以弥补差错和违规行为而不会产生重大后果，但在少数情况下，它们仍有可能影响安全。

人为差错和违规管理的第一步是了解其真正的因果因素。本节旨在提供有关该主题的基本信息。成功的人为差错和违规行为管理需要在组织层面不断应用系统改进。无违规运营应该成为企业文化的自然组成部分。

7.2　人为差错工程分析方法

7.2.1　NASA 人为差错分析

7.2.1.1　介绍

尽管人对系统的操作和维护做出了积极的贡献,但有时也会出现人为差错。当出现人为差错的时候,可能会对系统的安全和性能构成威胁。

NASA 的人为差错分析(human error analysis,HEA)方法的目的是理解和管理人为差错导致的潜在灾难级危害,了解系统设计中的相对风险和不确定性,并影响整个系统生命周期的决策。NASA 开展人为差错分析的目的是满足以下要求:

(1)应对所有任务阶段开展人为差错分析,包括对系统故障的操作。

(2)在初步设计评审阶段,应该对如何开展人为差错分析进行总结描述:

a. 了解和管理由人为差错可能造成的潜在灾难性危害。

b. 了解系统设计中的相对风险和不确定性。

c. 影响与系统设计、操作使用和测试应用相关的决策。

NASA 认为 HEA 作为系统研发过程的一部分,是一种预测方法,需要分析人员识别、构思和预测人的行为可能导致灾难性结果的场景。NASA 将 HEA 定义为一种系统性的方法,即识别潜在人为差错,模拟人的表现,并定性地描述人为差错对系统的影响。HEA 提供了对人的行为和差错的评估,用以促使系统改进,以减少差错发生的频率,并使对系统的负面影响最小化。HEA 是人为风险评估的第一步,通常被称为"定性的人为风险评估"。

7.2.1.2　人为差错和差错陷阱

人为差错经常发生,是因为人掉进了一个"差错陷阱"。这些差错有时被称为"设计引起的差错"。"差错陷阱"是一组可能引发类似差错的特定情况,而不管涉及的人是谁。"差错陷阱"可以是硬件、软件、程序、培训或其他形式的设计,有可能增加人为差错发生的可能性。

HEA 的一个重要贡献是识别"差错陷阱",或其他人为差错可能导致灾难性结果的情况。然后,将使用这些信息辅助与设计、操作和测试相关的决策,以管理威胁。

在日常用语中使用的"人为差错"一词,有时会带有判断或责备的含义。检查复杂的人-机系统中的人为差错的目的是在集成的系统级别上识别和减轻问题,包括硬件、软件、人员、设施、过程和程序,这不是要给个人挑错。

7.2.1.3　HEA 的通用原则

NASA 认为人为差错分析应该以以下通用原则为指导。

(1) HEA 的目标是提高系统的可靠性和安全性。HEA 识别在哪里可能发生的重大人为差错、可能引发这些差错的条件(差错陷阱),以及减轻这些差错的方法,从而提高系统的可靠性和安全性。

(2) HEA 是一个迭代的过程。在设计过程的所有阶段中,应对潜在的人为差错进行分析。

(3) HEA 是针对整个系统的,不仅仅针对人。HEA 识别整个系统的问题,包括硬件、软件、人员、设备、设施、过程和程序。HEA 不是故意寻找差错或确定责任。

(4) HEA 不能详细地应用于每个人-机系统的集成活动。任务的成功与否依赖于操作人员在地面和飞行中执行的数千项人工任务。但是不可能分析所有的任务。筛选是必要的,以确定哪些操作/任务如果发生差错将对整个任务的成功和安全构成重大的风险。

(5) HEA 必须基于背景考虑任务。任务不是单独执行的,而是在工作流的背景中执行的。必须考虑任务之间的潜在交互作用。

(6) HEA 必须考虑实际开展的工作。HEA 必须考虑所有可能的人-系统集成活动,包括设计人员没有设想的或正式程序所涵盖的交互。

(7) HEA 应与其他分析相结合。HEA 应使用来自现有分析的信息,如危害分析和任务分析,并为其他分析提供输入,如风险分析。

(8) HEA 受益于独立的角度。HEA 应提供一个独立于设计团队的视角。

(9) HEA 应由多学科团队进行。最好由一个团队执行,包括在 HEA 培训的人员,以及熟悉被评估系统的主题事务专家(subject matter experts, SME)和设计工程师。

(10) HEA 需要来自操作人员的输入。对系统需求和任务的分析应包括来自执行相关任务的人员的输入。即使当一个任务是新的,或与一个新的系统设计相关联时,来自执行过类似任务人员的输入也可以提供有价值的见解。

(11) HEA 需要想象力。HEA 需要仔细思考和想象力来识别人的表现可能对任务构成威胁的弱点。它不应该是一个"勾选"的测试。

(12) HEA 没有单一的正确方法。HEA 可以使用多种方法,包括主题事务专家的评估、工程判断的应用、任务分析和正式分析,如人的可靠性分析(human reliability analysis,HRA)。

7.2.1.4 HEA 贯穿整个项目生命周期

在概念开发的早期阶段,对高层级任务以一个宽泛的颗粒度执行 HEA 可能是比较合适的。这样的分析可以根据外在行为来描述差错,这种外在行为在理论上可以被假设的客观观察者观察到,例如,"任务未执行"或"任务执行不正确"。下文提供了一个在广泛层面上的早期 HEA 的假设例子。

在初步设计审查(preliminary design review,PDR)之前,HEA 团队会获得一份在飞行过程中需要机组交互的一般功能清单。详细的机组任务可能尚未设计出来,但 HEA 团队确定,机组在初始爬升阶段将参与某些关键功能,这将要求他们与显示器进行交互。HEA 团队发现,爬升阶段的振动可能会导致机组成员在阅读显示器上的文本时出现差错。HEA 团队评审了关于该主题的现有研究,并建议采用更大的字体。

早期的 HEA 至关重要,因为它们有可能识别出在更改设计时采用破坏性最小的更改即可以解决的问题(见图 7-3)。随着设计的进行,机组的行为将逐渐变得越来越明确,颗粒度更细的 HEA 将成为可能。这可能需要一个两阶段的方法,即在外在行为的层面上进行分析,然后进行认知分析。

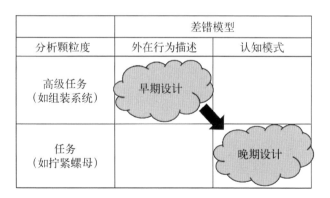

图 7-3 HEA 的具体性可能随着设计过程的进行而增加

人-系统集成(human-system integration,HSI)是系统研发的一个重要方面。在研发的每个阶段,系统设计者都已经考虑人的表现。因此,许多最明显的人为差错应该被识别和解决。HEA 分析人员应该审查和整理在系统研发过程中发生的 HSI 活动;然而,他们最重要的作用是寻找被忽视的弱点,因为人的表现可能对任务构成威胁。

7.2.1.5　HEA 流程

HEA 流程如图 7-4 所示。HEA 流程包括 7 个步骤,每个步骤将在下文中描述。

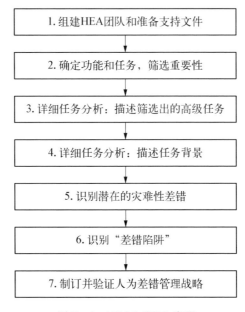

图 7-4　NASA HEA 流程

1) 组建 HEA 团队和准备支持文件

HEA 应由一个由具有不同的、多学科的专门知识、经验和观点组成的团队执行。除人为因素专家外,该团队还应包含熟悉系统逻辑和任务的系统专家。例如,如果 HEA 正在考虑一项地面处理任务,则 HEA 团队可能包括一名人为因素专家和设计工程师以及经验丰富的地面处理人员。即使这些任务是新的,并且与新的系统设计相关联,在前任系统执行类似任务的人员也可能提供有价值的见解。HEA 团队还应该能够接触了解设计并能解决问题的设计团队成员。

在整个设计过程中,HEA 团队应与设计团队保持密切的双向沟通,并随时准备在需要时提供帮助,以识别和解决潜在的人为差错。不过,由于设计人员可能很难识别自己设计中的人为差错陷阱,因此 HEA 团队也应提供独立于设计团队的系统评估。

2) 确定功能和任务,筛选重要性

这一步骤的目的是:① 确定一旦失效,可能导致灾难性事件的关键功能;

② 确定完成关键功能必须执行的高级任务。

系统通过一系列功能完成其使命。功能是以高层次目标来描述的，并不涉及如何实现这些目标。例如，载人航天器的功能是"保持舱室的宜居性"。随着设计的发展，功能被进一步分解为完成功能所需的系统和操作。这是系统工程功能分解过程的一部分。功能可以通过机器动作（如自动系统）、人的动作（如人员执行的任务）（见图 7-5）或人的动作与机器动作的组合来完成。总的来说，人的行动定义了系统中人员的角色和责任。应在系统的"运行理念"（ConOps）文件中对分配给机器或人类的功能进行定义。

图 7-5 功能与任务

因此，如果可行，HEA 团队应当借鉴已经完成的系统工程活动，以辨析系统功能，将这些功能以人机代理方式进行分配，并明确主要场景。

除了上述系统描述和 ConOps 文档外，HEA 分析员还可以从其他来源获取有关系统功能和任务的信息，包括如下几方面：

（1）系统操作文档。

（2）来自 SME（专家）的输入，包括运营和维护人员。

（3）分析程序（如果可用）。

（4）机组主任务清单。

（5）作为其他 HSI 活动的一部分进行的任务分析。

（6）相似系统的分析（如审查先前相似系统的运行经验）。

应当为每个功能确定多种场景用于后续的评估。这是因为同一功能的任务类型与其带来的需求在不同场景下可能不同。每个功能的代表性场景集合能够为人为因素分析人员提供评估这些场景下任务和需求差异的能力。

在这一步骤中，HEA 分析人员应对与功能相关场景中的人员必须执行的高级任务进行描述。这里的高级任务是指该任务应完成的内容，但未必是详细的物理和认知动作。这是下一步 HEA 中可以开发的详细任务描述的一部分。这些任务包括完全手动的操作（无须机器参与），以及需要人员与机器进行交互的操作。此外，机器的行动应被识别，同时还应指出监测和管理自动机器行动的人员角色。HEA 分析人员应当注意到自动化在完成任务过程中所扮演的作用。当分析人的角色时，经常会忽略监测和管理自动化的人员职责，这样的忽略会带来灾难性的后果。

系统的建设、运营和维护涉及的任务数量可能非常庞大。因此，HEA 应专注于那些对任务成功至关重要的任务,首先从可能导致灾难性故障的任务入手。这通过一个筛选过程来完成,筛选要求通过确定在执行任务时是否会导致灾难性结果,以及任务执行过程中的差错是否会导致灾难性失败,从而识别关键功能和任务。

若未确定为关键功能和相关任务,则通常可以被筛除并不再进一步考虑。对于关键功能,分析人员应确定哪些已识别的高层任务对于实现功能是必要的。对那些必要的任务做进一步的分析;那些不是必要的任务将被筛选出,不再做进一步的分析。

每个 HEA 团队都必须制订内部准则,以确定哪些任务应被筛选进入分析。如果判断为必要,团队应保留审查其他任务的灵活性。例如,团队可能决定在以下情况和任务中筛选进入分析的任务。

(1) 单个操作人员无意的操作导致灾难性结果的情况,包括对系统故障或紧急情况的响应。

(2) 大量的地面处理操作为 HEA 团队带来了额外的挑战,因为不可能对与飞行硬件的每次人为交互都进行彻底的 HEA。

HEA 团队可以选择使用如下额外筛选准则的类似示例:

(1) 对在发射场发生的装配、测试和集成任务进行筛选。

(2) 对航线可替换单元(line replaceable unit,LRU)交互的级别的任务进行筛选。

(3) 筛除与组件或零部件的大部分交互。

(4) 对在发射前进行全面功能测试的地面处理操作进行筛选。

(5) 对如果未能正确执行则会在发射前显而易见,且可纠正的地面处理操作进行筛选。

3) 详细任务分析:描述筛选出的高级任务

在下一个 HEA 步骤中,对被确定为关键人为任务的任务进行更详细的分析。这通过进行详细任务分析来实现。详细任务分析是从功能开始的分解过程。高层任务被分解为子任务,以便能够识别任务需求(见图 7 - 6)。

如果在其他 HSI 活动的范围内已经进行了任务分析,例如适用于飞行活动的主任务清单、NASA - STD - 3001 要求的以人为中心的任务分析,或者为 HRA 所创建的任务分析(详见 NASA/SP - 2011 - 3421),则分析人员可能无需将任务分析作为 HEA 的一部分。HRA 的初始步骤与 HEA 的步骤类似。在每种情况下,都会定义分配给人的任务,然后识别潜在差错。然而,尽管 HRA 会

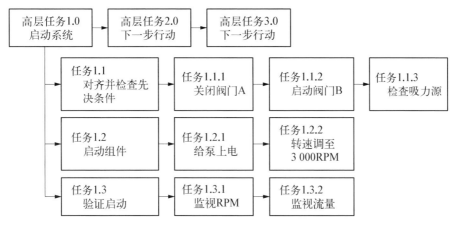

图 7 - 6　将高层任务分解成详细的任务

进一步为差错分配可能性,HEA 仍然是一种定性分析,专注于识别和应对特定差错所带来的威胁。

增加任务描述需要专业人士的参与,至少应该咨询预期执行这些任务的人员。这些专业人士通常为主题事务专家(SME)。

由于用户与系统的界面设计细节会对差错产生重大影响,因此应当咨询相关界面或原型测试的可用结果,并了解操作人员在执行任务时使用用户界面的情况。征求这些信息的人应该记住,人员可能会对界面习以为常。他们可能经常在现有的缺陷环境中工作,或者可能毫不批判地接受新的界面作为更好的选择。考虑的众多问题包括人体测量学、控制器件和显示的一致性、人机界面以及易维护性设计。

如果没有详细的任务分析可用,则应开展任务分析以支持 HEA。这在地面操作中可能尤其适用。任务分析是指一系列广泛的技术,用于表征和理解人与系统的交互以及实现人的责任所需的详细要求。这些方法的范围从形式化的分析方法,例如层次任务分析,到非正式的方法,例如由操作人员进行任务演示。任务分析提供了一个强大的背景,用于理解任务的执行方式,以及潜在可能导致人为差错的条件。任务分析人员必须意识到,不仅要考虑任务应该如何执行,还要考虑在工作环境的要求下工作实际执行的可能方式。有时,操作人员会以系统设计师、程序开发人员和培训师未曾预料到或预见的方式与系统进行交互。例如,具有手柄形状的物体有时会被错误地用作把手,即使设计师并没有这样的意图。因此,HEA 还必须考虑一些与特定任务无关的 HSI,包括可预见的误用情况。

许多传统的任务分析方法侧重于外部行为（即可观察到的动作）。然而，所有任务都涉及认知活动，随着操作的自动化程度增加，人员的角色变得越来越少以活动为导向，而更多地依赖于必须由任务分析人员推断出来的认知活动，而不是直接观察到的。

如果确定任务是关键的（即如果在执行任务过程中出现差错可能会导致灾难性事件），则可能需要使用认知任务分析方法进一步分析任务。

认知任务分析方法旨在识别与任务执行相关的不可观察但至关重要的心理过程。这不必过于复杂，可能涉及以下内容：① 任务执行者所依赖的信息来源；② 任务执行过程中的心理过程、记忆需求和决策；③ 实现目标所需的行动。

除了任务分析之外，还可以使用其他信息源评估关键任务。这些信息可以提供任务步骤的详细信息，说明实际在现场如何执行工作，突出影响任务执行的因素，并提供有关如何发生和预防任务差错的见解。有多种方法可用于收集这些信息，包括如下几方面：

（1）调查、问卷和评分量表。

（2）访谈。

（3）观察性研究。

（4）任务演示（walk-through，走查）。

（5）基于绩效的测试。

（6）计算机建模。

每种方法的简要描述在附录 C 中给出。

4) 详细任务分析：描述任务背景

一旦每个关键任务的详细描述可用，HEA 分析员就应考虑潜在的增加差错发生可能性的任务背景。这些背景因素被称为"差错形成条件"（error-producing conditions，EPC）。其中一些条件是与人在特定时间相关的内部因素（如疲劳、技能水平或压力），而其他条件则是与人无关的外部因素（如环境、任务、设备）。20世纪以来的人为因素研究为这些条件做出了贡献，人为因素专家熟悉这个领域的知识状况。

区分 EPC 和"差错陷阱"是有帮助的。EPC 是一种普遍的条件，可以在一系列任务中增加差错发生的可能性。"差错陷阱"是一组环境，可能在特定任务中引发特定差错。许多 EPC，如人的疲劳，永远无法完全消除。然而，在大多数情况下，通过适当的设计，"差错陷阱"可以被消除。

显著 EPC 的存在可以向 HEA 团队表明,该任务需要密切检查潜在差错。例如,在具有挑战性海况的海上可能会执行的恢复任务,其总体差错概率可能会更高,因此可能需要比在更宽容条件下执行的任务更多的分析。人为因素学文献中包含许多关于产生差错的条件的列表和分类,本章的意图不是提供详细信息。表 7-1 包含了用于识别 EPC 的示例问题,可以在审查或通过要分析的任务时询问相关人员。

表 7-1　用于识别 EPC 的示例问题

序号	问　　题
1	人机界面或设备是否有可能增加在这项任务中出错的可能性? 如果是,请描述
2	任务对体力或认知的要求是否会增加出错的可能性(例如,所需的体力或伸手能力,或认知要求,如对记忆力或注意力的依赖)? 如果是,请描述
3	该任务的任何程序是否会使操作员感到困惑或导致错误? 如果是,请描述
4	执行任务的环境是否会增加出错的可能性? 如果是,请描述
5	是否存在协调、团队合作或沟通方面的问题,可能会增加在此任务中出错的可能性? 如果是,请描述

以下部分提供了在 HEA 过程中可能考虑的 EPC 示例。请注意,这些示例远非详尽无遗,仅旨在说明 HEA 过程中可能发现的 EPC。

(1) 人机界面。

人机界面包括显示器、控制器件、告警以及各种支持工具(如决策辅助工具),使人员能够在所有操作条件(如正常、非正常和紧急情况)下执行任务。

许多标准为人机界面的设计和评估提供了指导,包括电机械和计算机界面,例如 FAA 的人为因素设计标准(human factors design standard,HFDS)、NASA-STD-3001、MIL-STD-1472。在人机界面中识别 EPC 的一种方法是使用已建立的设计标准作为检查清单,寻找潜在的增加人为差错可能性的设计特征。例如,通过对拟议的设计进行审查,可能会识别出如下文所示的 EPC。请注意,这些仅是示例,列表并非详尽无遗。

a. 控制器件可能会在被碰撞时意外激活。

b. 显示器在机组成员的操作位置处难以阅读。

c. 系统没有为机组成员发起的控制激活提供积极的指示(例如,物理凹槽、听得见的点击声、内置的指示灯)。

d. 控制导致不同结果，很难区分彼此。

（2）任务特点。

以下是潜在的增加差错发生可能性的任务特征的示例。请注意，这并不是一个详尽无遗的列表。

　　a. 可用时间太少。

　　b. 任务需要非常精确的时间或力量控制。

　　c. 需要同时执行多个任务。

　　d. 任务导致高工作量，造成注意力和记忆过载。

　　e. 任务导致低工作量，导致警觉困难。

　　f. 任务需要长时间的持续努力。

　　g. 在穿着防护服、戴着手套等情况下执行任务。

　　h. 任务的执行方式与正常或习惯性操作不同。

　　i. 任务可能在干扰条件下执行（如在多个系统故障期间执行任务）。

（3）人-自动化集成。

自动化可以减轻人的工作负担，使任务过程能够以操作人员无法提供的速度和可靠性进行控制。然而，在设计自动化系统时不充分考虑人为因素可能会增加自动化引发差错的可能性。

HFDS 中包含许多适用于自动化系统的设计原则，可用于识别自动化系统和用户与此类系统之间的界面中的 EPC。以下是可能增加差错发生概率的自动化问题的示例。请注意，这并不是一个详尽无遗的列表。

　　a. 自动化要求操作人员被动监视的情况。

　　b. 高虚警率导致用户忽视告警。

　　c. 依赖手动输入数据，例如需要输入一串数字。

　　d. 过多的自动化模式，增加差错的机会。

（4）硬件和设备。

硬件和设备产生 EPC 涉及物理对象，如舱口、LRU、座椅、连接器和手把等。

使用 HFDS 和 NASA-STD-3001 作为检查清单来审查项目，有助于识别潜在的会增加差错发生可能性的硬件和设备问题。以下是潜在的增加差错发生可能性的硬件和设备问题的示例。请注意，这并不是一个详尽无遗的列表。

　　a. 在地面处理期间，单人举起的物体过重。

　　b. 设备的位置阻止了操作或维护的视觉和物理可达性。

　　c. 机组成员在维护过程中使用的螺栓未被固定。

d. 在功能上相似且物理上可互换的硬件项目执行不同的功能。

（5）程序。

程序包括任务指令、检查表、紧急程序、故障隔离指南，以及其他用于指导操作人员执行任务的文本或图形信息。程序可以以纸质或电子形式提供，作为人机界面的一部分。它们还可以直接附加到设备项目上的文本中，以标签或贴纸的形式存在。

许多人为差错的根源在于设计不良的程序或文档。人为因素学中有关程序设计的指导原则可以帮助使与程序相关的差错发生的可能性最小。

以下是潜在的增加差错发生可能性的程序因素的示例。请注意，这并不是一个详尽无遗的列表。

a. 包括复杂认知操作（如布尔逻辑或高工作记忆需求）的程序。

b. 包含许多分支或大量交叉引用，将用户引导到程序的其他部分或其他文档。

c. 不一致或非标准的术语。

d. 不符合人体工程学原则的程序，如难以阅读的排版，包括大量使用大写字母。

（6）环境。

环境 EPC 与任务执行时的物理条件有关。以下是潜在的增加差错发生可能性的环境因素的示例。请注意，这并不是一个详尽无遗的列表。

a. 高水平的振动。

b. 高加速度。

c. 减小的重力条件。

d. 对当前任务而言，照明不足。

e. 极端温度。

f. 过多或分散注意力的噪声。

g. 狭小空间。

（7）团队合作。

大多数任务涉及协调、沟通和团队合作。机组成员可以从一个地点协同执行任务，而在其他情况下，团队成员可能在不同的地点。以下是潜在的增加差错发生可能性的团队合作因素的示例。请注意，这并不是一个详尽无遗的列表。

a. 复杂的机组协调在多个地点同时进行。

b. 机组成员之间的非结构化沟通。

c. 在嘈杂的环境中进行口头交流。

d. 部分完成的任务必须从一个班次移交给另一个班次。

(8) 个体因素。

个体因素是指在任务执行时与操作人员内部相关的因素。以下是潜在的增加差错发生可能性的个体因素的示例。请注意，这并不是一个详尽无遗的列表。

a. 睡眠不足或昼夜节律紊乱。

b. 压力。

c. 对任务不熟悉。

d. 力量限制。

e. 降低的身体能力。

f. 疾病（如晕动病）。

g. 身体尺寸（如身高）。

5) 识别潜在的灾难性差错

本部分详细描述了任务，并识别了潜在的增加差错发生可能性的背景因素。本部分还识别了每个任务可能发生的潜在灾难性人为差错，从而导致灾难性事件。这些差错可能采取不希望的人为行为、未能执行规定的行动，或未能在指定的准确度、顺序或时间范围内执行所需的行动。对于这种分析，灾难性差错被定义为有潜力导致灾难性事件的差错。

为了识别潜在差错，询问以下问题可能会有所帮助：

(1) 这个任务最可行的失败方式是什么？

(2) 在执行这个任务时可能发生什么差错或意外行为？

引导词可以帮助确保捕捉到全部潜在差错的范围。表 7-2 包含一个以外部行为为表达方式的差错通用列表，这些列表源于 Hollnagel 的认知可靠性和差错分析方法（cognitive reliability and error analysis method，CREAM）（见 7.2.5）。请注意，外部行为层面上的差错分析关注的是可能发生的情况，而不关注为什么一个人会以这种方式行动。

通过引用行为者、动作和动作的对象来精确描述任务中的潜在差错是有帮助的。例如，"技术人员（行为者）对螺栓（对象）施加过大的力量（动作）"提供了比模糊的描述如"情境意识丧失"或"性能不足"更有用的事件描述。这种描述方式可以更清楚地表达事件的细节和内容。

表 7 - 2 以外部行为为表达方式的差错通用列表

差 错 类 型	差错类型细分	解　　释
时机错误的行动	太早	行动开始得太早,没有等待发出信号或所需的条件被确定
	太晚	行动开始得太晚
	遗漏	根本没有采取行动
	太长	行动持续时间超过应停止的时间点
	太短	过早停止行动
	重复	动作重复
	相反	两个相邻动作的顺序颠倒
类型错误的行动	力量太小	用力不足
	力量太大	用力过猛
	距离/幅度太小	动作幅度不够
	距离/幅度太大	动作幅度过大
	太快	动作做得太快
	太慢	动作进行得比要求的慢
	方向错误	动作方向错误(如向左转而不是向右转)
	移动类型错误	如拉动旋钮而不是旋转旋钮
目标错误的行动	相邻的目标	实际被操作的物体靠近本应被操作的物体
	相似的目标	实际被操作的物体与本应被操作的物体外观相似
	无关的目标	实际被操作的物体与本应被操作的物体没有明显关系

　　在某些情况下,使用差错的认知模型增强差错的外部描述可能会很有帮助。认知模型根据其推定的认知起源对差错进行分类(如将差错描述为记忆失误或

解决问题失败)。与外部描述相比,认知模型可以深入了解差错产生的原因,因此在识别差错管理策略方面可能更有帮助。具有相同外部可观察外观的差错可能具有明显不同的认知起源。例如,错误的键盘输入可能需要根据是否基于技能的疏忽或基于知识的差错产生的行为,采取不同的设计响应。这样的认知模型可以更深入地了解差错的本质和背后的原因,有助于制订有效的纠正和预防措施。即使没有足够的信息完全将差错归类为一个认知模型,也可以得出部分结论,如确定任务是否涉及自动或控制处理。即使无法完全了解差错的认知起源,也可以通过判断任务是否需要自动或控制处理,为差错管理提供一些有用的线索和指导。这有助于从认知角度更好地理解差错的本质。

在许多情况下,特定的差错将与特定的上下文相关联,如记忆失误有时与孤立的任务步骤和疲劳有关。基于技能的疏忽经常与需要人员执行与习惯模式相反的动作的任务或界面相关联。

6) 识别"差错陷阱"

在为每个任务描述潜在的差错及其任务背景后,特定任务的"差错陷阱"可能已经变得明显。在某些情况下,一个单一的 EPC 可以被视为一个"差错陷阱",例如,具有兼容连接器的相邻硬件可能导致交叉连接。在一般情况下,"差错陷阱"涉及多个因素的组合,这些因素的组合可能会导致操作人员产生特定的差错,如一个难以触及的非固定紧固件,必须由戴着手套、无法直接看到紧固件的人拧紧。

因为"差错陷阱"适用于特定的任务、界面和设备,所以对它们的描述很可能会暗示潜在的解决方案。以下是一些"差错陷阱"的示例。

(1) 在特定的程序文档中,必须执行的第一个关键步骤被列为第 12 步。

(2) 程序文档中的一个告警出现在适用的程序步骤之后。

(3) 两个在物理上可以互换但在功能上不同的组件具有相似的标签或零件号(如 NTS6132 和 NTS1632)。

(4) 输入设备没有向操作人员提供已接收到命令的反馈,可能导致命令重复。

(5) 任务要求操作人员执行与习惯相反的动作,增加了产生基于技能的疏忽的概率。

(6) 自动化从一个模式过渡到另一个模式时,未能充分告知操作人员。

这些"差错陷阱"的例子可以帮助识别潜在的问题,并提供有关如何解决这些问题的线索和指导。

7）制订和验证人为差错管理策略

针对可能导致灾难性后果的人为差错，必须制订一种管理策略。人为差错管理的目标并非一定要通过将功能和任务分配给机器来消除人为差错（尽管在某些情况下可能是合适的）。在许多情况下，采取措施以保护系统免受人为差错的影响，并同时保留人对系统性能的积极贡献是合适的。

在 NPR 8705.2C（*Human-Rating Requirements for Space Systems*）中，对以下人为差错管理策略按优先顺序进行了概述。

（1）防止人为差错。

（2）降低人为差错发生的可能性，并提供检测、纠正或从人为差错中恢复的能力。

（3）限制差错的负面影响。

HEA 管理策略可以包括这些方法的组合。

差错管理策略可以涉及管理性或工程性对策。管理性对策是系统的"非硬件"特征，依赖于人的行为，以防止、检测、纠正和控制不良行为的影响。它们通常以程序、文件工作、工作实践、培训和警示标志的形式存在。

工程性对策是嵌入到系统中的，包括物理特征，如覆盖物、互锁装置和拉链，以及软件特征，如"撤销"按钮和验证检查，用于捕捉数据输入差错。

需要考虑的问题如下。

（1）差错的延迟后果与即时后果。如果差错与后果之间没有延迟，则某些干预措施，如次级检查或检查，可能不可行。一些具有延迟后果的差错将立即显现并且可被外部察觉，而其他差错可能是潜在的（即难以检测）。

（2）深度防御。在某些情况下，适当的做法是设置多层防御来防止灾难性差错。

（3）防御多样性。在防御层内添加多样性通常比单纯重复现有防御更加有效（例如，在某些情况下，独立检查加上功能检查可能比两次检查或两次功能检查更加有效）。

（4）将对策与差错匹配。确保对策适用的差错类型。不同类型的认知差错（如记忆失误与控制性处理差错）需要不同的干预措施。

（5）管理性对策与工程性对策。针对差错的管理性防御措施，如程序和警示，通常依赖于操作人员遵守，可能无法提供与工程性防御措施（如物理锁定）相同的保护水平。

应当对提出的差错管理策略进行验证，以确保它们在实际操作环境中的有效性。具体的验证方法取决于差错管理策略的类型。验证方法包括由专家(包括工作人员)进行的评审,与需求和人因工程指导的比较,以及性能测试。

7.2.2　系统性人为差错减少和预测方法

7.2.2.1　背景与应用

系统性人为差错减少和预测方法(systematic human error reduction and prediction approach,SHERPA)最初是为核处理工业开发的,是最常用的人为差错识别方法之一,在许多其他领域也得到了应用,包括航空、公共技术,甚至是汽车内的收音机和录音带播放器。

SHERPA 包括一个与行为分类学相关联的差错模式分类法,并应用于对正在分析的任务或场景的任务分析,以预测潜在的人为差错或设计差错。除了是常用的人为差错识别方法外,根据文献,它在差错预测准确性方面也是最成功的。尽管最初是为了在过程工业中使用而开发的,SHERPA 的行为和差错分类法仍是通用的,可应用于涉及人的活动的任何领域。

7.2.2.2　步骤与建议

第一步是对所分析的任务或场景进行层次任务分析(hierarchical task analysis,HTA)。SHERPA 方法运作的基础是指出哪些差错在任务分析的 HTA 底层任务步骤中是可能发生的。可以使用多种数据采集技术收集 HTA 所需的信息,如与专业人员的面谈和对所分析的任务的观察。

第二步是任务分类。分析人员应该选取 HTA 中的第一个(或下一个)底层任务步骤,根据以下行为类别对其进行分类。

(1) 行动(如按下按钮、拉动开关、打开门)。

(2) 检索(如从屏幕或手册中获取信息)。

(3) 检查(如进行程序性检查)。

(4) 选择(如选择一种而不是另一种)。

(5) 信息传递(如与另一方交谈)。

第三步是人为差错识别(human error identification,HEI)。分析人员使用相关的差错模式分类法和专业领域知识来确定相关任务的所有可信差错模式。对于每个可信差错(即分析人员认为可能发生的差错),分析人员应该描述差错的形式,如"飞行员输入错误的空速"。SHERPA 差错模式分类法如下所示。

(1) 行动差错:

A1—操作时间过长/过短。

A2—操作时机错误。

A3—操作方向错误。

A4—操作过少/过多。

A5—不对齐。

A6—在差错对象上进行正确操作。

A7—在正确对象上进行错误操作。

A8—操作被省略。

A9—操作不完整。

A10—在差错对象上进行错误操作。

（2）检查差错：

C1—检查被省略。

C2—检查不完整。

C3—在差错对象上进行正确检查。

C4—在正确对象上进行错误检查。

C5—检查时机错误。

C6—在差错对象上进行错误检查。

（3）检索差错：

R1—未获取信息。

R2—获取错误信息。

R3—信息检索不完整。

（4）沟通差错：

11—未传达信息。

12—传达错误信息。

13—信息已传达。

（5）选择差错：

S1—选择被省略。

S2—进行错误选择。

第四步：后果分析。这一步骤涉及确定和描述在第三步中识别出的差错所带来的后果。分析人员应当考虑与每个可信差错相关的后果，并清晰地描述这些后果与所分析的任务之间的关系。

第五步：恢复分析。分析人员应确定已识别出的差错的恢复潜力。如果在HTA中存在后续的任务步骤，则可以在这里记录差错可以恢复。如果没有恢复步骤,则填入"无"。

第六步:可能性分析。一旦确定了差错的后果和恢复潜力,分析人员就应对差错发生的可能性进行评估。通常使用低、中、高的可能性等级。如果差错以前没有发生过,则分配一个低(L)的可能性。如果差错以前发生过,则分配一个中(M)的可能性。如果差错频繁发生,则分配一个高(H)的可能性。

第七步:严重程度分析。分析人员对所讨论的差错进行严重程度评估。同样,使用低、中、高的等级来评估差错的严重程度。通常情况下,如果差错会导致严重事件(与所讨论的任务相关),那么它会被评定为高度严重的差错。

第八步:补救措施分析。最后的步骤是提出减少差错的策略。通常,补救措施包括对流程或系统设计的建议性变更。补救措施通常可以归结为以下 4 个类别。

(1) 设备(如对现有设备的重新设计或修改)。

(2) 培训(如提供培训的变更)。

(3) 程序(如提供新的或对旧程序的重新设计)。

(4) 组织(如对组织政策或文化的变更)。

这些措施旨在通过改进设备、培训、程序和组织方面的因素来减少人为差错的风险,从而提高任务的执行质量和安全性。

7.2.2.3 优缺点

1) 优点

(1) SHERPA 方法为预测人为差错提供了结构化和全面的方法。

(2) SHERPA 方法引导分析人员寻找潜在的差错。

(3) 根据人为因素工程文献,SHERPA 是目前最有前途的人为差错识别技术。SHERPA 已成功应用于多个领域。此外,有大量人为差错有效性和可靠性的数据可供参考。

(4) 与其他人为差错识别方法相比,SHERPA 的应用速度较快。

(5) SHERPA 也易于学习和应用,需要的培训很少。

(6) 这种方法是详尽的,除了预测的差错外,还提供了减少差错的策略、相关后果、发生概率、关键性和潜在的恢复步骤。

(7) SHERPA 的差错分类法是通用的,使得该方法可以在多个不同的领域中使用。

2) 缺点

(1) 对于大型、复杂的任务,可能会变得乏味且耗时。

（2）初始的 HTA 会增加分析的时间。

（3）SHERPA 只考虑系统操作的"最末端"，而不考虑系统或组织性的差错。

（4）不对差错机制的认知成分进行模拟分析。

（5）一些预测的差错和补救措施可能不太可能发生，或者缺乏可信度，从而产生虚假的经济效益。

（6）当前的分类法缺乏普遍适用性。

7.2.2.4　分析示例

下面是对录像机编程任务进行的 SHERPA 分析示例（见图 7-7）。VCR 录像机编程任务的 HTA 如图 7-8 所示。录像机编程任务的 SHERPA 输出如表 7-3 所示。

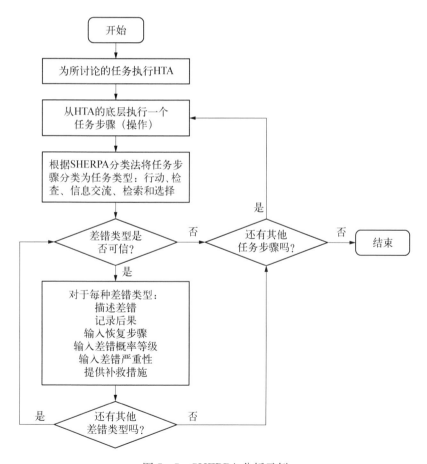

图 7-7　SHERPA 分析示例

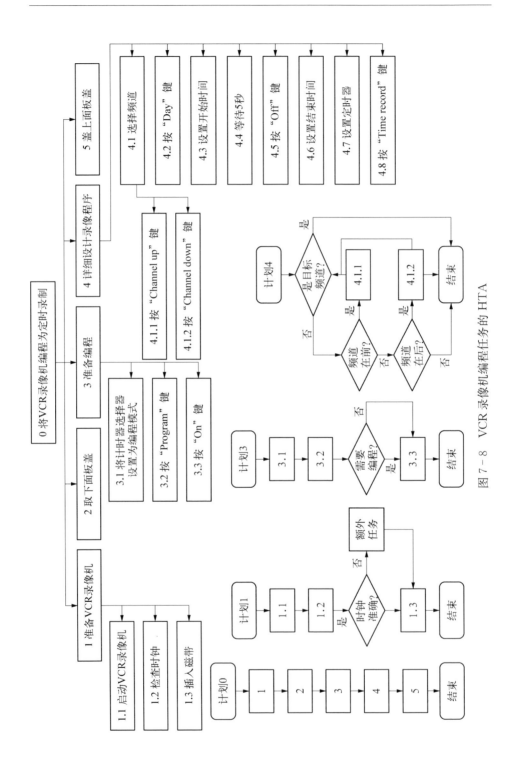

图 7 - 8 VCR 录像机编程任务的 HTA

表 7－3 VCR 录像机编程任务的 SHERPA 输出

任务步骤	差错模式	差 错 描 述	结果	恢复潜力	可能性	严重性	补救策略
1.1	A8	VCR 启动失败	无法继续	立刻	低		按任意键启动 VCR
1.2	C1	忘记确认时钟	VCR 时间可能错误	无	低	中	通过无线电发射器自动设置和调整时钟
	C2	未完成确认		无	低	中	
1.3	A3	磁带插错方向	损坏 VCR	立刻	低		加强结构
	A8	磁带插入失败	无法读取	任务 3	低		现场提示
2	A8	取下面板盖失败	无法继续	立刻	低		移除编程面板盖
3.1	S1	设置计时器失败	无法继续	立刻	低		计时器选择器与编程功能分离
3.2	A8	没有按"Program"键	无法继续	立刻	低		从序列中删除此步骤
3.3	A8	没有按"On"键	无法继续	立刻	低		为"Start Time"按钮加标签
4.1.1	A8	没有按"Channel up"键	选择错误频道	无	中	低	直接从键盘输入频道号
4.1.2	A8	没有按"Channel down"键	选择错误频道	无	中	低	直接从键盘输入频道号
4.2	A8	没有按"Day"键	选择错误日期	无	中	低	通过日历获取当前日期
4.3	I1	没有设置时间	没有录制节目	无	低	低	通过模拟时钟设置时间
	I2	设置错误时间	录制错误节目	无	低	低	通过模拟时钟设置时间
4.4	A1	没有等待	没有设置开始时间	任务 4.5	低		移除等待需求

任务步骤	差错模式	差 错 描 述	结 果	恢复潜力	可能性	严重性	补救策略
4.5	A8	没有按"Off"键	不能设置结束时间		低		为"Finish Time"按钮加标签
4.6	I1	没有设置时间	没有录制节目	无	低	中	通过模拟时钟设置时间
	I2	设置错误时间	录制错误节目	无	低	中	通过模拟时钟设置时间
4.7	A8	没有设置定时器	没有录制节目	无	低	低	计时器选择器与编程功能分离
4.8	A8	没有按"Time record"键	没有录制节目	无	低	低	从序列中删除此步骤
5	A8	盖上面板盖失败	面板盖遗落	立刻	低		移除编程面板盖

对录像机编程任务的 SHERPA 分析表明，在录像机编程任务中可能会出现 6 种基本的差错类型。这些差错类型如下：

（1）未检查录像机时钟是否正确。

（2）未插入磁带。

（3）未选择节目编号。

（4）未等待。

（5）输入编程信息不正确。

（6）未按确认按钮。

7.2.3　人为差错模板

7.2.3.1　背景与应用

人为差错模板（human error template，HET）是由 ErrorPred 财团开发的，专门用于民用飞机驾驶舱技术验证。HET 的研发动力来自 FAA 题为"机组人员与现代飞机驾驶舱系统之间的接口"的报告，该报告指出了现代商业客机驾驶舱设计过程中的许多主要设计缺陷和缺点。报告批评了驾驶舱的界面，指出许多系统存在的问题，包括飞行员的自动飞行模式意识/指示；能量意识；位置/地形意识，混乱和不清晰的显示符号和术语，FMS 界面和惯例缺乏一致性，以及驾驶舱系统之间的兼容性差。FAA 人为因素小组也对战斗机驾驶舱的设计过程提出了许多批评。例如,报告指出,设计团队缺乏人为因素的专门知识,也缺乏设计决策的权威。对飞机驾驶舱的人体工程学过分强调,而对认知方面重视不够。报告提出了 51 项具体建议。就 ErrorPred 项目而言,最重要的是 FAA 应当要求评估驾驶舱设计引起的机组差错的敏感性,并将这些差错的后果作为型号验证过程的一部分。FAA 应当建立监管和相关材料,要求使用考虑人的表现的驾驶舱验证审查程序。

HET 是一个简单的差错模板,作为一个检查清单。HET 应用于任务分析 HTA 中的每个底层任务步骤。分析人员使用 HET 的外部差错模式(external error mode,EEM)和主观判断来确定每个任务步骤的可信差错。HET 差错分类法包括十二种差错模式,这些模式是基于对实际的飞行员差错发生率的总结、当代人为差错识别方法中使用的 EEM 分类,以及对设计引发的飞行员差错问卷调查的反馈结果制订的。HET 的 EEM 如下所示:

(1) 未执行。

(2) 任务执行不完整。

(3) 以错误方向执行任务。

(4) 执行了错误的任务。

(5) 任务被重复执行。

(6) 在错误的界面元素上执行任务。

(7) 任务执行得太早。

(8) 任务执行得太晚。

(9) 任务执行得太多。

(10) 任务执行得太少。

(11) 误读信息。

(12) 其他。

对于每个可信差错(即分析人员认为可能发生的差错),分析人员应该描述差错可能的形式,如"飞行员使用错误的旋钮输入空速值"。随后,分析人员需要确定与差错相关的结果或后果,例如,飞机保持当前速度,不会减速进场。最后,分析人员需要确定差错发生的可能性(低、中、高)和严重程度(低、中、高)。如果差错在发生的可能性和严重程度两个方面都被评定为高,那么与任务步骤相关的界面部分将被评定为"失败",这意味着该部分不适合通过型号合格审定。HET 方法是专门为航空领域开发,旨在用于驾驶舱技术的验证。然而,HET 的

EEM 分类法是通用的,使得该方法能够在任何领域中应用。

7.2.3.2 步骤和建议

第一步:层次任务分析(HTA)。HET 分析的第一步是对所分析的任务或场景进行层次任务分析。HET 方法运作的基础是指出在任务分析的 HTA 中的每个底层任务步骤中,哪些来自 HET 差错分类的差错是可信的(即差错可能发生)。可以使用多种数据采集技术收集 HTA 所需的信息,例如与专业人员的面谈和对所分析任务的观察。

第二步:人为差错识别。为了识别潜在的差错,分析人员将 HTA 中的每个底层任务步骤逐一列出,并考虑每个 HET EEM 的可信度。分析人员认为可信的任何 EEM 都会被记录并进一步分析。在这个阶段,分析人员会对每个可信的 EEM 进行标记,并提供可能的对差错形式的描述。

第三步:后果分析。一旦识别和描述出可信的差错,分析人员就应当考虑并描述差错的后果。分析人员应当考虑与每个可信差错相关的后果,并在与正在分析的任务有关的情况下,清晰地描述这些后果。

第四步:可能性分析。一旦确定了差错的后果和恢复潜力,分析人员就应对差错发生的可能性进行评估。通常使用低、中、高的可能性等级。如果差错以前没有发生过,则分配一个低(L)的可能性;如果差错以前发生过,则分配一个中(M)的可能性;如果差错频繁发生,则分配一个高(H)的可能性。

第五步:严重程度分析。分析人员对差错的严重程度进行评级。差错的严重程度被评定为低、中、高。如果差错会导致发生严重事件(在分析之前必须明确定义),那么它被标记为高。通常,高严重程度与差错后果相关,可能会导致飞机受到严重损坏,机组人员和乘客受伤,或者飞行任务完全失败。如果差错的后果仍然对任务产生明显影响,比如航向差错或大幅度地掉高度或失速,那么严重程度被标记为中;如果差错的后果很小,容易恢复,比如轻微的失速或掉高度,那么严重程度被标记为低。

第六步:界面分析。

HET 分析的最后一步涉及确定所分析的界面是否通过认证程序。根据相关的差错发生的可能性和严重程度评级,分析人员为所分析的界面(根据任务步骤)做出"通过"或"不通过"的结论。之前做出高发生的可能性和高严重程度的评级的界面被分类为"不通过"。对于任何其他概率和严重程度的组合,涉及的界面都被分类为"通过"。

HET 的方法流程如图 7-9 所示。

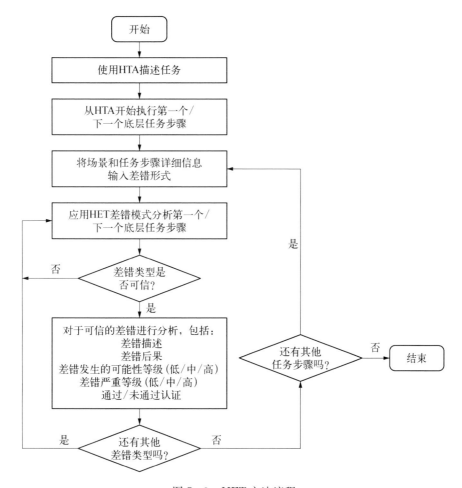

图 7-9 HET 方法流程

7.2.3.3 优缺点

1) 优点

(1) HET 方法的优势在于速度快,学习和使用简单,并且几乎不需要培训。

(2) HET 利用了基于现有 HEI EEM 分类法、实际飞行员差错发生率数据和飞行员差错案例研究的综合差错模式分类法。

(3) HET 方法以差错样式的形式呈现,易于进行审核。

(4) HET 分类法能够引导分析人员发现潜在的差错。

(5) 可靠且有效。

(6) 尽管 HET EEM 分类法中的差错模式是专门为航空领域开发的,但它们是通用的,HET 方法可用于不同领域,如指挥与控制、空中交通管制和核再处理等。

2）缺点

（1）对于大型、复杂的任务，HET 分析可能会变得乏味。

（2）如果没有现成的 HTA，则需要额外的工作。

（3）HET 方法不涉及差错的认知成分。

（4）HET 只考虑系统操作的"最末端"，而不考虑系统或组织性的差错。

7.2.3.4　分析示例

对飞行任务"使用自动着陆系统在新奥尔良降落 X 飞机"按照图 7 - 9 的 HET 方法流程进行分析。首先，为这个飞行任务制订一个 HTA，使用了从专家面谈、飞行任务的视频演示以及使用 Microsoft 飞行模拟器进行的飞行任务演示中获得的数据。飞行任务的 HTA 摘录如图 7 - 10 所示。飞行任务的 HET 分析摘录如表 7 - 4 所示。

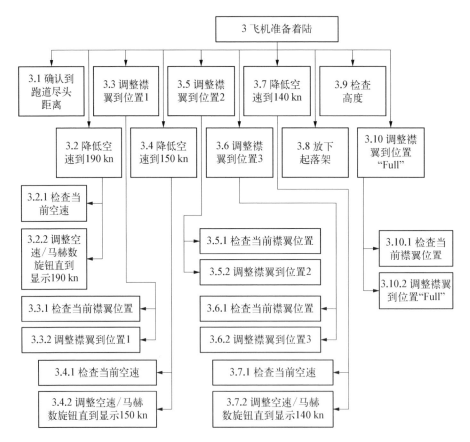

图 7 - 10　"使用自动着陆系统在新奥尔良降落 X 飞机"的 HTA 摘录

表 7-4 "使用自动着陆系统在新奥尔良降落 X 飞机"的 HET 分析摘录

场景： 使用自动着陆系统在新奥尔良降落 X 飞机			任务步骤： 3.4.2 调整空速/马赫数旋钮直到显示 150 kn							
差错模式	描 述	结 果	可能性			严重性			通过	不通过
			低	中	高	低	中	高		
执行失败										
任务执行不完整										
任务执行方向错误										
执行错误的任务✓	将速度/马赫旋钮转错方向	飞机加速而非减速	✓				✓	✓		
任务重复										
任务在错误的接口上执行✓	误用 HDG 旋钮	飞机航路而非速度变化	✓			✓				✓
任务执行过早										
任务执行过晚										
任务执行过多✓	速度/马赫旋钮旋转过多	减速过多	✓				✓	✓		
任务执行过少✓	速度/马赫旋钮旋转过少	减速过少/进近速度过快	✓				✓	✓		
其他										

7.2.4 认知差错的回顾和预测分析技术

7.2.4.1 背景与应用

认知差错的回顾和预测分析技术(technique for the retrospective and predictive analysis of cognitive errors，TRACEr)是一种专门为在空中交通管制(ATC)领域使用而开发的人为差错分析技术,作为欧洲空中交通管理中的人为差错项目——人为差错与恢复评估框架(human error and recovery assessment framework，HERA)的一部分。在 HERA 项目中,需要开发一种符合以下标准的人为差错发生可能性的分析方法。

(1) 方法应基于流程图,以便于使用。

(2) 方法应利用一组相互关联的分类法,如 EEM,内部差错模式(internal error mode，IEM),心理差错模式(psychological error mode，PEM),绩效形成

因子(performance shaping factor，PSF)，任务以及信息和设备。

（3）方法必须能够处理事件和差错的链式关联。

（4）PSF分类法应该是分层的，并且可能需要一个更深层次的组织因果因素描述符。

（5）方法必须全面，包括对情境感知、信号检测理论和控制理论的考虑。

（6）方法必须能够考虑维护差错、潜在差错、违规行为以及主观差错。

TRACEr可以在预测性和回顾性两方面使用，它基于对多个领域的文献综述，包括实验心理学、应用心理学、人因学和沟通理论。TRACEr使用一系列的决策流程图，包括八种分类方案或差错分类方案：任务差错、信息、PSF、EEM、IEM、PEM、差错检测和差错纠正。

TRACEr是为了空中交通管制领域开发的。这个方法也被应用在了铁路领域，而且理论上可以在任何领域进行应用。

7.2.4.2 步骤与建议

TRACEr分为预测性分析和回顾性分析，预测性分析流程如图7-11所示，

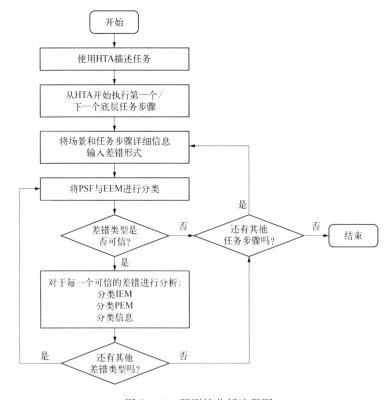

图7-11 预测性分析流程图

回顾性分析流程如图 7 - 12 所示。对应的步骤和建议如下。

1）预测性分析步骤和建议

第一步：层次任务分析（HTA）。第一步是对所分析的任务或场景进行层次任务分析。可以使用多种数据采集技术收集 HTA 所需的信息，如与专业人员面谈和对所分析任务的观察。

第二步：考虑 PSF 和 EEM。分析人员从 HTA 中提取出第一个底层任务步骤，考虑与该任务步骤相关的所有 PSF。这样做的目的是识别可能影响控制人员在该任务步骤中的表现的所有环境或场景因素。一旦分析人员考虑了所有相关的 PSF，就会对正在分析的任务步骤考虑 EEM。基于主观判断，分析人员确定 EEM 中是否有任何适用于该任务步骤的可信因素。TRACEr 的 EEM 分类法如表 7 - 5 所示。如果存在任何可信的差错，则分析人员将继续进行第三步。如果没有被认为是可信的差错，那么分析人员将返回 HTA 并进行下一个任务步骤的分析。

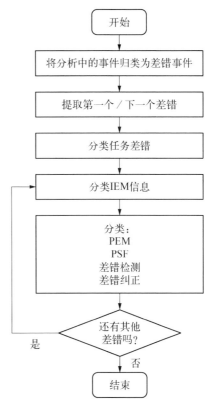

图 7 - 12　回顾性分析流程图

表 7 - 5　TRACEr 的 EEM 分类法

选 择 和 质 量	时 间 和 顺 序	交 流 和 沟 通
遗漏	行动时间太长	传递的信息不明确
行动过多	行动时间太短	记录的信息不明确
行动过少	行动过早	未搜寻/获得信息
行动方向错误	行动过晚	未传递信息
对正确对象执行错误行动	行动重复	未记录信息
对错误对象执行正确行动	顺序错误	传递信息不完整
对错误对象执行错误行动		记录信息不完整
		传递信息不正确
		记录信息不正确

第三步：IEM 分类。对于任何可信的差错，分析人员确定与该差错相关的 IEM。IEM 描述出现了失败或可能会失败的认知功能。IEM 的示例包括晚期检测、差错识别、听错、忘记之前的行动、前瞻性记忆失败、差错回忆存储的信息和差错投射。

第四步：PEM 分类。随后，分析人员需要确定差错背后的心理原因或 PEM。PEM 的示例包括学习不足、期望偏见、差错假设、感知混淆、记忆障碍、警觉失败和分心。

第五步：差错恢复。一旦差错分析人员描述了差错并确定了 EEM、IEM 和 PEM，就应该提供每个差错的差错恢复步骤。这基于分析人员的主观判断。

2）回顾性分析程序和建议

第一步：将事件分析为差错事件。分析人员需要将任务步骤分类为差错事件，即明确在哪些任务步骤中产生了差错。这基于分析人员的主观判断。

第二步：任务差错分类。分析人员从差错事件列表中选取第一个/下一个差错，并将其分类为任务差错，使用任务差错分类法。任务差错分类法包括了十三种描述控制员差错的类别，如雷达监视差错、协调差错和飞行进度条使用差错。

第三步：IEM 信息分类。分析人员需要确定与差错相关的 IEM。TRACEr 的 IEM 示例包括晚期检测、差错识别、听错、忘记之前的行动、前瞻性记忆失败、差错回忆存储的信息和差错投射。在以回顾方式使用 TRACEr 时，分析人员还必须使用信息分类法来描述差错的主题，即控制员误解的哪些信息。所使用的信息术语直接与 IEM 分类法中的术语相关。信息分类法很重要，因为它构成了 TRACEr 方法中差错减少的基础。

第四步：PEM 分类。分析人员需要确定差错背后的心理原因或 PEM。TRACEr 的 PEM 示例包括学习不足、期望偏见、差错假设、感知混淆、记忆障碍、警觉失败和分心。

第五步：PSF 分类。性能塑造因素是影响或有潜力影响操作员表现的因素。分析人员使用 PSF 分类法来选择在分析差错产生过程中显现出的任何 PSF。TRACEr 的 PSF 分类法包括 PSF 类别和关键词。TRACEr PSF 类别和相关关键词的示例如表 7-6 所示。

第六步：差错检测与纠正。在回顾性 TRACEr 应用中独有的一步是差错检测与纠正阶段，该阶段为分析人员提供了一组差错检测关键词。如下四个问题用于提示分析人员识别和选择差错检测关键词。

表 7 - 6　从 TRACEr 的 PSF 分类法中提取

PSF 类别	PSF 关键词示例
交通和空域	交通复杂性
飞行员/管制员通信	实时工作负荷
程序	准确性
培训和经验	任务熟悉度
工作场所设计、人机界面和设备因素	雷达显示
环境因素	噪声
个人因素	警觉性/疲劳
社会和团队因素	交接/接管
组织因素	工作条件

（1）控制人员是如何意识到差错（如动作反馈、内部反馈、结果反馈）的？

（2）反馈的媒介（如无线电、雷达显示）是什么？

（3）有没有任何因素，无论是控制人员内部的还是外部的，对差错的检测产生了影响？

（4）误检测时的分隔状态是什么？

一旦分析人员确定了差错检测特征，就应确定差错的纠正或减少方法。TRACEr 使用以下问题来提示分析人员进行差错纠正/减少分类。

（1）控制人员在纠正差错时做了什么（如撤销或直接纠正、自动纠正）？

（2）控制人员是如何进行差错纠正的（如转弯或上升）？

（3）有没有任何因素，无论是控制人员内部的还是外部的，对差错的纠正产生了影响？

（4）差错纠正时的分隔状态是什么？

一旦分析人员完成了第 6 步，接下来应该分析下一个差错。或者，如果没有更多的差错事件，则完成分析。

回顾性分析的流程如图 7 - 12 所示。

7.2.5　认知可靠性和差错分析方法

7.2.5.1　背景与应用

认知可靠性和差错分析方法（CREAM）是较新的 HEI/HRA 方法，为了响应现有 HRA 方法的分析而开发的。CREAM 可用于预测潜在的人为差错，并回顾、分析和量化差错。CREAM 使分析人员能够实现如下目标：

（1）识别那些需要或依赖于人类认知的工作、任务或行动的部分，并因此可能受到认知可靠性变化的影响。

（2）确定在何种条件下认知的可靠性可能会降低，以及在何种情况下行为可能会构成风险源。

（3）提供人的表现对系统安全的影响的评估，可用于概率风险分析/概率安全分析（probabilistic risk assessment/probabilistic safety assessment，PRA/PSA）。

（4）开发和详细说明改善这些条件的更改，从而提高认知的可靠性并降低风险。

CREAM 使用了一种认知模型，即上下文控制模型（contextual control model，COCOM），该模型关注如何选择行为，并假设操作者对其行为的控制程度是可变的，决定了其表现的可靠性。COCOM 描述了四种控制模式，即混乱控制、机会控制、战术控制和战略控制。当操作人员的控制水平提高时，他们的性能可靠性也会提高。CREAM 使用一种分类方案，包括许多组别来描述差错行为的表型（差错模式）和基因型（原因）。分析人员使用 CREAM 分类方案预测和描述如何发生可能的差错。CREAM 分类方案允许分析人员定义所分析的差错的原因与后果之间的联系。在 CREAM 分类方案中，有三类原因（基因型）：个人、技术和组织上的原因。对每个基因型类别的简要描述如下。

（1）与个人相关的基因型，特定的认知功能、一般人相关功能（临时性和永久性）。

（2）与技术相关的基因型，设备、程序、接口（临时性和永久性）。

（3）与组织相关的基因型，沟通、组织、培训、环境条件、工作条件。

CREAM 使用了许多已链接的分类组。第一个分类组描述了 CREAM 差错模式，如下所示。

（1）时机——太早，太晚，遗漏。

（2）持续时间——太长，太短。

（3）序列——反转，重复，委托，入侵。

（4）对象——差错的行动，差错的对象。

（5）力量——太多了，太少了。

（6）方向——差错的方向。

（7）距离——太短，太远。

（8）速度——太快，太慢。

随后将这 8 个不同的差错模式分类组进一步分为 4 个子组。

（1）差错的时间：包括时间和持续时间等差错模式。

（2）差错类型的动作：包括力、距离、速度和方向等差错模式。

（3）在差错对象处的操作：包括"对象"差错模式。

（4）在错误的地方进行操作：包括"序列"差错模式。

CREAM 分类系统由表型（差错模式）和基因型（差错的原因）组成。这些表型和基因型被进一步划分为详细的分类组，并以一般和具体的结果进行描述。CREAM 使用一组公共绩效条件（common performance condition，CPC），分析人员使用它来描述分析的场景/任务中的前后关系。这些方法类似于其他 HEI/HRA 方法所使用的 PSF。CREAM 的公共绩效条件如表 7-7 所示。

表 7-7　CREAM 的公共绩效条件

CPC 名称	等级/描述
组织的充分性	团队成员的作用和责任、额外支持、通信系统、安全管理系统、对外活动的指示和指南等的质量 非常高效/高效/低效/无效
工作条件	工作条件的环境性质，如环境光线、屏幕眩光、警报噪声、任务中断等 有利/相容/不相容
良好的人机交互界面与操作支持	一般情况下的人机界面，包括控制面板、计算机化工作站提供的信息，以及决策辅助工具提供的操作支持 支持/适合/可容忍/不适合
程序/计划的可用性	程序和计划包括操作和应急程序、熟悉的反应启发式模式、例行程序等 适合/可接受/不适合
同时性的目标数量	一个人需要同时进行或处理的任务数量 仍有余力/与当前能力匹配/超出能力范围
可用时间	可用于执行任务的时间 充足/暂时不足/持续不足
一天中的时间（昼夜节律）	执行任务的时间，特别是是否根据当前时间进行了调整 白天（已调整）/夜间（未调整）
培训和经验的充足性	为操作员提供的培训水平和质量，如熟悉新技术、对原有技能进行更新等，也适用于操作经验 充足/经验丰富（充足）/经验有限（不足）
班组协作质量	班组成员之间的合作质量，包括官方和非官方结构之间的重叠、信任程度以及机组成员之间的总体社会氛围 非常有效/有效/低效/无效

　　尽管该方法最初是为核电行业开发的，它仍是一种通用方法，可以应用于任何涉及复杂、动态系统操作的领域。

7.2.5.2　步骤和建议（前瞻性分析）

CREAM 分析流程如图 7 - 13 所示。

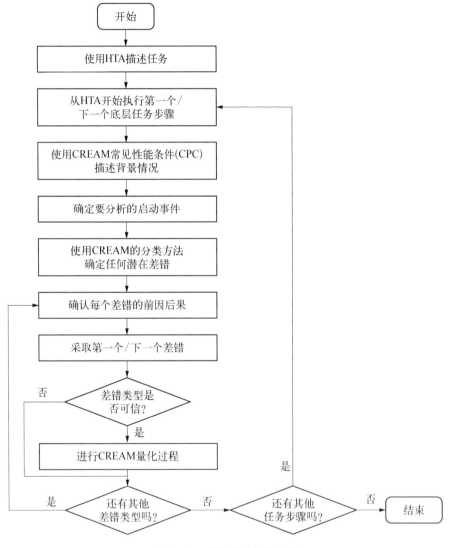

图 7 - 13　CREAM 分析流程

　　第一步：任务分析。CREAM 分析的第一步需描述正在分析的任务或情景。建议使用层次任务分析方法。可以使用多种数据采集技术收集 HTA 所需的信息,如与专业人员面谈和对所分析的任务的观察。

第二步:背景描述。分析人员首先应当描述发生分析情景的背景。这涉及使用 CREAM 的 CPC(表 7 - 7)来描述背景。为了实现这一目标,分析人员使用主观判断来评估与正在分析的任务相关的每个 CPC。例如,如果分析人员假设操作人员对于正在分析的任务拥有很少的经验或培训,那么 CPC"培训和经验的充足性"应当被评为"经验有限(不足)"。

第三步:初始事件的规定。分析人员需要规定将开展差错预测的初始事件。建议在此步骤中使用 PSA 事件树。由于在程序的第一步已经进行了任务分析,建议使用这个分析结果。分析人员应当指定将要开展进一步分析的任务或任务步骤。

第四步:差错预测。一旦进行了 CPC 分析并且规定了初始事件,分析人员就应当确定并描述初始事件如何演变出可能发生的差错。为了预测差错,分析人员构建一个修改后的后果/原因矩阵。矩阵的行显示可能的后果,而列显示可能的原因。分析人员首先找到与初始事件对应的列标题中的分类组(例如,对于缺少信息,它可能是通信)。其次找到所有已在此列上标记的行。每一行应该指向一个可能的后果,而这个后果可能出现在潜在的原因之中。Hollnagel 建议,通过这种方式,预测可以继续以直接的方式进行,直到没有剩余路径为止。每个差错以及相关的原因和后果都应当被记录下来。

第五步:选择需要量化的任务步骤。根据分析的要求,可能需要进行定量分析。如果需要,则分析人员应当选择需要进行量化的差错案例。如果建议需要量化,那么所有已识别的差错都应当被选择进行量化分析。

第六步:定量性能预测。CREAM 具有用于定量分析的基本和扩展方法。由于本部分内容是基于对 CREAM 的预测性使用,因此不会介绍差错量化过程。关于量化程序的描述,读者可以参考 Hollnagel 的资料。

7.2.5.3　优缺点

1) 优点

(1) CREAM 具有极高的详尽性。

(2) 在使用 CREAM 时会考虑背景。

(3) CREAM 是一种明确、有结构且系统化的差错识别和量化方法。

(4) CREAM 既可以在前瞻性上用于预测潜在差错,也可以在回顾性上用于分析差错发生。

（5）该方法不限于特定领域，可以在不同领域中应用。

（6）CREAM 的分类方案非常详尽，甚至考虑了差错的系统和环境（社会技术）原因。

2）缺点

（1）对初学者分析人员来说，这个方法似乎过于复杂。

（2）分类方案的详尽性使得该方法比其他方法更烦琐、更耗资源。

（3）CREAM 的使用范围并不广泛。

（4）显然，学习和应用 CREAM 需要相当长的时间。

（5）CREAM 不提供补救措施，即没有提供或考虑纠正人为差错的方法。

（6）CREAM 在应用中似乎非常复杂。

（7）CREAM 可能需要具备人因和认知人类工程学知识的分析人员。

（8）即使对于非常基本的情景，CREAM 的应用时间也会很长。

7.3　服役中合理预期差错分析方法

航空业中出现差错的麻烦之处在于在运行环境中会产生不利的后果。这是航空领域一个重要问题：如果差错的不利后果在它们产生损害之前就被发现，那么这种差错就是微不足道的。在运行状态下，及时发现的差错不会产生不利的后果。对差错采取应对措施，包括进行培训干预时，不应当仅限于避免差错，而是应当让它们暴露出来并且在它们产生不利后果之前设法阻止。这便是差错管理的精髓：人为差错是不可避免的，但却可以加以控制。

AMC 25.1302 指出：对于差错管理要求，适用于合格且经过培训的机组成员在服役中可以合理预期的差错。"服役中可以合理预期的差错"是指这些差错在相似或具有可比性的设备和系统的服役过程中已经出现过；或是基于对评估机型的控制器件、信息和系统逻辑的操作人员的表现和限制的总体经验和知识，预测会发生的差错。这两种类型的差错区别在于前者的差错已经发生，从已经发生的差错中找出与被评估机型相似或具备可比性的设备和系统相关的差错，假设在被评估机型上也会发生类似的差错；后者基于被评估机型的人机界面的设计，结合用户群体的特点，推测用户在使用过程中可能发生的差错。对于后者的差错分析，可以结合 6.4 节中与人机界面相关的设计考虑，运用 7.2 节中的人为差错工程分析方法来进行分析。本节将重点介绍针对前者的差错分析，包括对应的差错分析方法和差错数据收集。

7.3.1 分析方法

针对在相似或具有可比性的设备的服役过程中已经出现过的差错,分析其是否会在被评估机型上出现,且被评估机型是否有相应的设计以管理这些可能发生的差错。整个工作流程如下。

1) 步骤一:差错数据收集

可以通过航线飞行员调研、运营数据、事故调查报告、试验活动等途径收集机组差错,具体将在 7.3.2 节详细介绍。

2) 步骤二:差错数据整理

从工程设计的角度,机组差错可以分为"由设计原因导致/与设计相关的差错"和"与设计无关的差错"。AMC 25.1302 中指出,适航规章只关注对与设计相关的机组差错的管理,不考虑以下与设计无关的差错。

(1) 与飞机的手动控制相联系的技能相关差错。

(2) 由恶意做出的决策、行动或遗漏导致的差错。

(3) 机组人员严重忽视安全的鲁莽决策、操作或疏忽造成的差错。

(4) 由暴力行为或威胁造成的差错,包括在胁迫下采取的行动。

因此,需要从收集的机组差错清单中,梳理出"由设计原因导致/与设计相关的差错"。

3) 步骤三:差错数据分析

对收集的"由设计原因导致/与设计相关的差错"进行如下分析。

(1) 机组差错发生的可能性、严重性;可能性和严重性可根据 7.3.2.4 节的分级定义来确定。

(2) 机组差错涉及的功能或人机界面。

4) 步骤四:差错映射

基于步骤三中分析出的机组差错涉及的功能或人机界面,与被评估机型的功能/人机界面进行比较,确定被评估机型是否具有类似的功能/人机界面。若是,则此差错适用于被评估机型,有可能在被评估机型上发生;若否,则此差错不适用于被评估机型,不会在被评估机型上发生。

5) 步骤五:差错管理分析

如前文所述,差错管理设计有四种类型,分别是差错检测、差错恢复、差错预防和容错设计。针对适用于被评估机型的由设计原因导致/与设计相关的差错,基于被评估机型的系统逻辑、人机界面设计,分析是否具备相关差错管理设计。

6) 步骤六：给出结论

经过上述分析，可以得出关于被评估机型的服役中合理预期差错分析结论。

(1) 针对适用于被评估机型的由设计原因导致/与设计相关的差错，被评估机型设计了相关的差错管理措施。此分析只说明了被评估机型具备相应的差错管理设计，但不能说明差错管理设计的充分性和有效性，需结合评估试验结果，以确认差错管理设计的充分性和有效性。

(2) 针对适用于被评估机型的由设计原因导致/与设计相关的差错，被评估机型没有设计相关的差错管理措施，需更改设计或增加别的措施（如加强培训）。

7.3.2　差错数据收集

对于与被评估机型相似或具有可比性的设备的服役过程中已经出现过的差错，可以从下列相关实体收集数据：

(1) 运营人。

(2) 制造商。

(3) 事故调查机构。

(4) 国际航空组织。

(5) 民用航空当局。

收集数据时，可以利用以下数据源：

(1) 航线运营安全审计(LOSA)研究报告。

(2) 事故和事故征候调查报告。

(3) 飞行数据分析研究报告。

(4) 航线飞行员的问卷调研。

(5) 报告系统。

(6) 试验活动。

7.3.2.1　航线运营安全审计(LOSA)

LOSA作为一项重要的组织战略被提出，旨在研究、制订运行中差错的应对措施。它是一个组织工具，可以用来查明对航空安全构成的威胁，最大限度地减少这些威胁可能产生的危险，以及采取措施，处理运行环境中的人为差错。LOSA使营运人能够评估其对系统威胁、运行威胁和第一线人员的差错的适应力，从而未优先考虑和实施加强安全的措施，提供一种原则性的、以数据为依据的方法。

LOSA利用专家和训练有素的观察员收集有关"正常"飞行中机组行为和环

境因素的数据。审计在严格的无损害条件下进行,因此,机组无需对所观察到的他们自己的行为和差错负责。在接受审计的飞行期间,观察员对以下内容进行记录和编号:

(1) 对安全的潜在威胁。

(2) 如何处理威胁。

(3) 由这些威胁导致的差错。

(4) 机组人员如何处理这些差错。

(5) 已知的与事故和事故征候有关联的具体行为。

威胁是驾驶舱机组成员在正常的日常飞行期间必须加以处置的外部情况。这种情况会增加飞行操作的复杂程度,并在一定程度上构成对飞行安全的威胁。威胁时可能被预计或预料到,因此,机组可以事先通报。威胁也可能没有被预计到。由于威胁突然发生,事先没有任何警报,因此机组不可能提前通报。外部威胁可能较小,也可能较大。观察员应该记录下编号一览表上的所有外部威胁或认为重要的任何其他威胁。

非驾驶舱机组成员产生的差错被认为是外部威胁。例如,如果驾驶舱机组成员察觉到地面工作人员发生了燃油加装差错,这将被认为是外部威胁,而不是差错,机组不是差错源(尽管他们必须对其加以处置,正如他们要对任何其他外部威胁加以处置一样)。非驾驶舱机组成员的差错被认为是外部威胁的其他例子包括机组成员发现的空中交通管制放行指令的差错、签派文件工作差错、客舱乘务员点出的登机旅客数目不一致等。

驾驶舱机组成员差错被界定为导致背离组织或机组意图或预期的机组成员的作为或不作为。运行过程中的差错往往会降低安全系数,并增加发生事故或事故征候的可能性。差错可以界定为未遵守条例、标准操作程序和政策或意外背离机组、公司或空中交通管制的预期。所观察到的差错可能较小(如在方式控制面板上选择了错的高度,但很快就纠正过来了),也可能较大(如忘了做一份十分重要的检查单)。观察员必须将其发现的所有驾驶舱机组成员的差错都记录下来。

营运人把标准操作程序和检查单设定为正确和安全从事飞行的标准。飞行教员如果观察到背离标准操作程序或检查单的情况,就会把这种背离界定为差错,LOSA 也会如此界定。如果一名机组成员不知道如何正确执行某一程序或不能以预期的方式控制飞机,则飞行教员会认为这是一种差错,LOSA 也会如此认为。背离空中交通管制的预期也被定义为机组差错,这种差错的例子包括不通报空中交通管制员偏离高度或大幅度绕过雷暴。在标准操作程序和/或营运人手册中有一些规则,例如规定机组成员在通知空中交通管制员之前可以以多大的幅度绕过雷暴。因此,观察员必须熟悉这些公司规则,并在进行观察时采用它们。营运人还会制订禁止性较弱的政策,其中对可取的操作方式进行了描述。飞行员可能违反政策,但没有违反标准操作程序或增加危险,而且根据 LOSA,这不被确定为差错。然而,如果观察员认为违反一项政策会不必要地增加飞行安全的危险,则它将被确定为一种差错。在正常飞行中还有许多标准操作程序或政策未予界定的决断点。不过,只要机组做出的决定不必要地增加了飞行安全的危险,它就会被界定为机组差错。

机组差错可能不会产生任何后果,但观察员仍然需要把它们记录下来。例如,违反驾驶舱规则可能不会对飞行产生任何不利后果,但却是对规章条例的违反,因此也必须记录为差错。此外,差错可能是故意的,也可能是无意的。正如定义所示,如果机组的行为是适当的或者是标准操作程序中所规定的,则不作为也会被界定为差错。

机组表现不佳,但未违反条例或标准操作程序(也未导致增加飞行安全危险),这是否也被视为一种差错? 比如说,如果机组以自认为"熟练程度最低"的方式做起飞前简令,则观察员是否应将其记录为差错? 答案是"否"。如果熟练程度最低的或糟糕的起飞前简令(或任何其他达不到最佳效果的行为)不与某种差错发生联系,那么就其本身而言并不是一种差错,不应当被记录在观察表中。

LOSA 以下列五类机组差错为依据。

(1)故意不遵守规定的差错:故意偏离条例和/或营运人的程序。

(2)程序性差错:在执行条例和/或营运人的程序时出现偏离,意图是正确的,但执行有缺陷。这类差错还包括机组忘记做某件事。

(3)通信差错:在机组成员之间或机组与外部机构(如空中交通管制员或地面运行人员)之间出现传达差错、解释差错或未传达相关信息。

(4)熟练性差错:缺乏知识和心理动能技能("杆舵技术")。

(5)运行决断差错:条例或营运人的程序中未做标准化规定的并且不必要地危及安全的决断差错。若要归类为运行决断差错,则必须至少已存在以下三种情况之一:

　　a. 机组已拥有在运行上合理的、更加保守的选择,但决定不予采用。

　　b. 没有将决断表达出来,因此未能在机组成员之间共享。

　　c. 机组应当是有时间的,但未有效地利用这一时间来评估所做决断。

如果观察到上述任何一种情况,则可认为机组在 LOSA 范围内犯了一个运行决断差错。这方面的例子包括机组决定在进近中穿过已知的风切变,而不是绕飞过去。

LOSA 报告中记录的机组差错可以作为服役中合理预期差错分析的差错来源之一。

7.3.2.2 事故和事故征候调查报告

从历史上看,航空业调查人的行为能力对航空安全的影响方式一直是通过对操作人员导致罕见的巨大灾难的行为进行追溯分析。常规的调查方法是由调查人员对有关事件进行追查,一直查到他们发现操作人员所做的未产生预期结果的特定行为和决定点,并在这一点上得出人为差错是事故原因的结论。

航空业越来越多地用以获取关于运行中人的行为能力的资料的一个手段是事故征候报告。事故征候能够比事故更全面地反映系统安全情况,因为事故征候在系统失效前就传达出了整个系统内部存在弱点的信号。此外,人们公认的看法是,事故征候是事故的先兆,一类事故发生之前,总是出现 N 次同一类型的事故征候。这一结论的依据可以追溯到几乎 30 年前对不同行业事故所做的研究,而且有充分的实际证据支持这一研究成果。

从事故征候报告中获取的运行中人的行为能力资料的价值存在一些局限。首先,事故征候报告均以航空术语提出,因此,仅仅抓住了差错的外在表现形式(如误解了频率、弄错了高度和错误地理解了指令)。其次,事故征候报告都是由有关个人提出的,存在个人偏见,所报告的引起差错的过程或机理可能反映也可能不反映真实的情况。这就意味着事故征候报告制度是按表面意义理解人为差错的,因此,就给分析人员留下了两项任务。第一,他们必须检查所报告的导致差错的过程或机理,并且确定这些过程或机理是否确实造成所表现出来的差错。第二,在这种相对脆弱的基础之上,他们必须评价报告中由操作人员采用的差错管理方法是否确实防止了差错逐步升级到使系统故障出现。

最后,事故征候报告容易受到被称为"偏离正常化"的影响。经过一段时间,操作人员会创造一些非正规和自发的集体做法和捷径,从而规避设备设计中的缺陷、与日常操作的现实不相吻合的笨拙的程序或政策,所有这一切都使运行任务变得复杂起来。这些非正规的做法是一组人员的集体专有技术和集体亲传专门知识的产物,它们最后都成了正常的做法。然而,这并不能否定这样一个事实,即它们偏离了有关组织设定和批准的程序,因此才产生了"偏离正常化"这一术语。在大多数情况下,正常化的偏离是有效的,至少是暂时有效的。然而,它却违背了系统操作所预定的做法。从这个意义上讲,与任何偏离标准程序的捷径一样,正常化的偏离具有出现未预计到的"下降趋势"的可能性,从而有可能意外触发不安全情况。然而,由于它们是"正常的",所以事故征候报告中不会记录这些做法或其下降趋势。正常化的偏离由于以下事实变得更加复杂化,即使最积极的报告人也可能无法充分意识到什么才是的确应该报告的事件。如果操作人员持续面对的是低于标准的管理措施、糟糕的工作条件和/或有瑕疵的设备,那么他们怎么可能认识到这些因素也是应当报告的问题?

　　尽管事故和事故征候调查报告在获取机组差错方面存在种种缺陷,但通过分析所报告的导致差错的过程或机理,也能确定这些过程或机理是否确实造成所表现出来的差错,因此事故和事故征候调查报告仍然存在参考价值;且事故和事故征候调查报告能够从相关的事故调查机构公开的网站上获取,数据访问便利。因此,事故和事故征候调查报告也可以作为服役中合理预期差错分析的差错来源之一,用于开展差错分析,服务于人机界面的设计。

7.3.2.3　飞行数据分析研究报告

　　正常飞行所产生的数字飞行数据记录器和快速存取记录器的资料也是一种重要的判断工具。然而通过这些系统取得的数据也存在一些局限。数字飞行数据记录器/快速存取记录器上的读数提供关于超限的频率及其发生地点的资料,但读数并不提供作为事故前兆的人的行为的资料。虽然数字飞行数据记录器/快速存取记录器数据可以跟踪潜在的系统问题,但驾驶员的报告仍然是必需的,以便提供可以充分判断出问题的当时情况。

　　不过,数字飞行数据记录器/快速存取记录器数据有较高的成本/效率比潜力。尽管数字飞行数据记录器/快速存取记录器数据很可能由于成本考虑以及文化和法律方面的原因而利用不足,但它们有助于确定在什么样的运行环境中发生了朝着系统极限的行为变化,从而从中读出机组行为的偏差,通过分析获得相关的机组差错。

7.3.2.4　航线飞行员的调研

　　航线飞行员调研作为收集机组差错的重要途径,不仅有助于深入了解飞行过程中的安全隐患,更能为航空安全管理的决策提供有力支持。

　　在航线运营过程中,飞行员可能会犯一些差错,但这些机组差错可能不会造成任何安全后果,因此可能不会被记录下来,从而诱使这些机组差错发生的因素得不到重视。

　　在调研过程中,航线飞行员会分享他们在飞行中遇到的各种情况,包括那些可能导致差错的细节。例如,某些飞行员可能会提到在特定天气条件下,飞机的某些仪表显示可能会出现偏差,导致误判。或者,在复杂的飞行任务中,由于任务流程安排不当或与其他机组成员沟通不畅,可能导致操作失误。这些具体而细微的分享,为我们提供了丰富的第一手资料,使我们能够更准确地把握机组差错的实际发生情况。

航线飞行员调研还可以帮助我们了解飞行员的生理和心理状态对机组差错的影响。飞行员会分享他们在长时间飞行、高强度工作压力下可能出现的疲劳、注意力分散等状态,以及这些状态如何影响他们的判断和操作。这种深入的分享,使我们能够更全面地认识到机组差错产生的复杂因素,从而制订更为精准的预防措施。

此外,在调研过程中,航线飞行员还会提出他们对飞行操作规范、设备维护、机组协作等方面的意见和建议。这些建议往往基于他们的实际飞行经验和专业知识,对于改进飞行操作、提升机组协作效率、减少差错发生具有重要的参考价值。

航线飞行员调研的结果还可以通过与其他数据源进行比对和验证,进一步提高其可靠性和有效性。例如,可以将飞行员的反馈与飞行数据记录、机组通信记录等进行比对,以验证飞行员所描述的差错情况是否真实存在。同时,还可以利用统计分析方法,对调研数据进行深入挖掘和分析,以揭示机组差错发生的规律和趋势,定位诱使机组差错发生的因素,从而有效地控制机组差错的发生。

在开展航线飞行员的调研过程中,可以请飞行员分享航线或训练的经验,回顾自己在日常飞行中或模拟器训练时发生的机组差错,或自己听说的机组差错。调研的信息应至少包括如下几方面。

(1) 发生的机组差错涉及的机型。

(2) 机组差错的具体描述,如在过渡高度,因为某种原因,忘记设置气压基准;或在起飞阶段,没有按时收上起落架。

(3) 机组差错发生的可能性如下:

　　a. 几乎不可能,职业生涯遇到一次或更少。

　　b. 不太可能,职业生涯遇到几次。

　　c. 有一定可能,每3～5年遇到一次。

　　d. 很有可能,可能每年遇到一次。

　　e. 几乎确定,每年不止遇到一次。

(4) 机组差错发生的严重性如下:

a. 可能忽略不计，影响不大，不会影响到安全。

b. 不严重，造成安全余度降低(但降低幅度不大)。

c. 有一定严重性，影响到安全或造成安全余度大幅下降。

d. 很严重，造成航空器损坏和/或人员受伤。

e. 毁灭性，造成航空器严重损坏或人员死亡。

7.3.2.5 报告系统

安全报告方案是安全信心的最典型来源。这样的例子包括航空安全报告、强制性事故报告以及自愿性保密安全报告。此类方案可以是强制性的、自愿的、保密的，在某些情况下是匿名的。成功的报告方案遵循开放报告的原则，着眼于加强安全，而非追究责任。安全报告的内容通常包括一段叙述性文字以及用于对事件进行分类的各种等级描述指标。管理大量的报告以及从中提取有用的信息通常需要使用定制的软件应用程序。如果要深入分析研究与培训相关的问题，可能需要对报告的叙述部分进行分析，这将使任务更具挑战性。一项实用有效的报告系统是一种丰富的数据来源，可以突出显示如下特性：

(1) 运行威胁及其大致的发生频率和特征。

(2) 航线、目的地及其他运行因素的特征。

(3) 机组处理各种实际情况的能力。

(4) 运行中遇到的差错。

7.3.2.6 试验活动

飞行员在试验台架、仿真平台、模拟器等平台上参与的基于任务/基于场景的试验也是收集机组差错的来源之一。在试验过程中，通过人为因素观察员对机组的行为进行观察，记录发生的机组差错，包括以下信息。

(1) 机组差错发生的场景：机组在某飞行阶段，执行某任务时，操作某设备，犯了某种差错。

(2) 机组对差错的反应如下：

a. 阻止，飞行机组做出积极的反应，差错被发现并被控制在产生无关紧要的后果的范围内。

b. 加重，飞行机组做出的反应是发现差错，但机组的作为或不作为使得该项差错诱发了新的差错、非期望的飞机状态、事故征候或事故。

c. 未做反应，飞行机组对差错未做反应，因为该项差错或被忽视，或未被发现。

（3）机组差错的后果如下：

a. 无关紧要，这是一种表明差错先前引起的危险得到减轻的后果。

b. 非期望的飞机状态。这是一种使飞机不必要地处于一种受危及的境地从而增加了安全风险的后果。

c. 增加差错。这是一种由前一差错引起的或与前一差错有密切联系的后果。

机组将飞机置于不必要的危险境地时便会产生"非期望的飞机状态"。例如，高度偏离就是构成不必要危险的一种非期望的飞机状态。非期望的飞机状态可能由于机组的作为或不作为（差错）而产生，重要的是要对差错和可能由此产生的非期望的飞机状态加以区分。如果出现非期望的飞机状态，则总会存在造成这种非期望的状态的机组差错。这种差错可能是通信差错、不熟练、决策水平低下或故意违反条例等。非期望的飞机状态还可能由于设备故障或外部差错而产生，例如高度表或飞行管理系统（FMS）发生故障，或者空中交通管制命令出现差错。这些都与机组差错没有关系，被归类为外部事件。

非期望的飞机状态可能产生如下三种结果：

（a）恢复，这是一种表明非期望的飞机状态先前造成的危险得以减轻的结果。

（b）最终状态/事故征候/事故，任何非期望的结局，该结局以最终的负面结果结束活动序列。这些后果可能无关紧要，例如长距离着陆或着陆偏离中心线过左/过右，也可能导致产生应报告的事故征候或事故。

（c）增加差错，飞行机组的作为或不作为导致驾驶舱机组的另一个差错或与其有密切联系。

（4）机组对非期望的飞机状态的反应：

a. 减轻，飞行机组对非期望的飞机状态做出积极的反应，从而使危险减轻，飞机从非期望的状态返回到安全飞行状态。

b. 加重，飞行机组的反应是查出了非期望的飞机状态，但机组的作为或不作为使得该状态诱发了新的差错、事故征候或事故。

c. 未做反应，飞行机组对非期望的飞机状态未做积极反应，因为该状态或被忽视，或未被发现。

附录 A FAR 25.1302 草案原文

The Proposed Amendment

In consideration of the foregoing, the Federal Aviation Administration proposes to amend part 25 of Title 14, Code of Federal Regulations, as follows:

PART 25—AIRWORTHINESS STANDARDS: TRANSPORT CATEGORY AIRPLANES

1. The authority citation for Part 25 continues to read as follows: Authority: 49 U.S.C. 106(g), 40113, 44701, 44702 and 44704.

2. Add § 25.1302 to Subpart F to read as follows:

§ 25.1302 Installed systems and equipment for use by the flightcrew.

This section applies to installed systems and equipment intended for flightcrew members' use in operating the airplane from their normally seated positions on the flight deck. The applicant must show that these systems and installed equipment, individually and in combination with other such systems and equipment, are designed so that qualified flightcrew members trained in their use can safely perform all of the tasks associated with the systems' and equipment's intended function. Such installed equipment and systems must meet the following requirements:

(a) Flight deck controls must be installed to allow accomplishment of all the tasks required to safely perform the equipment's intended function including providing information to the flightcrew that is necessary to accomplish the defined tasks.

(b) Flight deck controls and information intended for the flightcrew's use must:

(1) Be provided in a clear and unambiguous manner at a resolution and precision appropriate to the task.

(2) Be accessible and usable by the flightcrew in a manner consistent with the urgency, frequency, and duration of their tasks, and

(3) Enable flightcrew awareness, if awareness is required for safe operation, of the effects on the airplane or systems resulting from flightcrew actions.

(c) Operationally-relevant behavior of the installed equipment must be:

(1) Predictable and unambiguous, and

(2) Designed to enable the flightcrew to intervene in a manner appropriate to the task.

(d) To the extent practicable, installed equipment must incorporate means to enable the flightcrew to manage errors resulting from the kinds of flightcrew interactions with the equipment that can be reasonably expected in service. This paragraph does not apply to any of the following:

(1) Skill-related errors associated with manual control of the airplane;

(2) Errors that result from decisions, actions, or omissions committed with malicious intent;

(3) Errors arising from a crewmember's reckless decisions, actions, or omissions reflecting a substantial disregard for safety; and

(4) Errors resulting from acts or threats of violence, including actions taken under duress.

Issued in Washington, DC on January 26, 2011.

Dorenda D. Baker,

Director, Aircraft Certification Service.

[FR Doc. 2011 - 2358 Filed 2 - 2 - 11; 8: 45 am]

BILLING CODE 4910 - 13 - P

附录 B CS 25.1302 符合性矩阵的示例

申请人制订的符合性矩阵应提供必要信息，以理解以下要素之间的关系：

（1）设计项。

（2）使用的验证规范。

（3）试验目标。

（4）符合性方法。

（5）交付物。

下面的两个矩阵仅作为例子提供。申请人可以使用其他等效格式提供必要的信息。

表 B.1　以设计项为牵引的符合性矩阵示例

功能	子功能	关注点	适航条款	适航条款内容	评估纬度	符合性方法	对应的交付物
电子检查单功能	显示电子检查单	电子检查单的快捷访问按键（ECL QAK）	CS 25.777 (a)	驾驶舱每个操纵器件的位置必须保证操作方便并防止混淆和误动	评估 ECL QAK 的布置位置的便捷使用特性和防误操作特性	MC8 2 号人为因素活动 4 号场景	人为因素试验报告（报告号××　×123）
			CS 25.777 (c)	操纵器件相对于驾驶员座椅的位置和布局，必须使任何身高 158 cm（5 ft 2 in）至 190 cm（6 ft 3 in）的（按第 25.1523 条规定的）最小飞行机组成员就座并系紧安全带和肩带（如果装有）时，每个操纵器件都	评估控制 ECL QAK 的可访问性	MC4 人为因素可达性分析；MC5 人为因素可达性和可访问性活动	人为因素可达性和可访问性评估报告（报告号××　×123）

（续表）

功能	子功能	关注点	适航条款	适航条款内容	评估纬度	符合性方法	对应的交付物
电子检查单功能	显示电子检查单	电子检查单的快捷访问按键（ECL QAK）		可无阻挡地作全行程运动，而不受驾驶舱结构或最小飞行机组成员衣着的干扰			
			……	……	……	……	……
			……	……	……	……	……
			CS 25.1302 (a)	(a) 必须提供完成任务所需的控制和信息	评估是否提供了适当的控制，以显示 ECL	MC1 ECL 实现描述	ECL 实现描述文档
			CS 25.1302 (b)(1)	(b) 第(a)段要求的供机组人员使用的控制和信息必须：(1) 以明确的形式、分辨率和适合机组人员任务的精度呈现	评估 ECL QAK 的标签的适当性	MC8 4 号人为因素活动 1 号场景	人为因素试验报告（报告号××××345）

表 B.2　以验证要求为牵引的符合性矩阵示例

验证要求	要求内容	关注点	评估维度	符合性方法	对应的交付物
CS 25.777 (a)	驾驶舱每个操纵器件的位置都必须保证操作方便并防止混淆和误动	所有驾驶舱控制器件	评估所有驾驶舱控制器件的位置的便捷使用特性和防误操作特性	MC8 所有的人为因素模拟器评估	人为因素试验报告（报告号：×××123、×××456、×××789）
		ECL QAK	评估 ECL QAK 的布置位置的便捷使用特性和防误操作特性	MC8 2 号人为因素活动 4 号场景	人为因素试验报告（报告号×××123）

（续表）

验证要求	要 求 内 容	关注点	评估维度	符合性方法	对应的交付物
CS 25.777 (c)	操纵器件相对于驾驶员座椅的位置和布局,必须使任何身高 158 cm (5 ft 2 in) 至 190 cm (6 ft 3 in) 的（按第 25.1523 条规定的）最小飞行机组成员就座并系紧安全带和肩带（如果装有)时,每个操纵器件都可无阻挡地作全行程运动,而不受驾驶舱结构或最小飞行机组成员衣着的干扰	所有驾驶舱控制器件	评估所有驾驶舱控制器件的可达性	MC4 人为因素可达性分析; MC5 人为因素可达性和可访问性活动	人为因素可达性和可访问性评估报告（报告号××× 123）
		ECL QAK	评估控制 ECL QAK 的可访问性	MC4 人为因素可达性分析; MC5 人为因素可达性和可访问性活动	人为因素可达性和可访问性评估报告（报告号××× 123）
……	……				
CS 25.1302 (a)	(a) 必须提供完成任务所需的控制和信息	……	……	……	……
CS 25.1302 (b)(1)	(b) 第(a)段要求的供机组人员使用的控制和信息必须：(1) 以明确的形式、分辨率和适合机组人员任务的精度呈现	……	……	……	……

附录 C 收集信息的一般方法

有许多方法可以从相关人员处收集用于人为差错分析(HEA)的信息,包括:

(1) 调查、问卷和评分量表。

(2) 访谈。

(3) 观察性研究。

(4) 走查。

(5) 基于绩效的测试。

(6) 计算机建模。

这些方法通常会一起使用。例如,虽然问卷可以单独使用,但它也可以与基于绩效的测试结合使用,以收集相关人员的意见。以下分别对每种方法进行讨论。

在本附录中,术语"人员"用于指代从中收集信息的个人。

C.1 调查、问卷和评分量表

问卷调查和调查是书面形式的问题清单。评分表是一种结构化的方式,用于获取人员对问题的回答。这些方法的一个优点是可以快速、廉价地收集大量信息。问卷调查可以涉及任务执行的任何方面(如人员如何使用人机界面执行任务)。问卷调查应包括空白空间供人员填写评论,解释他们的评分,或提供建议和推荐。

评分量表由一个问题或陈述组成,人员使用提供的量表进行评估,该量表通常提供一个有限的选项集,沿着一个基本的连续体排列。

量表可以促使人员对设计方面的要素进行批判性思考。通常发现,对于同一主题,给出评分比回答开放式问题要容易,因此,评估所涉及的时间和努力减少了。此外,评分量表方法在数据收集上施加的结构可以使响应更容易总结和使用。

这些方法的局限性在于它们并不测量实际表现,因此,存在人员的回答与表现不相关的可能性。

C.2 访谈

访谈是征求人员评论和意见的最佳方法之一。它们可以用来确定人员遇到问题的根本原因,以及如何缓解这些问题。访谈可以个别进行,也可以群体进行,后者有时被称为"焦点小组"。群体访谈的价值在于可以在很短的时间内对人员进行调查。将人员聚集在一起有可能产生更多的信息,因为他们相互之间的互动增加了价值(如他们可以挑战他人的假设或举出反例)。潜在的局限性在于团体动态。有时候一两个人会被认为是"领袖"并主导讨论。这会让被访谈者承担确保所有参与者都有机会贡献的责任。访谈有两种类型:非结构化和结构化(尽管它们可以结合使用)。

1) 非结构化访谈

非结构化访谈通常涉及与人员进行互动,这些互动没有严格的脚本。分析者会提出关于人员知识和经验的开放式问题。为了成功进行非结构化访谈,分析者必须对主题有充分的技术知识;否则,可能会提不出重要的问题。初步的非结构化访谈使分析者能够对人员的工作和任务有所了解。随着访谈的进行,分析者可以对提出的问题增加更多的结构。分析者还可以使用这些回答来制订一组具体的后续问题,以便在随后的结构化访谈中使用。

非结构化访谈的潜在局限性是人员可能会偏离主题,提供与访谈目标无关的信息。在这种情况下,分析人员必须引导人员回到访谈的主题上。

2) 结构化访谈

与在非结构化访谈中那样先泛泛地探讨一个主题,然后在机会出现时深入特定领域不同,结构化访谈涉及提出具体问题。可能会询问人员为什么采取(或不采取)某些行动,他们如何知道应该采取某个行动,他们如何知道一个行动成功(或失败),以及他们如何识别和纠正错误。

结构化访谈的一个潜在局限是结构本身可能会阻碍人员提供重要的澄清或补充信息。此外,问题可能没有触及主题的重要方面。因此,必须在过程中构建机会来获取这类信息。

C.3 观察性研究

观察性研究涉及人员在他们实际的工作环境中执行任务,例如,驾驶舱或控制室,或者其代表物,如样机或训练模拟器。分析者尽可能不显眼地观察人员活动,并且通常在他们工作时不与他们互动(在观察会话之后,通常有机会访谈人员以获得澄清和额外信息)。

这种方法的一个局限性是分析者缺乏控制。也就是说,在观察性研究中,人员通常可以自由选择关注情境的哪些方面,并以他们认为合适的方式执行功能。因此,分析者最感兴趣的互动类型可能花费的时间很少。

C.4　走查

在走查中,通过与人员一起执行任务(例如走查一个程序)来获取信息。走查技术可以使用各种试验台。人员可以在没有任何辅助工具帮助执行任务流程的情况下,进行桌面走查。走查还可以使用系统表示,以执行任务,如工程图纸、模型、模拟器以及实际工作环境。

人员执行选定的活动,并向分析者提供信息,这些信息可以是对问题的回答,也可以是他们在执行动作时的思维过程。当人员在执行任务或与 HSI 交互,口头表达他们所思考的内容时,可能会揭示他们使用的策略和完成任务所需的资源。这种叙述还将引起注意,指出设计中不符合人员目标的方面。

为了补充并更好地聚焦分析者的信息需求,他们可能会提出以下问题:

(1) 你为什么这样做?

(2) 你是如何做的?

(3) 进行这项任务的前提条件是什么?

(4) 你在进行此任务时需要查阅哪些信息?

(5) 进行此任务的结果是什么?

(6) 在进行此任务时是否会出现错误?

(7) 你是如何发现和纠正这些错误的?

在任务被描述的过程中,分析者应该要求人员识别设计中可能影响表现的所有特别积极或消极的特点。可以要求人员回想过去的经验以及他们遇到的任何困难。可以询问人员他们识别的问题的根本原因。

C.5　基于绩效的测试

基于绩效的测试涉及让人员执行任务,同时获取绩效度量。然后可以使用这些绩效度量来评估任务完成情况,并更好地理解影响绩效的因素,如情境意识和工作负荷。这种类型的测试通常需要一个受控环境,其中相同的场景可以重复进行。因此,它们通常使用某种类型的模拟设备或工程测试设施来执行。

进行这种类型的测试需要考虑许多方法论因素,包括选择参与的人员、开发场景、确定合适的测试平台、选择绩效度量方法以及建立可以比较绩效的标准。因此,这种类型的测试可能需要大量的资源,包括测试设施和测试方法论方面的专业知识。

C.6　计算机建模

对人类绩效进行建模。对于到目前为止讨论的其他方法,信息是从人员那里获得的。当使用计算机建模技术时,信息是由人类行为模型提供,而不是由具体人员提供的。

建模在复杂系统的设计和评估中越来越被广泛使用。通过模拟系统的行为以及与之交互的人员的行为,可以迭代地考虑设计选项对任务绩效的影响,包括人为错误。建模的价值在于它不需要访问人员或设施,如培训模拟器。此外,一旦开发完成,模型就可以在任务和界面设计进行修改时反复运行。

一个潜在的局限性是,对人类的表现建模通常需要时间和专业知识来开发足够保真的系统和人员模型,以产生对 HEA 分析师有用的数据。

缩　略　语

AC	advisory circular	咨询通告
ACJ	advisory circular-joint	联合咨询通告
ACARS	aircraft communications addressing and reporting system	飞机通信寻址与报告系统
ADS-B	automatic dependent surveillance-broadcast	广播式自动相关监视
AFM	aircraft flight manual	飞机飞行手册
AI	artificial intelligence	人工智能
ALPA	Air Line Pilots Association	国际航空飞行员协会
AMC	acceptable means of compliance	可接受的符合性验证方法
AMS	aerospace material specification	航空航天材料规范
AOCC	airport operation control center	机场运行控制中心
AP	auto pilot	自动飞行
APU	auxiliary power unit	辅助动力单元
ARAC	Aviation Rulemaking Advisory Committee	航空规章咨询委员会
ARD	administrative regulatory document	行政规范性文件
ARP	aerospace recommended practice	航空航天推荐实践
ARTCC	air route traffic control center	航线交通管制中心
AS	aerospace standard	航空航天标准
ASRS	aviation safety reporting system	航空安全报告系统
AT	auto throttle	自动油门
ATC	air traffic control	空中交通管制
ATG	air to ground	地空宽带通信
ATIS	automatic terminal information services	自动终端情报服务

ATTOL	autonomous taxi，take-off and landing	自主滑行及起降
BTV	brake to vacate	刹车脱离
CAA	Civil Aeronautics Administration	民用航空管理局
CAAC	Civil Aviation Administration of China	中国民用航空局
CAB	Civil Aeronautics Board	民用航空委员会
CAR	civil aviation regulations	美国民用航空条例
CAS	crew alerting system	机组告警系统
CCAR	China civil aviation regulations	中国民用航空规章
CCD	cursor control device	光标控制装置
CCR	core computing resource	核心计算资源
CDI	course deviation indicator	航向偏差指示器
CFR	Code of Federal Regulations	美国联邦法规
CIE	International Commission on Illumination	国际照明委员会
COCOM	contextual control model	上下文控制模型
ConOp	concept of operations	运行理念
CPC	common performance condition	公共绩效条件
CPDLC	controller pilot data link communications	管制员和驾驶员数据链通信
CREAM	cognitive reliability and error analysis method	认知可靠性和差错分析方法
CRM	crew resource management	机组资源管理
CRT	cathode ray tube	阴极射线管
CS	certification specification	审定规范
CTSO	China technical standard order	中国技术标准规定
CTSOA	CTSO authorization	中国技术标准规定项目批准书
CVR	cockpit voice recorder	驾驶舱话音记录器
CVS	combined vision system	组合视景
CWS	control wheel steering	俯仰控制轮转向
DAR	designation airworthiness representative	委任适航代表项目
DCU	display control unit	显示控制单元
DER	designated engineering representative	工程委任代表

DME	distance measuring equipment	测距仪
DMIR	designated manufacturing inspection representative	制造检查委任代表
DOA	design organization approval	设计机构批准
EASA	European Union Aviation Safety Agency	欧洲航空安全局
ECAM	electronic centralized aircraft monitor	电子中央监控系统
ECL	electronic checklist	电子检查单
EEG	electroencephalogram	脑电图
EEM	external error mode	外部差错模式
EFB	electronic flight bag	电子飞行包
EFVS	enhanced hight vision system	增强型飞行视觉系统
EGPWS	enhanced ground proximity warning system	增强型近地警告系统
EPC	error-producing conditions	差错形成条件
ETSO	European technical standard order	欧洲技术标准规定
EVS	enhanced vision system	增强视景
FAA	Federal Aviation Administration	美国联邦航空管理局
FADEC	full authority digital engine control	全权限数字发动机控制器
FAR	federal aviation regulations	美国联邦航空条例
FCOM	flight crew operating manual	飞行机组操作手册
FD	flight director	飞行指引仪
FDDLR	flight deck display research laboratory	驾驶舱显示研究实验室
FDM	fused deposition modeling	熔融沉积成型
FDR	flight data recorder	飞行数据记录器
FLS	FMS landing system	飞行管理着陆系统
FLTA	forward looking terrain avoidance	前视地形避让
FMCP	flight management control panel	飞行管理控制面板
fMRI	functional magnetic resonance imaging	磁共振功能成像
FMS	flight manage system	飞行管理系统
FRAM	functional resonance analysis method	功能共振事故模型
GLS	GNSS landing system	卫星着陆系统
GM	guidance material	指导材料

GNSS	global navigation satellite system	全球导航卫星系统
GPS	global positioning system	全球定位系统
GPWS	ground proximity warning system	近地告警系统
GW	gross weight	飞机全重
HEA	human error analysis	人为差错分析
HEI	human error identification	人为差错识别
HERA	human error and recovery assessment framework	人为差错与恢复评估框架
HET	human error template	人为差错模板
HFACS	human factors analysis and classification system	人为因素分析分类系统
HFDS	human factors design standard	人为因素设计标准
HFTO	human factors test objectives	人为因素评估试验目标
HFHWG	Human Factor Harmonization Work Group	人为因素协调组
HRA	human reliability analysis	人的可靠性分析
HSI	human-system integration	人-系统集成
HTA	hierarchical task analysis	层次任务分析
HUD	head-up display	平视显示器
IATA	International Air Transport Association	国际航空运输协会
IB	information bulletin	信息通告
ICAO	International Civil Aviation Organization	国际民用航空组织
IEM	internal error mode	内部差错模式
ILS	instrument landing system	仪表着陆系统
IMA	integrated modular avionics	集成模块化航电系统
ISO	International Organization for Standardization	国际标准组织
JAA	Joint Aviation Authorities	联合航空局
JAR	joint aviation requirements	联合航空要求
LCD	liquid crystal display	液晶显示
LED	light emitting diode	发光二极管
LOSA	line operations safety audit	航线运营安全审计
LRU	line replaceable unit	航线可替换单元

MC	means of compliance	符合性验证方法
MD	management document	管理文件
MFD	multi-functional display	多功能显示器
MKB	multi-functional keyboard	多功能键盘
MOA	maintenance organization approval	维修组织批准
MOPS	minimum operational performance standards	最低性能标准
NASA	National Aeronautics and Space Administration	美国国家航空航天局
ND	navigator display	导航显示器
NDB	non-directional beacon	无方向性信标
NPR	NASA procedural requirements	NASA 程序要求
NPRM	notice of proposed rulemaking	拟议规则制定通知
NTSB	National Transportation Safety Board	美国国家运输安全委员会
OA	organization approval	机构批准
ODA	organization designation authorization	机构委任授权
ODAR	organizational designated airworthiness representative	机构委任适航代表项目
OR	odds ratio	计算优势比
PAPI	precision approach path indicator	精密进近航道指示器
PBA	push-button annunciator	带灯按压开关
PBN	performance-based navigation	基于性能的导航
PCCADS	panoramic cockpit control and display system	全景座舱控制与显示系统
PDA	premature descent alert	过早下降告警
PDR	preliminary design review	初步设计审查
PEM	psychological error mode	心理差错模式
PET	positron emission tomography	正电子发射断层扫描
PF	pilot-flying	把杆飞行员
PFD	primary flight display	主飞行显示
PM	pilot-monitoring	监视飞行员
PNF	pilot-not-flying	不把杆飞行员
POA	production organization approval	生产机构批准

PRA	probabilistic risk assessment	概率风险分析
PSA	probabilistic safety assessment	概率安全分析
PSF	performance shaping factor	绩效形成因子
PWS	predictive windshear	预测型风切变
ROP	runway overrun protection	冲出跑道保护
ROW	runway overrun warning	冲出跑道告警
RTC	required terrain clearance	所需地形净空
RTCA	Radio Technical Commission for Aeronautics	美国航空无线电委员会
SAE	Society of Automotive Engineers	美国自动机工程师学会
SAS	software accomplishment summary	软件实施概要
SCI	software configuration index	软件配置索引
SCR	software conformity review	软件符合性审查
SD	system display	系统状态显示器
SDD	software design description	软件设计描述
SDP	software development plan	软件开发计划
SECI	software life cycle environment configuration index	软件生命周期环境配置索引
SHERPA	systematic human error reduction and prediction approach	系统性人为差错减少和预测方法
SME	subject matter experts	主题事务专家
SOP	standard operating procedure	标准操作程序
SQAR	software quality assurance records	软件质量保证记录
SRD	software requirements data	软件需求数据
STAMP	system theoretic accident model and process	系统理论事故模型和过程
STC	supplemental type certificate	补充型号合格证
SVCP	software verification cases and procedures	软件验证案例和程序
SVR	software verification results	软件验证结果
SVS	synthetic vision system	合成视景
TAF	terminal aerodrome forecast	机场天气报告

TAWS	terrain awareness and warning system	地形意识和警告系统
TC	type certificate	型号合格证
TCAS	traffic collision avoidance system	空中交通告警与防撞系统
TCAS RA	traffic collision avoidance system resolution advisory	空中交通告警与防撞系统决断咨询
TCAS TA	traffic collision avoidance system traffic advisory	空中交通告警与防撞系统交通咨询
TRACEr	technique for the retrospective and predictive analysis of cognitive errors	认知差错的回顾和预测分析技术
TSO	technical standard order	技术标准规定
TSOA	TSO authorization	技术标准规定授权
UTC	coordinated universal time	世界标准时间
VCR	video cassette recording	盒式磁带录像
VOR	very high frequency omnidirectional radio range	甚高频全向信标
WM	working manual	工作手册
ZFW	zero fuel weight	零油重量

参 考 文 献

［1］道格拉斯 A. 维格曼，斯科特 A. 夏佩尔. 飞行事故人的失误分析——人的因素分析与分类系统［M］. 马锐，译. 北京：中国民航出版社，2006.

［2］BEA. Accident to the Airbus A330 - 203 registered F-GZCP operated by Air France occured on 06/01/2009 in the Atlantic ocean［R］. 2012.

［3］Federal Transport and Energy Department. Final Report of the federal aircraft accidents inquiry board concerning the accidents of the aircraft DC - 9 - 32，Alitalia，flight No AZ 404，I - ATJA on the Stadlerberg，Weiach/ZH. 1900.

［4］Secretary of Civil Aviation. KLM，B - 747，PH - BUF and Pan Am B - 747 N736 collision at Tenerife Airport Spain［R］. 1977.

［5］National Transportation Safety Board. Loss of control on approach Colgan Air，Inc. ，operating as continental connection flight 3407 Bombardier DHC - 8 - 400，N200WQ Clarence Center，New York February 12，2009［R］. 2009.

［6］National Transportation Safety Board. Loss of control and impact with Pacific Ocean Alaska Airlines flight 261 McDonnell Douglas MD - 83，N963AS about 2. 7 miles north of Anacapa Island，California January 31，2000［R］. 2000.

［7］National Transportation Safety Board. In-flight separation of vertical stabilizer American Airlines flight 587 Airbus Industrie A300 - 605R，N14053 Belle Harbor，New York November 12，2001［R］. 2001.

［8］National Transportation Safety Board. Aicraft accident report，Continental Airlines，INC. ，flight 1713 McDonnell Douglas DC - 9 - 14，N 626TX Stapleton International Airport Denver，Colorado November 15，1987［R］. 1987.

［9］Bundesstelle für Flugunfalluntersuchung. Investigation report：AX001 - 1 - 2/02 Uberlingen Mid-air［R］. 2004.

［10］Heinrich H. Industrial accident prevention：a scientific approach［M］. New York：McGraw-Hill，1931.

［11］Reason J. The contribution of latent human failures to the breakdown of complex systems［J］. Philosophical Transactions of the Royal Society of London，Series B，Biological Sciences，1990，327(1241)：475 - 484.

［12］Reason J. A systems approach to organizational error［J］. Ergonomics，1995，38(8)：1708 - 1721.

[13] Hollnagel E. Barriers and accident prevention [M]. London: Routledge, 2004.

[14] Leveson N G. A new accident model for engineering safer systems [J]. Safety Science, 2004, 42(4): 237 - 270.

[15] Manuele F A. On the practice of safety [M]. 4th ed. Hoboken: John Wiley & Sons, 2003.

[16] Leveson N G. Safeware: system safety and computers [M]. Reading: Addison-Wesley Publishing Company, 1995.

[17] Leveson N G. Engineering a safer world: systems thinking applied to safety [M]. Cambridge: The MIT Press, 2016.

[18] Perrow C. Normal accidents: living with high-risk technologies [M]. Princeton: Princeton University Press, 1999.

[19] Weiss K A, Leveson N G, Lundqvist K, et al. An analysis of causation in aerospace accidents [C]//20th Digital Avionics Systems Conference, Daytona: 2001.

[20] Bird F E, Loftus R G. Loss control management [M]. Yarmouth: Insurer's Loss Control Institute location, 1976.

[21] Dekker S. The field guide to understanding 'human error' [M]. 3rd ed. London: Routledge, 2014.

[22] Dulac N. A framework for dynamic safety and risk management modeling in complex engineering systems [D]. Cambridge: MIT, 2007.

[23] Marais K. A new approach to risk analysis with a focus on organizational risk factors [D]. Cambridge: MIT, 2005.

[24] Stanton N A, Salmon P M, Rafferty L A, et al. Human factors methods: a practical guide for engineering and design [M]. 2nd ed. London: CRC Press, 2013.

[25] Airbus. Flight operations briefing notes: human performance-error management [G/OL]. https://skybrary.aero/sites/default/files/bookshelf/171.pdf#: ~: text=Flight% 20Operations% 20Briefing% 20Notes. % 20Human% 20Performance. % 20CRM% 20Aspects%20in%20Incidents.

[26] Cynthia H, Hobbs A, O'Hara J, et al. Guidance for Human Error Analysis (HEA) [R] NASA, 2020.

[27] European Aviation Safety Agency. Large Aeroplanes: CS - 25 [S]. 2003.

[28] Federal Aviation Administration Human Factors Team. The interfaces between flightcrews and modern flight deck systems [R]. Federal Aviation Administration, 1996.

[29] Human Factors-Harmonization Working Group. Human factors—HWG final report [R]. Federal Aviation Administration, European Aviation Safety Agency, 2004.

[30] International Civil Aviation Organization. Airworthiness of aircraft: Annex 8 [S]. 2022.

[31] Federal Aviation Administration. Aircraft mechanical fasteners: TSO - C148 [S]. 2023.

[32] SAE. Guidelines for development of civil aircraft and systems: ARP 4754B [S]. 2023.

[33] SAE. Quality systems-aerospace-model for quality assurance in design, development, production, installation and servicing: AS9100D [S]. 2016.

[34] RTCA. Software considerations in airborne systems and equipment certification：DO - 178C [S]. 2012

[35] 中国民用航空局. 运输类飞机适航标准：CCAR - 25 - R4 [S]. 2016.

[36] Federal Aviation Administration. Installed Systems and Equipment for Use by the Flightcrew：FAR - 25 [S]. 2011.

[37] European Union Aviation Safety Agency. Certification Specifications and Acceptable Means of Compliance for Large Aeroplanes：CS - 25 Amendment 28 [S]. 2023.

[38] 班永宽. 航空事故与人为因素[M]. 北京：中国民航出版社,2002.

[39] 凌晓熙. 人为因素对航空安全影响的研究[J]. 中国科技信息,2007(9)：87 - 89.

[40] 钟仕兵. 人为差错因素的危害与预防[J]. 中国民用航空,2005,58(10)：63 - 64.

[41] 李丽洁. 人为差错案例分析及其对策[J]. 中国民航学院学报,2004,22(z1)：71 - 74.

[42] 张晶,李映红,魏东. 减少人为差错 保证飞行安全——基于人因工程学的飞行安全中的人为因素研究[J]. 科技信息,2010(5)：208.

[43] 傅山. 民用运输类飞机驾驶舱人为因素设计原则[M]. 上海：上海交通大学出版社, 2013.

[44] 王有隆. 民用飞机电子显示技术的发展[J]. 航空电子技术,2002,33(2)：31 - 36.

[45] 徐敏敏,揭裕文. 面向适航审定的飞行场景研究[J]. 民用飞机设计与研究,2014(2)：66 - 69,83.

[46] 江卓远,孙瑞山. 民机飞行安全中的人为因素影响机理研究[J]. 科技创新导报,2018 (35)：224 - 225.

[47] 傅山,王臻. 驾驶舱人机工效综合评价体系[J]. 科技资讯,2016,14(12)：161.

[48] 傅山,王黎静,黄丹. 民用飞机驾驶舱人机工效综合评估理论与方法研究年度报告[J]. 科技资讯,2016,14(13)：179 - 180.

[49] 何静远. 驾驶舱飞行员手眼配合模式与认知过程相关性研究[D]. 上海：上海交通大学, 2013.

[50] 钮松. 面向民机驾驶舱人机工效设计的布局优化研究[D]. 南京：南京航空航天大学, 2013.

[51] 许卫. 有关自动化飞机驾驶舱的人机工效学问题[J]. 国际航空,2004(5)：49 - 51.

[52] 吴文灿,姜国华,廖国锋,等. 驾驶舱显示与照明系统人机工效的可靠性设计与分析[J]. 航天医学与医学工程,1998,11(1)：60 - 62.

[53] 王黎静,袁修干. 飞机座舱设计人机工效评价探讨[J]. 中国安全科学学报,2002,12(2)：64 - 66.

[54] 周颖伟,庄达民,吴旭,等. 显示界面字符编码工效设计与分析[J]. 北京航空航天大学学报,2013,39(6)：761 - 765.

[55] 舒秀丽,董文俊,董大勇. 基于人机工效的民机驾驶舱设计原理[J]. 航空工程进展, 2015,6(2)：222 - 227.

[56] 张垠博,吴磊,谢岳峰. 基于人机工效的民用飞机中央操纵台中部区域设计[J]. 航空科学技术,2014(8)：38 - 43.

[57] 林燕丹,艾剑良,杨彪,等. 民机驾驶舱在恶劣光环境下的飞行员视觉工效研究[J]. 科技资讯,2016,14(13)：175 - 176.

[58] FAA. Flight test guide for certification of transport category airplanes：AC 25 - 7D [S].

2018.

[59] FAA. Electronic flight deck displays: AC 25 – 11B [S]. 2014.

[60] FAA. Airworthiness criteria for the installation approval of a terrain awareness and warning system (TAWS) for part 25 airplanes: AC 25 – 23 [S]. 2000.

[61] FAA. Pilot compartment view design considerations: AC 25. 773 – 1 [S]. 1993.

[62] FAA. Installed systems and equipment for use by the fightcrew: AC 25. 1302 – 1 [S]. 2013.

[63] FAA. System design and analysis: AC 25. 1309 – 1B [S]. 2024.

[64] FAA. Flightcrew alerting: AC 25. 1322 – 1 [S]. 2010.

[65] FAA. Approval of flight guidance systems: AC 25. 1329 – 1C [S]. 2014.

[66] FAA. Minimum flightcrew: AC 25. 1523 – 1 [S]. 1993.

[67] Adams R J, Adams C A, Eldredge D, et al. Determination of Loran-C/GPS human factors issues [R]. FAA, 1993.

[68] Ahlstrom V, Longo K. Human factors design standard for acquisition of commercial-off-the-shelf subsystems, non-developmental items, and developmental systems [R]. FAA, 2003.

[69] Allendoerfer K R, Friedman-Berg F, Pai S. Human factors analysis of safety alerts in air traffic control [R]. FAA, 2007.

[70] Berson B L, Po-Chedley D A, Boucek G P, et al. Aircraft alerting systems standardization study. volume Ⅱ. aircraft alerting system design guidelines [R]. FAA, 1981.

[71] Boucek G P. Aircraft alerting systems standardization study, phase I: final report [R]. FAA, 1980.

[72] Boucek G P, Veitengruber J E, Smith W D. Aircraft alerting systems criteria study. volume Ⅱ. human factors guidelines for aircraft alerting systems [R]. FAA, 1977.

[73] Cardosi K M, Hannon D. Guidelines for the use of color in ATC displays [R]. FAA, 1999.

[74] Cardosi K M, Huntley M S. Human factors for flight deck certification personnel [R]. FAA, 1993.

[75] Cardosi K M, Murphy E D. Human factors in the design and evaluation of air traffic control systems [R]. FAA, 1995.

[76] Chamberlain R M, Heers S T, Mejdal S, et al. Multi-function displays: a guide for human factors evaluation [R]. U. S. Office of Aerospace Medicine, 2013.

[77] Chandra D C, Yeh M. A tool kit for evaluating electronic flight bags [R]. FAA, 2006.

[78] Chandra D C, Yeh M, Riley V, et al. Human factors considerations in the design and evaluation of electronic flight bags (EFBs), version 2 [R]. FAA, 2003.

[79] Corwin W H, Sandry-Garza D L, Biferno M H, et al. Assessment of crew workload measurement methods, techniques and procedures. volume 1. process, methods and results [R]. Wright Research and Development Center, 1989.

[80] Abbott K, McKenney D, Railsback P. Operational use of flight path management systems: final report of the performance-based operations aviation rulemaking

committee/commercial aviation safety team flight deck automation working group [R]. FAA, 2013.

[81] Tsang P S, Vidulich M A. Principles and practice of aviation psychology [M]. Boca Raton: CRC Press, 2002.

[82] Wickens C D, Dixon S R. The benefits of imperfect diagnostic automation: a synthesis of the literature [M]. Theoretical Issues in Ergonomics Science, 2007, 8(3): 201-212.

[83] Yeh M. Human factors considerations in the design and evaluation of moving map displays of ownership on the airport surface [R]. FAA, 2004.

[84] Yeh M, Chandra D C. Designing and evaluating symbols for electronic displays of navigation information: Symbol stereotypes and symbol-feature rules [R]. FAA, 2005.

[85] Yeh M, Chandra D C. Survey of symbology for aeronautical charts and electronic displays: navigation aids, airports, lines, and linear patterns [R]. FAA, 2008.

[86] Yeh M, Eon D. Surface moving map industry survey [R]. FAA, 2009.

[87] Yeh M, Gabree S. Human factors considerations for the integration of traffic information and alerts on an airport surface map [R]. FAA, 2010.

[88] Zuschlag M, Chandra D C, Grayhem R. The usefulness of the proximate status indication as represented by symbol fill on cockpit displays of traffic information [R]. FAA, 2013.

[89] SAE. Abbreviations, acronyms, and terms for use on the flight deck: ARP 4105C [S]. 2020.

[90] SAE. Numeral, setter and symbol dimensions for aircraft instrument displays: AIR 1093B [S]. 2020.

索　引